高等院校设计专业教材

基础系列

国家线下一流课程“人机工程学”辅助教材

人体工学与艺术设计

（第3版）

Ergonomics and Art Design

何灿群　陈润楚　主编

湖南大學出版社
HUNAN UNIVERSITY PRESS
·长 沙·

内容简介

本书主要介绍了人体工学的定义、分类及发展，人体测量数据在设计中的应用，通过大量的案例以及从人体工学的显示装置、操作控制装置、安全防护装置的设计角度，诠释了人体工学“以人为本”的设计原则。教材内容涉及设计学各个专业，分别对视觉传达设计、产品设计、室内空间设计、家具设计及环境设计与人体工学的关系进行了阐述。

本书可作为高等院校设计专业教材，亦可供相关爱好者参考。

图书在版编目（CIP）数据

人体工学与艺术设计/何灿群，陈润楚主编. —3版. —长沙：湖南大学出版社，2020.9（2024.1重印）

（高等院校设计专业教材·基础系列）

ISBN 978-7-5667-1913-3

Ⅰ.①人… Ⅱ.①何… ②陈… Ⅲ.①工效学－艺术－设计－高等学校－教材 Ⅳ.①TB18

中国版本图书馆CIP数据核字（2020）第111473号

人体工学与艺术设计（第3版）

RENTI GONGXUE YU YISHU SHEJI（DI 3 BAN）

主　　编：何灿群　陈润楚

责任编辑：贾志萍　　责任校对：尚楠欣

印　　装：湖南雅嘉彩色印刷有限公司

开　　本：787 mm×1092 mm 1/16　　印　　张：13　　字　　数：312千字

版　　次：2020年9月第3版　　印　　次：2024年1月第2次印刷

书　　号：ISBN 978-7-5667-1913-3

定　　价：59.80元

出 版 人：李文邦

出版发行：湖南大学出版社

社　　址：湖南·长沙·岳麓山　　邮　　编：410082

电　　话：0731-88822559（营销部）　88821174（编辑室）　88821006（出版部）

传　　真：0731-88822264（总编室）

网　　址：http://press.hnu.edu.cn

电子邮箱：pressjzp@163.com

丛书编委会

何灿群

女，湖南桃江人，博士，教授，硕士生导师，中国致公党党员。中国机械工业教育协会工业设计学科教学委员会委员，中国人类工效学学会理事，中国用户体验联盟华东分会副秘书长，江苏省工业设计学会理事，常州市工业设计协会副会长。现担任河海大学工业设计研究所所长，工业设计系学科带头人，国家线下一流课程“人机工程学”负责人。主要研究方向为人机工程学、人机界面设计以及产品可用性评价。主编《产品设计人机工程学》《产品造型材料与工艺》《设计与文化》等教材，出版专著《不言而喻——隐喻的设计方法研究》，并在《心理科学》《装饰》《包装工程》《人类工效学》《工业工程与管理》等核心期刊及HCI（International Conference on Human-Computer Interaction）、AHFE（International Applied Human Factors and Ergonomics Conference）等国际会议上发表与人机工程学相关的论文30余篇。

陈润楚

女，湖北武汉人，硕士，讲师，中共党员。江苏省工业设计协会会员，江苏省工业设计学会会员，南京市青年社科联委员，南京市书法家协会会员。现为河海大学机电工程学院工业设计系教师，河海大学工业设计研究所秘书。主要研究方向为产品设计、陈设艺术设计以及认知设计。参与河海大学宿舍景观改造等设计项目10余项，参与河海大学研究生规划教材《设计认知与信息可视化》建设等多项教改项目。2016年获得河海大学第二十三届教师讲课竞赛二等奖；2018年获得首届全国高校数字创意教学技能大赛产品设计组二等奖；2019年获得江苏省高等学校微课教学比赛一等奖、中国玩具和婴童用品设计创意大赛优秀组织教师奖，被表彰为河海大学突出贡献人员，并被授予河海大学青年岗位能手称号；2020年获得江苏省第三届本科高校青年教师教学竞赛文科组一等奖，并被授予江苏省五一创新能手、江苏省技术能手、江苏省青年岗位能手等称号。

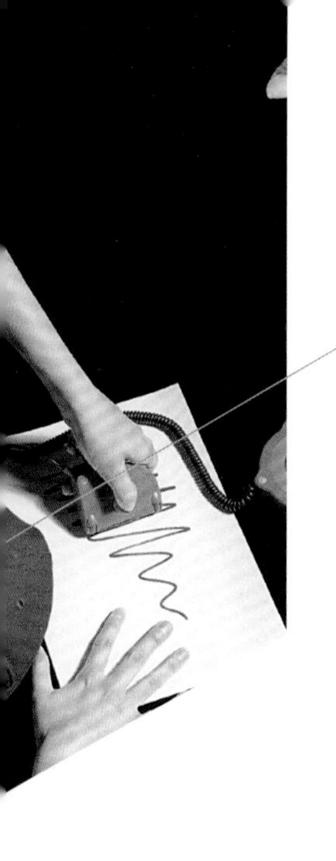

Preface

总序

时至今日，科技的进步使人类进入了“微时代”，通过微博、微信、微电影、微阅读等传播媒介交流已成为人们生活中信息交流的主要方式。信息传播媒介的微量化、迅捷化，使我们可以随时随地发布和共享各自的生活体验和情感动态。人们对这种交流方式的青睐和普遍接受，彰显的是对生活细节和个体存在感的关注和重视。设计在这样的生活方式和生命存在的诉求之下，也应该及时转变发展的理念和思路，切实做到与时俱进、与生活接轨。毕竟设计是服务于功能和生活的！正因为如此，艺术创作所注重的灵感在设计中不是起关键作用的，设计需要面对现实、面向未来的特性决定了凭空想象是徒劳无益的！

纵观东西方设计历史上那些经典、优秀的作品，它们都是基于现实生活的求真、求善、求美，是时代经验和生活智慧的表现。在注重个体存在、强调情感体验的当下，设计面临着对传统的扬弃和对未来的探索，需要不断调适，在美化生产、生活的过程中，最大限度地推动社会经济的稳定健康发展。唯有如此，当代中国的设计才能受到最广泛的中国大众的肯定，才能拥有更为广阔的表现与展示空间，才能从真正意义上体现为大众服务的民主精神。

中国的现代设计教育，在经历了几十年的发展之后，已步入了一个十分关键的时期。这是因为：一方面，我们对西方的设计教育在经历了因袭、学习、撷取等环节和过程之后，正朝着适合我们民族心理、民族文化和民族生活的新的设计之路发展；另一方面，西方发达国家现代设计教育体系的构建和完善，其内在规律和外部规律的具体内涵，需要我们结合本民族的存在时空去学习和把握。所以，在我国业已步入设计大国的大潮中，中国的设计事业仍任重而道远。在整个设计体系中，不言而喻，设计教育起着决定性作用。作为培养高层次设计人才摇篮的高等院校，更应该将培养高质量、符合时代发展的人才作为首要任务。人才培养质量固然取决于办学理念和思路的转变，但具体落实还是在教学上。众所周知，教学质量的高低取决于教和学两个方面互动的好坏。良好的互动对教师而言，是个人才（智力）、学（知识）、识（见解）和敬业精神的体现；对学生来说，是学习态度、方法和个人悟性的体现。师生之间，能够沟通或者说可以获得某种互补的媒介应该是教材。所以，中外教育，无论是素质教育还是精英教育，都十分重视教材建设。

近年来，国内的设计类教材可谓汗牛充栋，但水平参差不齐。其不足主要表现在：一是没有体现设计教育的本质特征；二是对于设计和美术的联系与区别描述得含糊不清；三是缺乏时代性和前瞻性；四是理论阐释和实践操作缺乏有机联系。基于这种认识，我们于2004年组织清华大学、江南大学、湖南工业大学等30多所院校的有关专业教学人员编撰出版了一套“高等院校设计艺术基础教材”，品种近30个。该套教材自问世以来，在高校和社会上反响良好，但一晃十多年过去了，无论是社会还是设计本身，都发生了翻天覆地的变化，简直是“物非人不是”。特别是根据2011年艺术学从文学门类中分离出来成为第13个学科门类以后，设计学上升为一级学科等变化，对原有教材进行修订乃至重写自然势在必行。基于此，我们在原有教材的基础上，重新审定、确立品种，进行大规模的修改和编撰。这次教材编撰，努力探索解决以下问题。

第一，围绕设计学作为一门独立学科发展这一根本需要，力求将设计与艺术、设计与技术、设计与美术有机融合，在体现设计学本身兼具自然科学和社会科学的客观性特征的同时，彰显设计学独立的研究内容和规范的学科体制。

第二，坚持专业基础理论与设计实践相结合。在注重设计理论的提炼、总结和升华的同时，注重设计实践的案例分析，体现设计教材理论与实践并重的特点。

第三，着力满足从西方设计教育体系到中国特色设计教育体系初步形成这一转变的要求，构建适合中国传统文化与当代科学技术相结合的设计知识体系，使其在特定教育实践中具有切实的可行性与可操作性。

第四，适应设计学多学科交叉融合所面临的问题，将重点置于应如何交叉、如何综合的探索上，因为在设计学中由学科的交叉融合而形成的专业细分，要求将多种学科中的相关理论知识渗透其中。

参与此次教材修订和撰写的大多是在专业设计领域卓有成就、具有丰富教学经验的学者，但限于设计所根植的时代、社会的不断变迁，以及设计本身创造性、创新性的本质要求，本套教材是否达到了预期的编撰目的和要求，只有在广大教师和学生使用之后，才能有一个初步的结果。因此，我们期待设计界同仁的批评指正，以便及时进行修订和完善。

朱和平

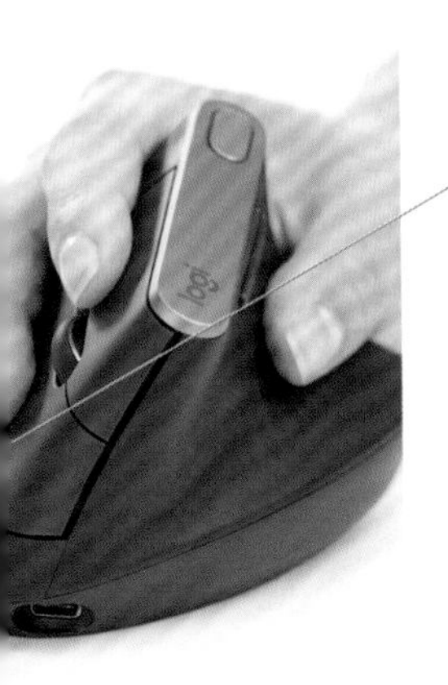

Contents

目录

1

绪论

人体工程学的命名、定义及分类

人体工程学的起源与发展

人体工程学的研究内容及研究方法

Ergonomics and Art Design

1.1 人体工程学的命名、定义及分类

人体工程学简称人体工学，是研究人、机及其工作环境之间相互作用的学科，是 20 世纪 40 年代后期发展起来的跨越不同学科领域，应用多种学科（包括生理学、心理学、医学、人体测量学、劳动科学、系统工程学、社会学和管理学等）原理、方法和数据发展起来的一门边缘学科。作为一门边缘学科，人体工程学具有边缘学科共有的特点，如学科命名多样化、学科定义不统一、学科边界模糊、学科内容综合性强、学科应用范围广泛等。

1.1.1 人体工程学的命名

目前该学科在国内外还没有统一的名称。

在美国，开始时它被称为应用实验心理学（applied experimental psychology）或工程心理学（engineering psychology），20 世纪 50 年代又被称为人类工程学（human engineering）或人的因素工程学（human factors engineering）。

在西欧，它多被称为工效学（ergonomics），由于这个词能够较全面地反映该学科的本质，又源自希腊文，便于各国语言翻译上的统一，而且词义保持中性，被较多的国家所采用。

在日本，该学科则被称为人间工学。

在我国，除普遍采用人体工程学名称外，该学科常见的名称还有人机工程学、人类工效学、人类工程学、工程心理学、宜人学、人因学等。

1.1.2 人体工程学的定义

该学科的定义也不统一。

美国人体工程学专家 C. C. 伍德（Charles C. Wood）对人体工程学下的定义为：设备设计必须适合人的各方面因素，以便在操作上付出最小的代价而求得最高效率。W. B. 伍德森（W. B. Woodson）则认为：人体工程学研究的是人与机器相互关系的合理方案，即对人的知觉显示、操作控制、人机系统的设计及其布置和作业系统的组合等进行有效性的研究，其目的在于获得最高的效率及作业时使人感到安全和舒适。

日本的人体工程学专家认为：人体工程学是根据人体解剖学、生理学和心理学等的特性，了解并掌握人的作业能力和极限，让机具、工作环境、起居条件等和人体相适应的学科。

苏联的人体工程学专家则认为：人体工程学是研究人在生产过程中的可能性、劳动生活方式、劳动的组织安排，从而提高人的工作效率，同时创造舒适和安全的劳动环境，保障劳动人民的健康，使人从生理上和心理上得到全面发展的一门学科。

我国 2009 年出版的《辞海》（第六版彩图本）对工程心理学（即人体工程学）定义如下：工程心理学亦称人类工效学、工效学，是运用心理学、生理学和人体测量学等理论，研究“人一机一环境”系统中人的生理心理特点及人与机器、环境相互作用的学科。《中国企业管理百科全书》则将其定义为：人体工程学研究人和机器、环境的相互作用及其合理结合，使设计的机器与环境系统适合人的生理、心理等特点，达到在生产中提高效率、安全、健康和舒适的目的。

1960 年，国际人类工效学学会（International Ergonomics Association，简称 IEA）下了一个定义，全面概括了人体工程学的研究内容：人体工程学是研究人在某种工作环境中的解剖学、生理学和心理学等方面的各种因素，研究人和机器及环境的相互作用，研究在工作中、家庭生活中和休假时怎样统一考虑工作效率、人的健康、安全和舒适等问题的学科。

2000 年 8 月，为了适应新世纪的发展，IEA 对该学科的定义做了修订，即人体工程学是研究人与系统中其他因素之间的相互作用，以及应用相关理论、原理、数据和方法来设计，以达到优化人和系统效能的学科。人体工程学专家旨在设计和优化任务、工作、产品、环境和系统，使之满足人的需求、能力和限度。该定义最大的变化是将机器改为系统，强调系统中各个要素之间的关联。

综上所述，尽管各国对人体工程学所下的定义不尽相同，但在以下三个方面是一致的。

①人体工程学的研究对象是“人一机一环境”系统中人、机、环境三要素之间的关系。

②人体工程学研究的目的是人们在工程技术和工作的设计中能够使三者得到合理的配合，实现系统中人和机器的效能、安全、健康和舒适等的最优化。

③人体工程学从系统的总体高度来研究人、机、环境三个要素，将它们看作一个相互作用、相互依存的整体。

1.1.3 人体工程学的分类

从设计的角度而言，人体工程学主要包括设备人体工程学（equipment ergonomics）和功能人体工程学（functional ergonomics）两类。

（1）设备人体工程学

设备人体工程学从解剖学和生理学角度出发，对不同民族、年龄、性别的人的身体各部位进行静态的（身高、坐高、手长等）和动态的（四肢活动范围等）测量，得到基本的参数，并将其作为设计中最根本的尺度依据。

一般而言，静态的人体尺度要大于动态的人体尺度，我们在设计时应根据具体的情况来选择正确的人体尺度。例如，在设计公共汽车上的拉手时，我们就要考虑到人在抓握时手的状态，因此，其高度不应以人的手指尖到脚底的距离为依据，而应以人的手掌心到脚底的尺度为准。

（2）功能人体工程学

功能人体工程学通过研究人的知觉、智能、适应性等心理因素，研究人对环境刺激的承受力和反应能力，为创造舒适、美观、实用的生活环境提供科学依据。

环境的优劣，直接影响到人们活动效率的高低。例如，人在过亮或过暗的照明条件下都不能取得最好的工作效率，在噪声过强或完全消除噪声的环境中，人也不能高效率地工作。

1.2 人体工程学的起源与发展

1.2.1 原始的人机关系——人与器具

人体工程学作为一门学科，尽管其发展历史很短，但是，人体工程学研究的基本问题——人与机器、环境间的关系问题，却同人类制造工具的历史一样悠久。

人类从开始制造工具起，就在研究“人如何使用工具”及“工具如何适合人使用”的关系问题。早在石器时代，人类就懂得如何选择石块制成可供敲、砸、刮、割的各种工具，也懂得如何选择适合自己栖息的场所。此后，在漫长的岁月里，人类为了扩展自己的工作能力和提高自己的生活水平，便不断地发明、研制各种工具、机器。当然，在这个阶段，人类并没有自觉地意识到自己所制造的工具与自身能力的关系，于是有些工具会导致人机关系的低效率，甚至造成了对人类自身的伤害。

1.2.2 人体工程学的萌芽——经验人体工程学

19 世纪末 20 世纪初，人们开始采用科学的方法研究人的能力与其所使用的工具之间的关系，从而进入了有意识地研究人机关系的新阶段。在这一阶段，在人与工具的关系以及人与操作方法的研究方面，极具影响力的当属有“科学管理之父”美誉的 F. W. 泰勒（Frederick W. Taylor）以及动作研究专家吉尔布雷斯夫妇（F. B. Gilbreth and L. M. Gilbreth）。

美国学者泰勒在 1898 年进入美国的伯利恒钢铁公司后，开始了他的铁块搬运、铁锹铲掘以及金属切割作业研究，在传统管理方法的基础上，首创了新的管理方法和理论，并据此制订了一整套以提高工作效率为目的的操作方案。方案中考虑了人使用机器、工具、材料及作业环境的标准化问题，从而大大提高了员工的工作效率。泰勒的管理方法研究属于时间研究。

与泰勒同时代的吉尔布雷斯夫妇于 1911 年通过快速拍摄影片，详细记录工人的操作动作后，对他们进行技术和心理两方面的分析研究，从而创立了通过动素分析改进操作动作的方法。吉尔布雷斯夫妇创立的动素分析法至今仍在工业工程领域被广泛应用，这种方法研究属于动作研究。

泰勒和吉尔布雷斯夫妇的研究共同催生了工效学的经典研究——“时间与动作研究”（time and motion study），它对提高工作效率和减轻工作疲劳，至今仍有重要意义。

同时，现代心理学家、哈佛大学心理学教授 H. 闵斯特伯格（H. Munsterberg）出版了《心理学与工业效率》（*Psychology and Industrial Efficiency*，1913 年出版）和《心理技术学原理》（1914 年出版）等书，将当时心理学的研究成果与泰勒的科学管理方法从理论上有机地结合起来，通过选拔、培训工人与改善工作条件等措施使工人适应机器。

因此，从泰勒的科学管理方法和理论开始形成到第二次世界大战之前，这一时期称为经验人体工程学的发展阶段。这一阶段的主要研究内容有以下四点。

①研究每一职业的需求和特点。

②利用测试来选择工人和安排工作，规划利用人力的最好方法及制订培训方案，使人力资源得到最有效的发挥。

③研究最优良的工作条件和最好的管理组织形式。

④研究工作动机，促进工人和管理者之间的通力合作。

当时该学科的研究偏重于心理学方面，因而在这一阶段人体工程学大多被称为“应用实验心理学”。在这个阶段，该学科发展的主要特点是以机械为中心进行设计，在人机关系上以选择和培训操作者为主，使人适应机器。

1.2.3 人体工程学的形成——科学人体工程学

“二战”期间，由于战争的需要，军事工业得到了飞速发展，武器装备体量变得空前庞大，功能也越来越复杂。此时，完全依靠选拔和培训人员，已无法适应不断发展的新武器的效能要求，因而由操作失误导致的事故大为增多。例如，由于战斗机座舱及仪表位置设计不当，飞行员误读仪表和误用操纵器而导致意外事故；或由于操作复杂、设计不灵活和不符合人的生理尺寸，战斗机武器命中率低等。据统计，美国在“二战”期间发生的飞行事故，90%是由人的操作失误造成的。惨痛的教训引起了决策者和设计者的高度重视。通过分析研究，他们逐步认识到：“人的因素”在设计中是不容忽视的一个重要条件；同时，一名设计者要设计好一件高效能的装备，只掌握工程技术知识是不够的，还必须具备生理学、心理学、人体测量学、生物力学等学科方面的知识。于是，人机关系的研究进入了一个新的阶段，即从“人适机”转入“机宜人”的阶段，科学人体工程学应运而生。

战争结束后，科学人体工程学的综合研究与应用逐渐从军事领域向非军事领域转变，人们逐步应用军事领域中的研究成果来解决工业与工程设计中的问题，如设计并制造飞机、汽车、机械设备、建筑设施以及生活用品等。如美国著名设计师亨利·德雷夫斯（Henry Dreyfuss）多年潜心研究有关人体数据以及人体比例和功能方面的问题，1960 年总结出版了《人的测量：设计中的人的因素》（*The Measure of Man: Human Factors in Design*）一书，该书建立的人体工程学体系成了工业设计师的基本理论工具。至此，该学科的研究课题不再局限于心理学的研究范畴，许多生理学家、工程技术专家都参与到该学科中来共同研究，从而使学科的名称也有所变化，大多研究者称之为“工程心理学”。在这一阶段，该学科的发展特点是重视工业与工程设计中“人的因素”，力求使机器适应人。

1.2.4 人体工程学的发展——现代人体工程学

20 世纪 60 年代以后，科学技术飞速发展。电子计算机的应用普及、工程系统及其自动化程度的不断提高、航天事业的空前发展、一系列新科学的迅速崛起，不仅为人体工程学注入了新的研究理论、方法和手段，而且为人体工程学开辟了一系列新的研究领域。如航天系统的设计问题、核电站等重要系统的可靠性问题、“人—计算机”界面的设计问题等。同时，在科学领域中，由于控制论、信息论、系统论“新三论”的兴起，在人体工程学这一学科中应用“新三论”来进行人机系统的研究应运而生。所有这一切，不仅给人体工程学提供了新的理论和新的实验场所，同时也对该学科的研究提出了新的要求和新的课题，从而促使人体工程学进入系统的研究阶段。20 世纪 60 年代以来的这一时期，可以称为现代人体工程学的发展阶段。

随着人体工程学涉及的研究和应用领域的不断扩大，从事该学科研究的专家涉及的专业和学科也就愈来愈多，主要有解剖学、生理学、心理学、工业卫生学、工业与工程设计、建筑与照明工程、管理工程等专业领域。

IEA 在其会刊中指出，现代人体工程学发展有三个特点。

①与传统人体工程学研究着眼于选择和训练特定的人不同，现代人体工程学着眼于机械装备的设计，使机器的操作不超越人类能力界限，使之适应工作要求。

②现代人体工程学与实际应用密切结合，通过严密计划设定的广泛实验性研究，尽可能利用所掌握的基本原理，进行具体的机械设备设计。

③实验心理学、生理学、功能解剖学等学科的专家与物理学、数学、工程学方面的研究人员共同努力、密切合作。

今天，随着计算机及互联网的广泛应用，信息革命正在改变着人体工程学的性质。如果说传统的机械设备主要延展了人体的生理能力，如电动工具扩展了人的肌肉力量、望远镜和显微镜增强了人的视觉能力、助听器弥补了人的听力的不足，那么在信息革命中扮演主角的计算机和互联网则提高了人类认识、处理和传递信息的能力。现在在很多领域，低水平的操作开始由机器来完成，工作人员只需把握对全局的控制，处理和应对突发事件。因此，人体工程学将更注重人的信息处理能力，更注重“人—机—环境”系统的整体研究，以创造更适合于人工作、生活和休闲的条件与环境，使人机系统的综合效能更高。

1.2.5 人体工程学在世界各国的发展情况

目前，很多工业发达的国家都十分重视人体工程学的研究和应用，并且都建立和发展了这门学科。

（1）人体工程学在国外的发展

英国是最早开展人体工程学研究的国家。

1949年，在默雷尔（Murrell）的倡导下，英国成立了第一个人体工程学研究小组，翌年成立了人体工程学研究协会，并于2月16日在英国海军部召开的会议上通过了“人体工程学”（ergonomics）这一名称，正式宣告人体工程学作为一门独立学科的诞生。1957年，该协会发行会刊*Ergonomics*，该刊现已成为国际性刊物。目前，人体工程学已应用于英国国民经济的各个部门。

美国是现代人体工程学的起源地，也是人体工程学学科水平最发达的国家。美国于1957年成立人体工程学协会，之后人体工程学得到了迅速发展。其研究机构大部分在海、陆、空军系统和各大学，主要进行工程学以及有关宇航、军事工业、大型计算机体系、自动化系统等的研究。

德国对人体工程学的研究始于20世纪40年代，其自动化中的人机关系、工作环境、选拔训练以及管理方面的问题都得到了广泛深入的研究。

苏联于1962年成立苏联技术美学研究所，并建立了人体工程学学部，其研究偏重于工程心理学方面。苏联大力开展了人体工程学的标准化工作，先后有20多项人体工程学相关标准被列入国家标准。

日本的人体工程学起步于20世纪60年代，该国着力引进各国的理论和实践经验，逐步形成和发展了自己的人间工学体系，并于1963年建立了人间工学学会。人间工学把人看作系统的一部分进行研究，目前被广泛应用于工业、交通运输、国防和服装行业。

（2）人体工程学在我国的发展

我国最早开展人的工作效率研究的人是一些心理学家，人体工程学在我国一直是工业心理学的一个重要分支。20世纪30年代，我国引入西方国家的工业心理学思想，并开展了工作疲劳、劳动环境、择工测验等方面的研究。我国“工业心理学之父”陈立先生于1935年编著的《工业心理学概观》是我国最早系统介绍工业心理学的著作。中华人民共和国成立后，从50年代中期开始，中国科学院心理研究所和杭州大学（现已被并入浙江大学）等单位的心理学家在职工培训、操作合理化、预防工伤事故等方面做了许多工作。到60年代初，一部分心理学工作者开始转向人机关系等问题的研究，如铁路灯光信号显示、电站控制室信号显示、仪表表盘设计、航空照明和座舱仪表显示等人体工程学研究，均取得了可喜的成果。“文化大革命”时期，许多研究工作陷入停顿。到70年代后期，我国开始进入社会主义现代化建设的新时期，人体工程学的研究也获得了较快发展。中国科学院心理研究所、航天医学工程研究所、空军医学研究所、杭州大学、同济大学等分别建立了工效学或工程心理学研究机构。杭州大学还创建了工业心理学专业，为我国招收、培养了第一批工程心理学本科生和硕士、博士研究生。80年代，人体工程学在我国以前所未有的速度和规模发展起来。

1980年5月，国家标准局和中国心理学会联合召开会议，同时设立了中国人类工效学标准化技术委员会，至1988年，该委员会已制订了有关国家标准22个。1989年，中国人类工效学学会（Chinese Ergonomics Society，简称CES）成立。作为国家一级学会和国内人类工效学专业的最高学术团体，中国人类工效学学会以促进我国工效学人才培养与提高、知识普及与推广、学术研究与创新、国内外专业交流与合作为己任，推动“以人为本”的理念、技术、方法、工具在产品和服务设计中的应用，为提高美好生活品质做出了贡献。该学会下设 8 个专业技术分会，现有会员 1000 多人，会员来自 300 多个单位，其所在单位涉及大学、科研院所及企事业单位等。当前，中国人类工效学学会秘书处设在清华大学工业工程系，学会期刊为《人类工效学》（双月刊）。

1.3 人体工程学的研究内容及研究方法

1.3.1 学科的研究内容

虽然人体工程学的内容和应用范围极其广泛，但该学科的根本研究方向是通过揭示“人—机—环境”之间相互关系的规律，确保“人—机—环境”系统总体性能的最优化。就设计学而言，它也是围绕着人体工程学的根本研究方向来确定具体研究内容的。对于设计师来说，该学科研究的主要内容（图 1-1）可概括为以下几个方面。

（1）人的因素的研究

在“人—机—环境”系统中，人是关键的要素，因此，人的生理、心理特性和能力限度，是“人—机—环境”系统最优化的基础。作为主体的人，既是自然的人，又是社会的人。对于自然人的研究内容有人体形态特征参数、人的感知特性、人的反应特性以及人在工作和生活中的心理特性等，对于社会人的研究内容有人在工作和生活中的社会行为、价值观念、人文环境等。这些研究的目的是解决产品、设施、用具、工作场所等的设计如何与人的生理、心理特征相适应的问题，从而为使用者创造高效、安全、健康、舒适的工作条件。

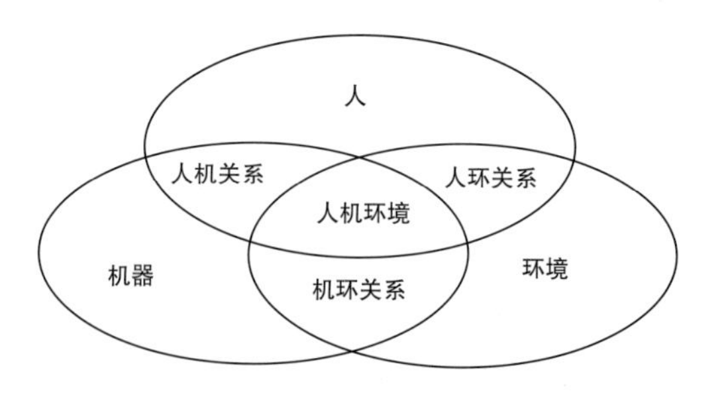

图 1-1 人体工程学的研究内容

（2）机器因素的研究

不同的研究对象，涉及的因素各不相同，因此机器因素的研究范围很广。其研究内容可归纳为建立机器的动力学、运动学模型，机器的特性对人、环境和系统性能的影响，以及机器的防错纠错设计和机器的可靠性研究等；另外，还包括安全保障、有关机具的人体舒适性以及使用方便性的技术等。

（3）环境特性的研究

这一研究内容包括环境检测技术、监控技术和预测技术。

（4）人机关系的研究

人机关系的研究是“人—机—环境”系统中

的主要研究内容，包括信息显示、操作控制、人机界面设计等。

（5）人与环境关系的研究

任何人机系统都处于一定的环境之中，因此人机系统的功能不可避免地受到其周围环境的影响。人与机相比，受环境影响更大，如照明、色彩、噪声、振动、温度、湿度、粉尘、有害气体以及辐射等，都会对人体产生影响。对于环境的研究内容包括作业空间、物理环境、化学环境、生物环境、美学环境以及社会环境等。

（6）机与环境关系的研究

这一研究具体是指研究机器和环境的相互作用、相互影响，以寻求机器和环境共生的最佳方式。

（7）人机系统的整体研究

“人—机—环境”系统设计的目的就是创造最优的人机关系、最佳的整体系统工作效益、最舒适的工作环境，其研究内容包括“人—机—环境”系统的可靠性与安全性、“人—机—环境”系统的建模技术和评价技术等。

1.3.2 学科的研究方法

科学的进步依赖于研究方法的发展。任何一门学科在确定了研究对象和研究内容之后，就要考虑使用什么样的方法来进行研究。人体工程学作为一门边缘学科，在发展过程中，不可避免地要借鉴人体科学、生物科学和心理学等相关学科的研究方法，采用系统工程、控制理论、信息科学、统计学等其他一些学科的研究方法，并利用学科自身的特点，逐步建立和完善一套独特的研究方法，以探讨人、机、环境三要素之间的复杂关系。

目前在人体工程学中常用的研究方法有以下几种。

（1）观察法

观察法是通过直接或间接观察，有时甚至借助某些工具，记录自然环境中被调查对象的行为表现、活动规律，然后进行分析研究的方法。观察法是在不影响事件正常发生的情况下有目的、有计划、有步骤地进行的。观察者通常不参与研究对象的活动，从而避免对研究对象产生影响，以保证研究的自然性与真实性。为了研究系统中人和机各自的工作状态，观察者采用的方法各种各样，如对工人操作动作的分析、人与机功能的分析和工艺流程分析等。

（2）实测法

这是一种借助仪器设备进行实际测量的方法，也是比较普遍的一种方法。测量内容包括对人体尺寸（身高、体重、坐高、功能臂长、包络面等）的测量、人体生理参数（能量代谢、呼吸、脉搏、血压、肌电、心电等）的测量、环境参数（温度、湿度、照明、色彩、噪声、振动、辐射等）的测量等。

（3）实验法

实验法是在人为设计的环境中对被测试的行为或反应进行测试的一种研究方法，一般在实验室进行，也可在作业现场进行。如进行仪表盘设计时，设计师必须就人对各种仪表表示值的认读速度、误读率，表盘的形状、观察距离，仪表显示的亮度、对比度，仪表指针的形状、长短等进行研究。

（4）模拟和模型试验法

机器系统一般比较复杂，因而在进行人机系

统研究时人们常采用模拟的方法。模拟方法包括各种技术和装置的模拟，如操作训练模拟器、机械模型以及各种人体模型等。通过模拟方法，人们可以对某些操作系统进行试验，得到除实验室研究外更符合实际的数据。模拟器或者模型通常比所模拟的真实系统便宜得多，又可以进行符合实际的研究，所以获得了较广泛的应用。

（5）计算机辅助研究法

随着计算机和数字技术的高速发展，在数字世界中建立人体模型已成为可能。我们可利用人体模型模仿人的特征和行为。数字人体模型可以使设计与产品的人机分析过程可视化。对于工业设计师和人机工程学家而言，数字人体模型具有以下优点。

①它能使产品的变量在设计的早期明确化，且容易展现这些变量的发展趋势。

②它可以用来控制产品的某些特征，即以人的特性来决定产品的功能参数。

③它可以用来进行产品的可用性测试。

（6）系统分析法

该方法体现了人体工程学将“人—机—环境”系统作为一个综合系统考虑的基本观点，是在获得了一定的资料和数据后采用的一种研究方法，通常包括对作业环境的分析、作业空间的分析、作业方法的分析、作业组织的分析、作业负荷的分析、信息输入及输出的分析等。人体工程学家通常在研究中采用如下几种分析方法。

①瞬间操作分析法。生产过程一般是连续的，人和机器之间的信息传递也是连续的。但要分析这种连续传递的信息很困难，因此只能用间歇性的测定分析法，即瞬间操作分析法，也就是统计学中的随机取样法，对操作者和机器之间在每一间隔时刻的信息进行测定后，再用统计推理的方法加以整理，从而获得改善人机系统的有益资料。

②知觉与运动信息分析法。外界的信息要传递给人，首先由人的感知器官传到神经中枢，经大脑处理后产生反应信号，再传递给四肢，四肢接受指令后再对机器进行操作，被操作的机器状态又将信息反馈给操作者，从而形成一种反馈系统。知觉与运动信息分析法就是对这种反馈系统进行测定分析，然后用信息传递理论来说明人机之间信息传递的数量关系的方法。

③动作负荷分析法。在规定操作所必需的最小间隔时间的条件下，我们可用计算机技术记录分析操作者连续操作的情况，从而推算出操作者工作的负荷程度。另外，对操作者在单位时间内的工作负荷进行分析时，也可用单位时间的作业负荷率来表示操作者的全工作负荷。

④频率分析法。对人机系统中机械系统的使用频率和操作者的操作动作频率进行测定分析，其结果可作为调整操作人员负荷参数的依据。

⑤危象分析法。对事故或近似事故的危象进行分析，特别有助于识别容易诱发错误的情况，同时也能帮助人们方便地查找出系统中存在的而又需要复杂的研究方法才能发现的问题。

⑥相关分析法。在分析法中，人们常常要研究两种变量：自变量和因变量。相关分析法的基本原则就是确定这两种变量之间是否存在统计关系。在相关研究中，人们并不系统地改变某一变量，而是尽可能使所有变量保持“自然状态”，以避免人为因素的干扰。因此，使变量保持自然状态是相关研究的特征。

2

人体感知及人的信息处理系统

感觉与知觉的特征

人的信息处理系统

Ergonomics and Art Design

2.1 感觉与知觉的特征

2.1.1 感觉及其特征

感觉是人脑对直接作用于感觉器官的客观事物的个别属性的反应。来自人体内外的环境刺激通过眼、耳、鼻、口、皮肤等感觉器官产生神经冲动，经由神经系统传递到大脑皮层感觉中枢，从而产生感觉。

感觉是一种最简单而又最基本的心理过程，在人的各种活动过程中起着极其重要的作用。感觉具有以下特征。

（1）适宜刺激

感觉器官只对相应的刺激起反应，这种刺激形式称为该感觉器官的适宜刺激。各种感觉器官的适宜刺激及其识别特征见表 2-1。

表 2-1　各种感觉器官的适宜刺激及其识别特征

感觉类型	感觉器官	适宜刺激	识别特征
视觉	眼	光	形状、色彩、方向等
听觉	耳	声	声音的强弱、高低、远近、方向等
嗅觉	鼻	挥发性物质	气味
味觉	舌	可被唾液溶解物	酸、甜、苦、辣、咸等
肤觉	皮肤及皮下组织	物理化学作用	触压、温度、痛觉等
平衡觉	前庭系统	运动和位置变化	旋转、直线运动和摆动
深度觉	肌体神经和关节	物质对肌体的作用	撞击、重力、姿势等

（2）适应

感觉器官接受刺激后，若刺激强度不变，则经过一段时间后，感觉会逐渐变弱以至消退，这种现象称为适应。人们通常所说的“久而不闻其臭”就是嗅觉器官产生适应的典型例子。对于人体而言，不同的感觉器官，其适应的速度和程度不同，其中对触压的适应速度最快。

（3）感觉阈限

人的各种感受器在接收信息时有较大的局限性，它们对刺激作用的感受有一定的强度限制。那种刚刚能引起感觉的最小刺激量，称为感觉阈下限；而刚刚使人产生不正常感觉或引起感受器不适的刺激量，称为感觉阈上限。为了使信息能有效地被感受器接收，应把刺激的强度控制在感觉阈上、下限范围之内。

（4）相互作用

在一定条件下，各种感觉器官对其适宜刺激的感受能力都将因受到其他刺激的干扰影响而降低，这种使感受性发生变化的现象称为感觉的相互作用。例如，同时输入两个强度相等的听觉信息，对其中一个信息的辨别能力将降低 50%；当视觉信息与听觉信息同时输入时，听觉信息对视觉信息的干扰较大，视觉信息对听觉信息的干扰较小。此外，味觉、嗅觉、平衡觉等都会受其他感觉刺激的影响而发生不同程度的变化。

（5）对比

同一感受器接受两种完全不同但属同类的刺激物的作用，而使感受器发生变化的现象称为对比。感觉对比分为同时对比和继时对比两种。

几种刺激物同时作用于同一感受器时所产生的对比称为同时对比。如图 2-1 所示，同样一个灰色图形，在白色的背景上看起来显得深一些，而在黑色背景上则显得浅一些，这是明度的同时对比。

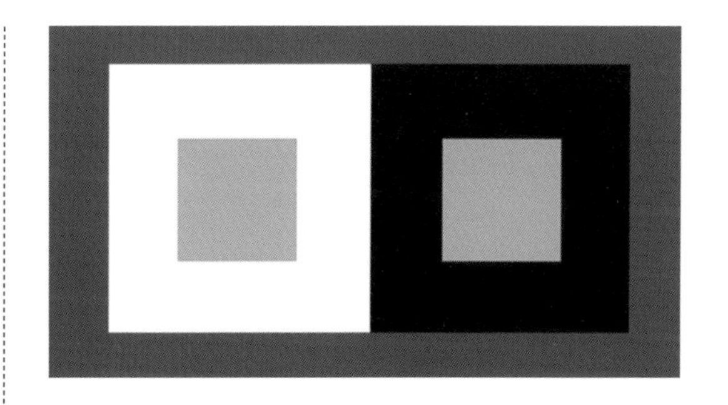

图 2-1　明度的同时对比

几个刺激物先后作用于同一感受器时，将产生继时对比现象。如吃过糖之后再吃苹果，会觉得苹果发酸，这是味觉的继时对比。

（6）余觉

刺激消失后，感觉还可存在一极短的时间，这种现象叫余觉。例如，“余音绕梁，三日不绝”就是声音产生的余觉现象。再如，我们注视亮着的白炽灯，过一会儿闭上眼睛会发现灯丝在空中游动，这是发光灯丝留下的余觉现象。

2.1.2　知觉及其分类

知觉是人脑对直接作用于感觉器官的客观事物和主观状况整体的反应。例如，看到一张椅子、听到一首歌、闻到鲜花的芬芳、春风拂面感到丝丝凉意等，都属于知觉现象。

知觉是在感觉的基础上产生的，人脑中产生的具体事物的印象总是由各种感觉综合而成的，没有产生对个别属性的感觉，也就不可能形成对事物整体的知觉。感觉到的事物个别属性越丰富、越精确、越详细，对该事物的知觉也就越完整、越正确、越全面。

根据知觉起主导作用的感官特性，我们可把知觉分成视知觉、听知觉、触知觉、味知觉等几种。在这些知觉中，除起主导作用的感觉以外，还有其他感觉成分参加，如在对物体形状和大小产生的视知觉中，常常有触觉和动觉的成分参加；在对言语产生的听知觉中，常常有动觉的成分参加。

根据人脑所认识的事物特性，我们还可以把知觉分成空间知觉、时间知觉和运动知觉三种。空间知觉用来处理物体的大小、形状、方位和距离的信息；时间知觉用来处理事物的延续性和顺序性的信息；运动知觉用来处理物体在空间的位移等的信息。

2.1.3　知觉的基本特性

（1）整体性

人的知觉系统具有把个别属性、个别部分综合成为一个统一的有机整体的能力，这种特性称为知觉的整体性。例如，苹果看起来是红色的，形状是圆的，摸上去比较光滑，闻起来有淡淡的水果香味，吃到嘴里酸中带甜，所有这些感觉综合起来，就让我们知觉到这是一只苹果。

一方面，知觉的整体性可使人们在感知自己熟悉的对象时，只根据其个别属性或主要特征即可将其作为一个整体而知觉到，如毕加索画的抽象化的牛（图 2-2）。而我们对个别成分（或部分）的知觉，又依赖于事物的整体特性。图 2-3 说明了部分对整体的依赖关系。同样一个图形，当它处在数字序列中时，我们把它看成数字 13；当它处在字母序列中时，我们就把它看成

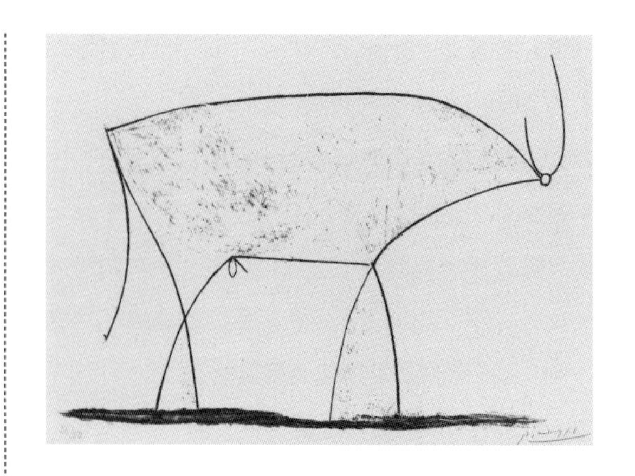

图 2-2　毕加索的牛

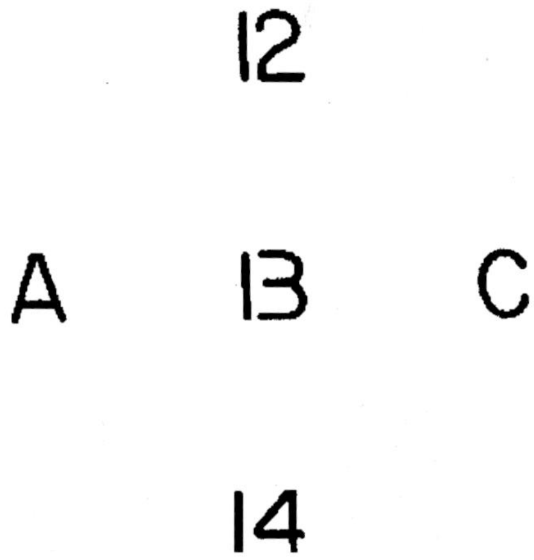

12

A　　13　　C

14

图 2-3　部分对整体的依赖关系

字母 B 了。

另一方面，在感知不熟悉的对象时，人们则倾向于把它感知为具有一定结构的有意义的整体。

影响知觉整体性的因素主要有以下几个方面。

①邻近性。在其他条件相同时，空间上彼此接近的部分，容易形成整体［图 2-4（a）］。

②相似性。视野中相似的成分容易组成整体［图 2-4（b）］。

③对称性。在视野中，对称的部分容易形成整体［图 2-4（c）］。

④封闭性。视野中封闭的线段容易形成整体［图 2-4（d）］。

⑤连续性。具有良好连续性的几条线段，容易形成整体［图 2-4（e）］。

⑥简单性。视野中具有简单结构的部分，容易形成整体［图 2-4（f）］。

（2）选择性

人在知觉客观世界时，总是有选择地把少数事物当成知觉的对象，而把其他事物当成知觉的背景，以便更清晰地感知一定的事物或对象，这

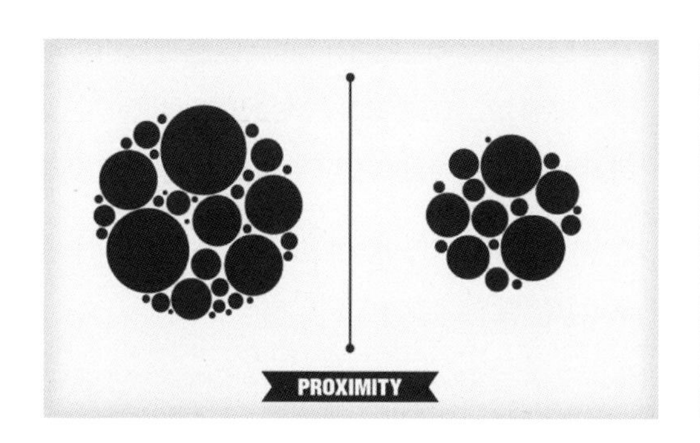

（a）

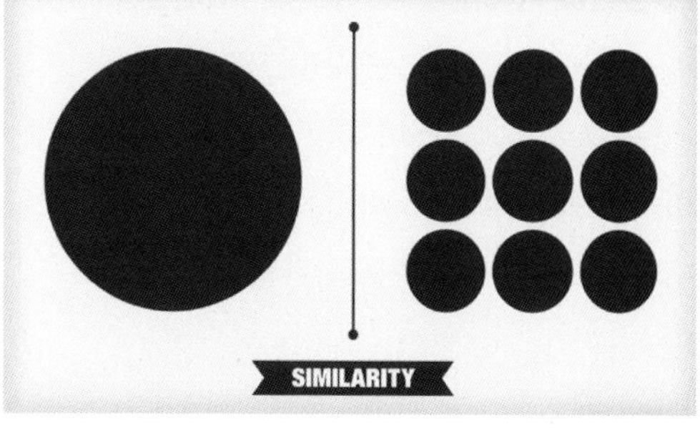

（b）

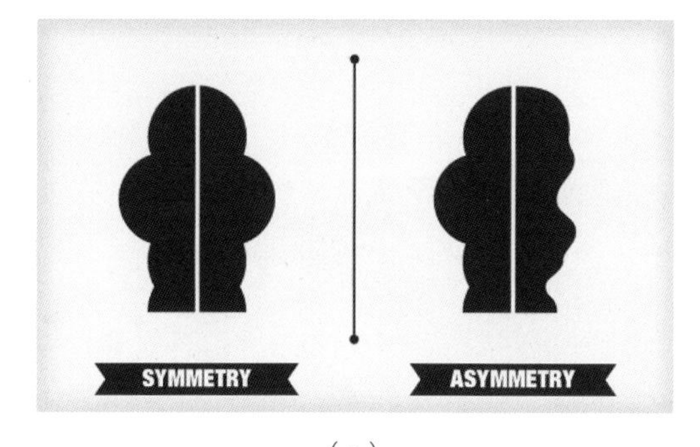

（c）

（d）

（e）

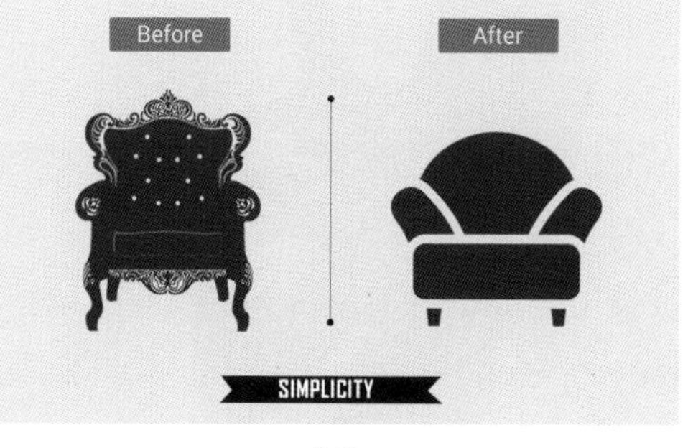

（f）

图 2-4　影响知觉整体性的因素

种特性称为知觉的选择性。从知觉背景中感知出对象，一般取决于下列条件。

①对象和背景的差别。对象和背景的差别（包括颜色、形态、刺激强度等）越大，对象就越容易从背景中突显出来，给人清晰的反馈。如新闻或广告标题往往用彩色套印或者采用特殊字体，就是为了突出效果。

②对象的运动。在固定不变的背景上，运动的物体容易成为知觉对象。如救护车用电子闪光信号灯，更能引人注目，提高知觉效率。

③主观因素。人的主观因素对于选择知觉对象相当重要，当任务、目的、知识、年龄、经验、兴趣、情绪等因素不同时，优先知觉到的对象便不同。

（3）理解性

在知觉时，用以往所获得的知识经验来理解当前知觉对象的特性称为知觉的理解性。

知觉的理解性可帮助对象从背景中分离。例如，在图 2-5 所示的图地转换图形中，如果事先提示图中是一名女士，那么图形的右半部分就更容易成为知觉的对象；而如果事先提示这是一个男人，那么图形的左半部分就更容易成为知觉的对象。

知觉的理解性还有助于整体感知事物。人们对于自己理解和熟悉的东西，容易将其当成一个整体来感知。在观看某些不完整的图形时，正是知觉的理解性帮助人们把缺少的部分补充了起来（图 2-6）。

（4）恒常性

当知觉的客观条件在一定范围内改变时，人们的知觉映象在相当程度上却保持相对稳定的特性，这种特性叫知觉的恒常性。知觉的恒常性主

图 2-5　图地转换图形

图 2-6　雪地上的狗

图 2-7　形状恒常性示意

要有以下几类。

①形状恒常性。当我们从不同角度观察同一物体时，物体在人的视网膜上投射的形状是不断变化的。但是，我们知觉到的物体形状并没有出现很大的变化，这就是形状的恒常性。例如一扇从关闭到敞开的门，尽管这扇门在我们视网膜上的投影形状各不相同，但我们知觉到的门是长方形的（图 2-7）。

②大小恒常性。当我们从不同距离观看同一物体时，物体在人的视网膜上成像的大小是不同的。距离远，视网膜成像小；距离近，则视网膜成像较大。但是，在实际生活中，人们看到的对象大小的变化，并不和视网膜映象大小的变化相吻合。例如，在 5m 处和 10m 处观看一个身高为 1.7m 的人，虽然视网膜上的映象大小不一样，但我们总是把他感知为一样高，这就是大小恒常性。

③明度恒常性。在照明条件改变时，我们知觉到的物体的相对明度保持不变，这种特性叫明度恒常性。例如，在阳光和月色下观看白墙，我们知觉到它都是白的；而煤块无论在白天还是晚上，我们知觉到它总是黑的。白墙总是被感知为白的，是因为无论在阳光还是月色下，它反射出来的光的强度和其他物体反射出来的光的强度比例相同。可见，我们看到的物体明度并不取决于照明条件，而是取决于物体表面的反射系数。

④颜色恒常性。一个有色物体在色光照明

下，其表面颜色在我们的感受中并不受色光照明的影响，保持相对不变。正如室内家具在不同的灯光照明下，它的颜色相对保持不变一样，这就是颜色恒常性。

⑤错觉。错觉是对外界事物不正确的知觉，即我们的知觉不能正确地表达外界事物的特性，出现种种歪曲。总的来说，错觉是知觉恒常性的颠倒。

错觉的种类（图 2-8）很多，有空间错觉、时间错觉、运动错觉等。空间错觉又包括大小错觉、形状错觉、方向错觉、倾斜错觉、形重错觉等，其中，大小错觉、形状错觉和方向错觉统称为几何图形错觉。

研究错觉具有重要的理论意义。错觉的产生既有客观原因，也有主观原因，因此研究错觉的成因有助于揭示人们正常知觉客观世界的规律。

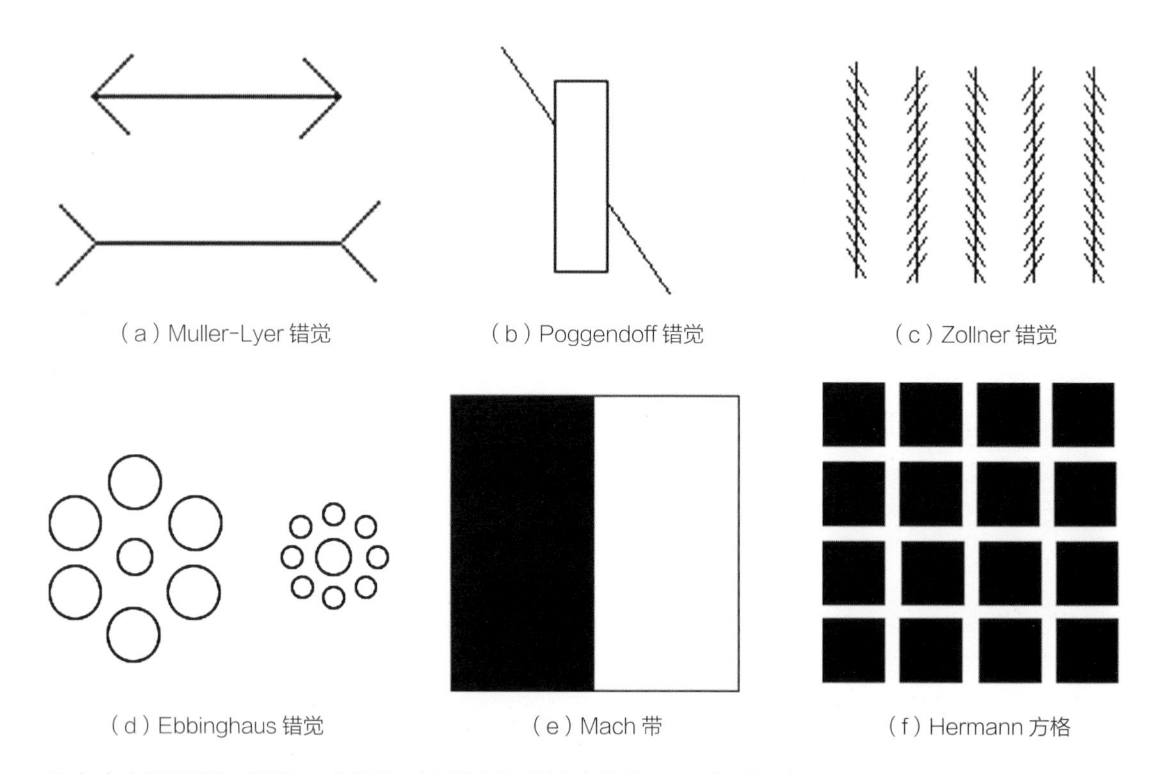

（a）Muller-Lyer 错觉　（b）Poggendoff 错觉　（c）Zollner 错觉

（d）Ebbinghaus 错觉　（e）Mach 带　（f）Hermann 方格

图（a）为长度错觉：同样长度的线段，由于受两头箭头方向的影响，感觉上短下长

图（b）为方向错觉：两条线段本是在同一直线上，由于受到垂直线的干扰，看起来像已错位

图（c）是方向错觉：若干条相互平行的直线，由于受到其上面短斜线的干扰而产生不平行的感觉

图（d）为对比错觉：中间的两个圆本是同样大小，由于收到周围圆的影响，被小圆包围的圆看起来显得大一些

图（e）和图（f）为对比度错觉：我们在 Mach 带左半部的暗区能看到一条更暗的线条，在右半部亮区则看到一条更亮的光带；而 Hermann 方格之间的阴影实际上也并不存在

图 2-8　几种常见的错觉

研究错觉还具有实践意义。一方面，这种研究有助于消除错觉对人类实践活动的不利影响；另一方面，人们可以利用某些错觉为人类服务。例如在服装设计中，设计师利用图案和线条的错觉，可以使胖人显得苗条，瘦人显得丰满。又如我们可以利用物体表面颜色的区别来造成物品轻重不同的错觉：在小巧轻便的日用品表面涂浅色，使产品显得更加轻巧；而在大型机械设备的基础部分涂深色，可增强其稳固之感。

在设计中，我们也可以采取必要的矫正方法减少错觉对造型效果的影响。如古希腊建筑中著名的多立克柱式，由于高度过高，人们在观看时会感到柱子中部向内弯曲，为此，设计中要采用稍向外弯曲的微曲线，使中部略呈腰鼓形，从而获得直立挺拔的视觉效果（图2-9）。

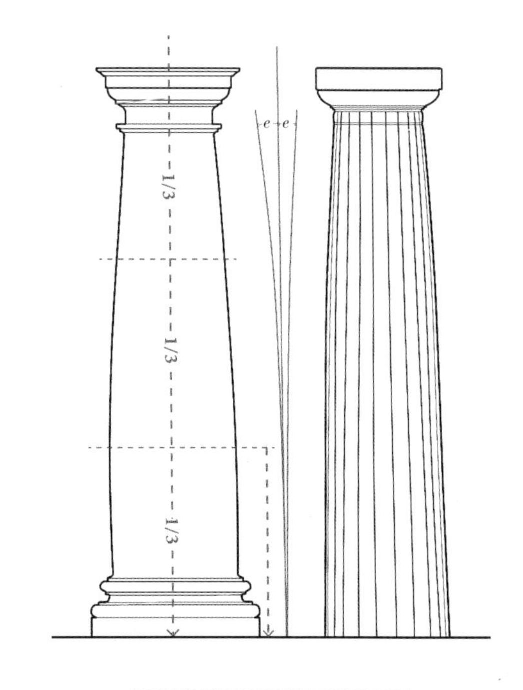

图2-9　多立克柱式错觉修正

2.2　人的信息处理系统

在人和机器发生关系和相互作用的过程中，最本质的联系是信息交换。人在人机系统特定的操作活动中所起的作用，可以比作一种信息传递和处理过程。因此，从人体工程学的角度出发，我们可以把人视为一个有限输送容量的单通道的信息处理系统。

有关机器状态的信息，通过各种显示器被传递给人，人依靠眼、耳和其他感官接收这些信息。由各种感官组成的感觉子系统将获得的这些信息通过神经信号传递给大脑中枢。中枢的信息处理子系统，接收传入的信息并加以识别，作出相应的决策，产生某些高级适应过程并组织到某种时间系列之中。被处理加工后的信息，既可以贮入信息处理子系统中的长时记忆中，也可以贮入短时记忆中。最后，信息处理系统可以发送输出信息，通过反应子系统中的各种控制装置和语言器官，产生运动和言语反应。

2.2.1　人的信息接收与传递

（1）信息接收

人的眼、耳、鼻、舌等各种感受器是接收信息的专门装置。来自人体内外的各种信息通过一定的刺激形式作用于感受器，引起分布于感受器内的神经末梢产生神经冲动，这种神经冲动沿着输入神经传送到大脑皮层相应的感觉区而产生感觉。前面已提及，每一种感受器只对适宜刺激产生反应，对于非适宜刺激的作用，一般不发生反应，或只能发生很模糊的反应。例如，人的视觉感受器的适宜刺激是波长为 380~780nm 范围的电磁波，听觉感受器的适宜刺激是频率范围为 20~20 000Hz 的声波。超过这个范围，人就要借助特殊的仪器和设备才能达到识别的目的。

（2）信息传递

①信息计量。在人机系统中所讨论的信息是指人类接收的特有的信息，它是客观存在的一切事物通过物质载体（即信道）所发出的消息、情报、指令、数据、信号和标志等。

信息是可以严格定量的。信息量以计算机的“位”（bit）为基本单位，称为比特。一个比特信息量的简单定义是：在两个均等的可能事件中需要区别的信息量。例如抛掷人民币硬币，抛到国徽的一面表示“赢”，抛到数字的一面表示“输”。每抛掷一次，无论是国徽还是数字，都带一个比特的信息。用定义来解释就是：“赢”和“输”是两个均等的可能事件，各占 50% 的概率。所以，无论哪种情况出现，都只带一个比特的信息量。

当可能事件多于两个，即变化的可能性在两个以上时，可用一个公式来计算信息量：

$$\log_2 N = n\ (\mathrm{bit})$$

式中：N 为均等的可能事件；n 为信息量。

如果将上例改为交通信号灯信息显示，红灯停、绿灯行、黄灯等待，则可能事件为三个，代入公式可计算出 $\log_2 3=1.732$（bit）。所以，每出现一种颜色的信号灯时，其所带的信息量均为 1.732 比特。

②信道容量。信道的关键是信道的容量，即单位时间内可传输的最大信息量。人从刺激发生到作出反应，其信息传递需经历三个阶段：第一阶段是感觉输入阶段，即信息从感受器接收后传递到大脑；第二阶段是信息加工阶段，即大脑对信息进行加工，作出指令；第三阶段是运动输出阶段，即指令信息从大脑传输到运动器官，这是信息的输出通道。

人有多种不同的信息输入通道以及多种不同运动器官的信息输出通道，各种信道的传递能力有明显差异。信道容量与单位时间内能正确辨认的刺激数量有关，可用如下公式表示：

$$C=n\,(\log_2 N)\,/\,T$$

式中：C 为信道容量；N 为辨认的刺激数目；n 为单位时间内能作出正确反应的刺激数目；T 为对一个刺激作出正确辨认反应的时间。

研究表明，人的各种感觉信道容量有明显的差别，而且在同一性质的感觉中，信道容量还会由于刺激维度不同而变化（表 2-2）。如果是多维复合刺激，则信道容量要比单维刺激时明显增大（表 2-3）。

③信息编码。信息编码就是按一定规则，把信息转换成符号或信号的过程。在通信系统通道中，实现信息传递需要对信息进行编码。研究表明，人的感觉信息的传递也是以各种编码方式进行的。确定哪些编码方式的信息传递效率最高，对设计而言是富有实践意义的研究课题。

从表 2-2、表 2-3 可以看出，声音信号的编码，若只以强度的不同来代表不同的信息内容，则是单维的；若信号不仅在强度上，而且在频率上也有所变化，则是二维的。研究结果表

表 2-2　在绝对判断中视觉和听觉通道对单维刺激的信道容量

感觉通道	刺激维度	绝对正确辨认的刺激数目 / 个	信道容量 / bit
视觉	点在直线上的位置	10	3.2
	方块大小	5	2.2
	颜色	9	3.1
	亮度	5	2.3
	面积	6	2.6
	线段长度	7~8	2.6~3.0
	直线倾斜度	7~11	2.8~3.3
	弧度	4~5	1.6~2.2
听觉	纯音音响	5	2.3
	纯音音高	7	2.5

表 2-3　在绝对判断中视觉和听觉通道对多维复合刺激的信道容量

感觉通道	复合刺激维度	绝对正确辨认的刺激数目 / 个	信道容量 / bit
视觉	大小、明度、色调	18	3.2
	等亮度颜色（色调、饱和度）	13	2.2
	点在正方形中的位置	24	3.1
听觉	音响、音高	9	2.3
	频率、强度、间断率、持续时间、方位	150	2.6

明，增加信息编码的维度可提高信息的传递绩效。例如告警系统采用不同响度和不同频率的声音混合编码，能提高告警信号的传递绩效。

编码方式的优劣与工作性质的好坏有密切的关系。一般来说，在辨认工作中，使用数码、字母、斜线等是较好的方式；在搜索定位工作中，使用颜色最优，数码和形状次之；在计数工作中，使用数码、颜色、形状较优；而在比较和验证工作中，这些符号的使用对工作效率的影响几乎没有差别。编码方式的优劣与工作条件的好坏也有一定关系。例如，在辨认工作中，如时间不限，则使用颜色优于斜线。如果呈现时间较短（0.1~1.0s），则使用斜线较颜色优。总之，依据感觉系统信息处理的原理，巧妙地利用不同的编码方式，可以设计出高效、优质的人机界面。

④信息的冗余度。冗余度在通信理论中表示一定数量的信号单元所携带的信息量低于它所能携带的最大信息量的程度。研究表明，信息编码

如果过剩，也就是说，如果存在信息的冗余，则会使信息的传递绩效降低，但有利于提高通信的抗干扰能力。例如在广告设计中，为使受众能及时有效地记住所宣传的产品，设计师经常会不断地强调和重复该产品的某些重要特征或是商品名称，以达到让受众记住并接受该产品的目的。

2.2.2 人的信息加工

（1）人的信息加工模型

人的信息加工过程可用图 2-10 所示的模型来表示，该模型描述了人的信息加工的各个基本环节及其相互关系。模型中的每一个方框代表信息加工的一种机能，简称机能模块，箭头线则表示信息流动的路线和方向。以下分别简述各个机能模块的作用。

①感觉贮存。感觉贮存又称感觉登记、感觉记忆或者瞬时记忆，它贮存输入感觉器官的刺激信息，保持极短时间的记忆，是人接受信息的第一步。人的感觉通道容量有限，而人所接受的输入信息又大大超过了人的中枢神经系统的通道容量，因此大量的信息在传递过程中被过滤掉了，而只有一部分进入神经中枢的高级部位。

感觉信息进入神经中枢后，在大脑中贮存一段时间，大脑提取感觉信息中的有用部分，抽取其特征并进行模式识别。这种感觉信息贮存过程衰减很快，所能贮存的信息数量也有一定限度，

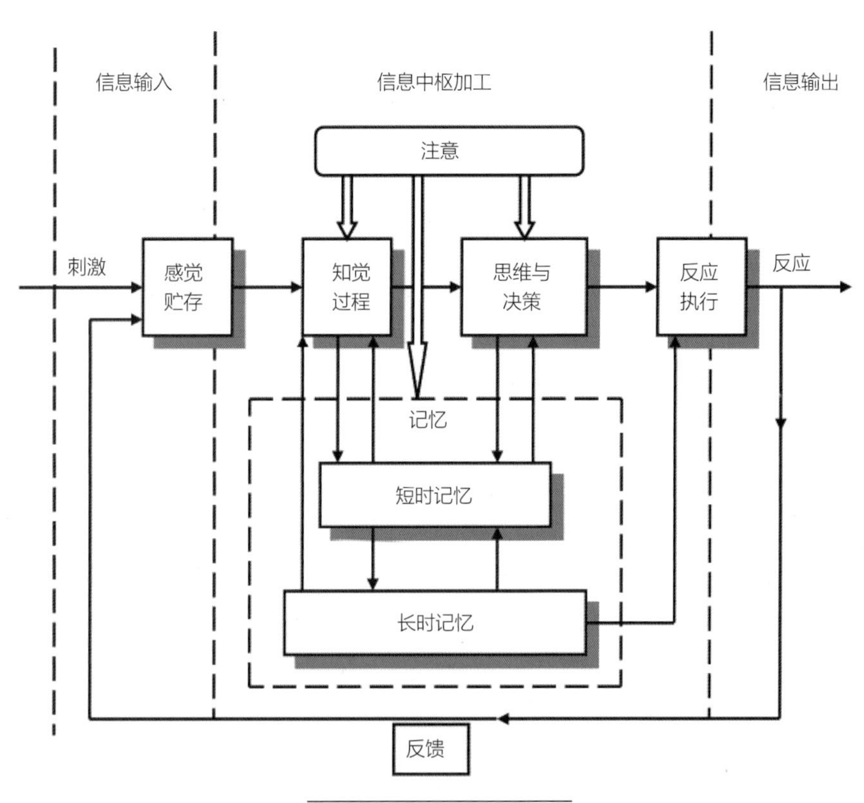

图 2-10　人的信息加工模型

延长信息显示时间并不能增加它的贮存量。

②知觉过程。信息的中枢加工，主要表现在知觉、记忆、思维决策过程中。知觉是在感觉基础上产生的，是多种感觉综合的结果。知觉过程也是对当前输入信息与记忆中的信息进行综合加工的结果。

知觉过程的信息加工方式，可分为自下而上和自上而下两种相互联系、相互补充的方式。自下而上的加工是指由外部刺激开始的加工，主要依赖于刺激自身的性质和特点。自上而下的加工是由主体有关知觉对象的一般认识开始的加工。

知觉过程还涉及整体加工和局部加工的问题。作为知觉对象的客体，包含着不同的部分。例如，一个橘子包含有形、色、香、味等属性；一座房子包含有墙、顶、门、窗等组成部分；一个图形包含有点、线、面等构成要素。对于一个客体，是先知觉其各部分，进而再知觉整体，还是先知觉整体，再由此知觉其各部分？对此问题人们有两种不同的看法：一种认为在对客体的知觉过程中优先加工的是客体的构成成分，整体形象知觉是在对客体的组成部分进行加工后综合而成的；另一种则认为对客体的知觉过程是先有整体形象，而后才对其组成部分进行加工。如格式塔心理学派就提出，整体不等于部分的简单相加，而是大于部分之和。

③思维与决策。思维是人的认识活动中最复杂的信息加工活动，人只有通过思维活动才能认识事物的本质和规律。思维有形象思维和抽象思维两种：形象思维是指以表象形式进行的思维；而抽象思维是借助概念或语词形式进行的思维。

人的思维主要体现在解决问题的过程中。人在遇到问题仅凭记忆中的现成知识不能解决时，就会开展思维活动。解决问题的过程也是不断决策的过程，实际决策往往包含多种可能的行动方案，因此我们需要分析比较，以便从众多的方案中择优。

④反应执行。信息经上述方式加工后，如果决定对外界刺激采取某种反应活动，这种决策将以指令形式输送到效应器官，支配效应器官做出相应的动作。效应器官是反应活动的执行机构，包括肌肉、腺体等。

⑤反馈。反馈实质上是被动系统对主动系统的反作用。将效应器官做出相应动作的结果作为一种新的刺激，传递给输入端，即构成一个反馈回路。人借助反馈信息，加强或者抑制信息的再输出，从而更为有效地调节效应器官的活动。

⑥注意。注意是心理活动或意识对一定对象的指向和集中，是和意识紧密相关的一个概念，从感觉贮存开始到反应执行的各个阶段的信息加工都离不开注意。注意的重要功能在于对外界的大量信息进行过滤和筛选，即选择并跟踪符合需要的信息，避开和抑制无关的信息，使符合需要的信息在大脑中得到精细的加工。注意保证了人对事物更清晰的认识、更准确的反应和更有序可控的行为，是人们获取知识、掌握技能、完成各种实际操作和工作任务的重要心理条件。

当然，注意并不总是指向和集中在同一对象上，根据当前活动的不同需要，注意可有意识地从一个对象转移到另一个对象。在某些情形下，注意还可以在同一时间内被分配给两种或多种活动，如打字员在录入文档时，既要注意电脑屏幕上的文字输入，又要查看所输入的文字材料。随着现代科技设备的日益复杂化，在一些大型的人机系统中，如飞机显示舱中，操作者只有具备较高的注意分配能力，才能保证工作效率，避免出现差错和发生事故。

（2）人的信息贮存

从感受器输入的信息，一般以一定的编码形式贮存在记忆系统中。人的记忆可分为感觉记忆、短时记忆和长时记忆三个阶段，这三个阶段是相互联系、相互影响并密切配合的，也是三个不同水平的信息处理过程。

①感觉记忆。感觉记忆是记忆的初始阶段，它是外界刺激以极短的时间一次呈现后，一定数量的信息在感觉通道迅速被登记并保持一瞬的过程，因此又被称为瞬时记忆或者感觉登记。感觉记忆具有形象鲜明、信息保持时间极短、记忆容量较大等特点，其保存的信息如果得不到强化，就会很快淡化而消失，若受到强化，就会进入短时记忆中。

感觉记忆主要包括图像记忆和声像记忆两种。图像记忆是指作用于视觉器官的图像消失后，图像立即被登记在视觉记录器内，并保持约300ms的记忆；声像记忆是指作用于听觉器官的刺激消失后，声音信息被登记在听觉记录器内，并保持约4s的记忆。感觉记忆的功能在于为大脑提供对输入信息进行选择和识别的时间。

②短时记忆。短时记忆又称工作记忆或操作记忆，是指信息一次呈现后，在记忆中保存时间在1min以内的记忆。

短时记忆的容量较小，信息一次呈现后，能立即正确记忆的最大量一般为7±2个不相关联的项目。但若把输入的信息重新编码，按一定的顺序或按某种关系将记忆材料组合成一定的结构形式或具有某种意义的单元（组块），减少信息中独立成分的数量，即可明显扩大短时记忆的广度，增加记忆的信息量。因此，为了保证短时记忆的作业效能，一方面需要短时记忆数量尽量不超过人所能贮存的容量，即信息编码尽量简短，如电话号码、商标字母等最好不超过7个；另一方面则可改变编码方式，如选用作业者十分熟悉的内容或者信号编码，从而增加短时记忆的记忆容量。

短时记忆中贮存的信息若不加以复述或运用，也很快会被忘记。如打电话时从电话簿上查到的号码，打了电话后很快就会被忘记，但若打过电话后对该号码复述数遍，它就可在人的记忆中保存得长一些，复述次数越多，保存的时间就越长。这是因为短时记忆中的信息经过多次复述后就会转入长时记忆中。

短时记忆在现代化的通信、生产、管理和人机系统中具有重要的作用。如在自动化监控系统中，作业者根据仪表所显示的数据进行操作和控制，操作完毕，即可忘记刚才所记住的数据。而日常生活和工作中人们也经常要用到短时记忆，如学生上课或听报告时做笔记、接线员接听外界电话及翻译人员进行口译等，都离不开短时记忆。在设计人机系统时，设计师更是应该考虑人的短时记忆的特点，从而避免增加操作者的心理负荷，造成人为差错与失误。

③长时记忆。长时记忆是记忆发展的高级阶段，在记忆中保存时间在1min以上。长时记忆中贮存的信息，大多是由短时记忆中的信息通过各种形式的复述或复习转入的，但也有些是由对个体具有特别重大的意义而印象深刻的事物在感知中一次形成的，譬如有些广告由于其形式新颖、编排奇特而使人过目不忘。

长时记忆中的信息是按意义进行编码和组织加工的。编码主要有两类：一类是语义编码，对于语言材料，多采用此类编码；另一类是表象编码，即以视觉、听觉以及其他感觉等心理图像形式对材料进行意义编码。

长时记忆具有极大的容量，理论上是无限的，可以包含人一生所获得的全部知识和经验。但这并不意味着人总是能记住和利用长时记忆中的信息。这是因为：一是找不到读取信息的线索，即无法进行信息提取；二是相似的信息和线索混在一起彼此干扰，以至于阻碍目标信息的读取。所以有时尽管某个信息客观上贮存在长时记忆中，但实质上已丧失了它的功能。

2.2.3 人的信息输出

在人机系统中，人的信息的输出通常表现为效应器官（如手、足）的操作活动。因此，效应器官的速度和准确度直接关系到人机系统的效率和可靠性。

（1）人的操作运动的类型

根据完成操作情况的不同，人的操作运动可分为以下几种。

①定位运动。定位运动是在作业过程中，人体根据作业所要求达到的目标，由一个定位位置运动到另一个特定位置的运动，是操作控制的一种基本运动。定位运动包括视觉定位运动和盲目定位运动。前者是在视觉控制下进行的运动，如驾驶员在驾车过程中，视线要注意前方路面上出现的过往行人、车辆、路面状况以及各种交通信号、标志等；后者则是排除视觉控制，凭借记忆中储存的关于运动轨迹的信息，依靠运动觉反馈而进行的定位运动，如驾驶员操纵方向盘、踩刹车、按喇叭等各种动作都要依靠盲目定位运动来完成。

②重复运动。重复运动是在作业过程中，连续不断地重复相同动作的运动，如调节音量时调节旋钮、输入文档时敲击键盘、用小锤钉钉子等。动作频率是影响重复运动质量的重要因素，人体各部位动作的最大频率各不相同（表2-4）。

③连续运动。连续运动又叫追踪运动，是操作者对操作控制对象连续地进行控制、调节的运动，是一种需要意识参与的全程控制行为。如绘图员用光笔在电脑上作图，铣工按线条用机、手并动的方法铣削零件等。

④逐次运动。逐次运动是若干个基本动作按一定顺序相对独立地进行的运动。例如，我们在开启电脑时的动作，就是通过接通电源、开主机、打开显示屏、进入并选择菜单等一连串有序的基本动作来完成的。逐次运动的完成受动作距离和动作逻辑性的影响，研究逐次运动对操作环境的合理布置、具体操作目标的摆放等有积极的指导意义。

⑤静态调整运动。静态调整运动是在一定时间内，没有运动表现，而是把身体的有关部位保持在特定位置上的状态。例如，在焊接作业时，手持焊枪使其稳定在一定位置上，以保证焊接质量。静态调整运动是机体的一种自我保护形式，通过不断调整以改善某一部分肌肉的受力状态，

表 2-4　人体各部位动作的最大频率范围

动作部位	手指	手	前臂	上臂	脚	腿
最大频率 /（times / min）	204～406	360~430	190～392	99～344	300～378	330～406

尽量避免长时间的静态肌肉受力。设计师在设计时既要避免过多的静态调整运动，提高工作效率，又要考虑到肌体的这种需求，适当地为操作者提供调整的机会和空间。

(2) 影响信息输出(即操作)质量的因素

信息输出质量受以下两方面因素影响 。

①反应时。反应时又称反应时间，是指刺激作用于人到人明显作出反应所需要的时间，即刺激呈现到反应开始的时间间隔。人接受刺激时并不会立即有反应，而是有一个发动过程。这个过程包括感觉器官接受刺激后产生信息，由传入神经传至大脑神经中枢，经加工后，再由传出神经将指令传到运动器官，运动器官接受神经冲动，引起肌肉运动。通常，人们把这一过程所需要的时间称为反应时，有时也叫反应的潜伏期。

反应时又可分为简单反应时和选择反应时两种。前者是指单一信号、单一运动反应、有准备条件下测得的反应时，如短跑运动员听到鸣枪后立即起跑时所需要的时间就是一种典型的简单反应时。同一感觉器官接受的刺激不同，其简单反应时也不同。简单反应时的特点是刺激信号简单，容易产生反应，不必进行识别、判断。后者是指呈现的刺激不止一个，要求对各个刺激出现时作出不同的反应而测得的相应的时间。例如对于红、绿、黄三种颜色的信号灯，被试者要根据信号灯颜色按相应的按钮。在这种情况下，由于中枢加工的信息量的增加，处理时间会延长。中枢加工时间是反应时的主要部分，所以选择反应时比简单反应时明显增加。选择反应时的特点是刺激信号内容多而复杂，需要进行识别、判断和选择，容易出错。

影响反应时的因素主要包括刺激与人两个方面，下面分别加以说明。

a. 刺激信号的通道。感觉通道不同，简单反应时也不同，其中触觉和听觉的反应时较短。表 2-5 比较了各种感觉通道的简单反应时。

根据反应时的感觉通道特点，在告警信号的设计中，设计师常常以听觉刺激作为告警刺激形式，而在普通信号设计中，设计师则多以视觉刺激作为主要刺激形式。

b. 刺激信号的性质和强度。人对不同性质刺激的反应时是不同的（表 2-6）；而对同一种性质的刺激，其刺激强度和刺激方式不同，反应时也有显著的差异（表 2-7）。

c. 刺激信号的清晰度和可辨性。刺激信号的清晰度包括两方面：一是刺激信号本身的清晰度；二是刺激信号与背景的对比度。这二者共同影响着反应时的长短。因此，设计师在设计灯光

表 2-5　各种感觉通道的简单反应时

感觉通道	触觉	听觉	视觉	冷觉	温觉	嗅觉	痛觉	味觉
反应时 / ms	117 ~ 182	120 ~ 182	150 ~ 225	150 ~ 230	180 ~ 240	210 ~ 390	400 ~ 1000	308~1082

表 2-6　对各种刺激的反应时

刺激	光	电击	声音	光和电击	光和声音	声音和电击	光、声音和电击
反应时 / ms	176	143	142	142	142	131	127

表 2–7 不同强度刺激的反应时

感觉通道	刺激	对刺激开始的反应时 / ms	对中间的反应时 / ms
声	中强度	119	121
	弱强度	184	183
	阈限	779	745
光	强	162	167
	弱	205	203

信号时，除考虑灯光本身的清晰度外，还要考虑信号与背景的亮度比；在设计标志信号时，要考虑信号与背景的颜色对比；在设计声音信号时，要考虑信号与背景的信噪比及频率的不同。例如，在进行办公室的室内空间设计时，就要求有一定的隔光、吸音措施，目的就是保证办公室工作人员的工作效率。

当刺激信号的持续时间不同时，反应时随刺激时间的增加而减少，但当刺激持续时间达到某一界限时，再增加刺激时间，反应时却不再减少。这说明反应时与刺激持续时间之间存在"边际递减"效应。

此外，刺激信号的数目对反应时的影响最为明显，即反应时随刺激信号数的增加而明显延长。如需要辨别两种刺激信号时，两种刺激信号的差异愈大，则其可辨性愈好，反应时愈短。

d. 预备时间。预备时间是指从预备信号发出到刺激呈现这一段间隔时间，也指相邻两个刺激的间隔时间。预备时间太短或太长，都会使反应时延长。此外，若事先熟知预备时间，则反应时短，反之则长。如田径运动员在训练时要不断强化对预备时间的熟悉度，就是为了尽量减少反应时从而缩短完成田径项目的时间。

e. 人的适应状态。人如果越适应某一环境和任务，则反应时就越短。不断反复地练习可提高人的适应能力，从而提高人的反应速度和准确度。如辨认熟悉的图形信号或训练有素的司机与辨认不熟悉的图形信号或不熟练的司机相比，前者的反应速度比后者快 10~30 倍。适应性问题在视、听刺激反应中应特别加以重视。

f. 人的疲劳程度。人在疲劳以后，其注意力、肌肉工作能力、动作准确性和协调性降低，从而使反应时变长。因此，反应时可作为测定人的疲劳程度的一项指标。

g. 其他因素。反应时还随人的年龄、性别不同而有所差异。一般男性的反应时比女性的短；人在 20 岁前反应时随年龄增加而缩短，20 岁后则随年龄增加而变长。动机因素对反应时也有较大的影响：对于与自己关系不大的刺激的反应，反应时较长；而对于与自己关系密切的刺激的反应，反应时较短。训练可以明显缩短反应时。

根据以上各种影响因素，在人机系统中我们可通过以下措施缩短操作者的反应时：合理选择感觉通道；选择适宜的刺激信号；合理设计显示和控制装置，使人容易辨认，方便操作；进行职业选拔和培训；劳动定额和工作组织要符合人的生理和心理特点。

②运动准确性。运动准确性是衡量信息输出质量的一个重要指标。在人机系统中，如果人的操作准确性程度不高，那么即使反应时和操作时间很短也无济于事，甚至危害更大。影响运动准确性的主要因素有运动时间、运动类型、运动方向、操作方式等。运动准确性的相关特点如下。

a. 速度—准确性互换特性。费茨定律表明，定位运动时间与目标宽度成反比。运动速度与运动准确性也存在着类似的关系，即做得快时差错多或误差大，做得慢时准确性高或误差小。速度与准确性之间的这种相互补偿关系称为速度—准确性互换特性。

如果以反应时作为横轴，以准确性作为纵轴，所描绘的曲线称为速度—准确性操作特性曲线，如图 2-11 所示。它表明反应时对准确性的影响遵循“边际递减”效应，即随着反应时的增加，最初准确性迅速提高，但当准确性接近最大时，反应时的增加对准确性程度提高的影响逐渐变得很小。这说明在人机系统设计中，要避免过分强调速度或过分强调准确性。

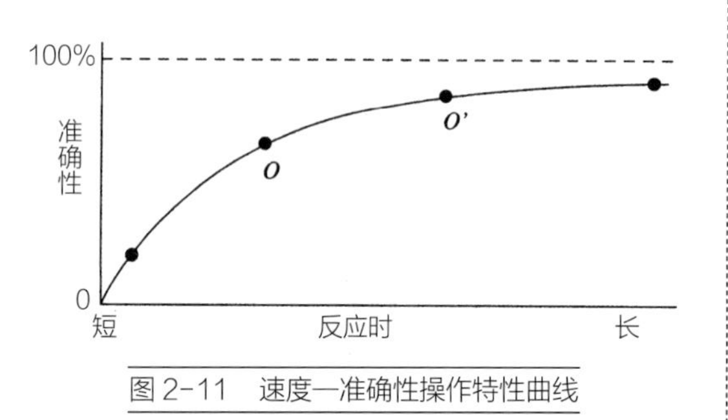

图 2-11　速度—准确性操作特性曲线

b. 快速定位运动的准确性。为了研究快速运动的准确性，施密特（R. A. Schmidt）研究了短于 200ms 的定位运动。结果发现，随着运动时间的延长，垂直方向和水平方向上的准确性均提高；同时，随着运动距离的增加，准确性下降。

运动方向也影响着准确性。当被试者手握尖笔沿图 2-12 中狭窄的槽运动时，笔尖碰到槽壁即一次错误，此错误可作为手臂颤抖的指标。结果表明，在垂直面上，手臂做前后运动时颤抖最大，其颤抖方向是上下方向；在水平面上，做左右运动的颤抖最小，其颤抖方向是前后方向。

c. 盲目定位运动的准确性。在实际操作中，当视觉负荷很重时，人往往要在没有视觉帮助的条件下，根据对运动轨迹的记忆并凭借运动觉反馈进行盲目定位运动，例如视觉集中于一个目标同时伸手去抓控制器，这种运动就属于盲目定位运动。费茨（Paul M. Fitts）研究过手的盲目

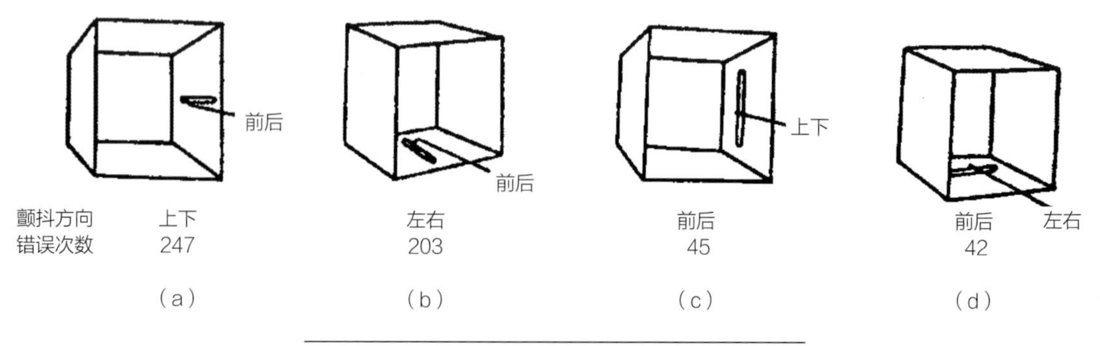

图 2-12　手臂运动方向对连续控制运动准确性的影响

定位运动的准确性：他将靶子排列在被试者左右 0°、45°、90°、135°和上下 0°、45°角的位置上，要求被试者在蒙住眼睛后，用一支铁笔去刺靶子的靶心，实验结果如图 2-13 所示。图中每个圆表示击中相应靶子的准确性，圆越小表示准确性越高。

从这个研究中可得出：正前方盲目定位准确性最高，右方稍优于左方，在同一方位，下方和中间均优于上方。在控制面板上同时布置多种操作控制按钮时，我们就可以根据这一特点进行合

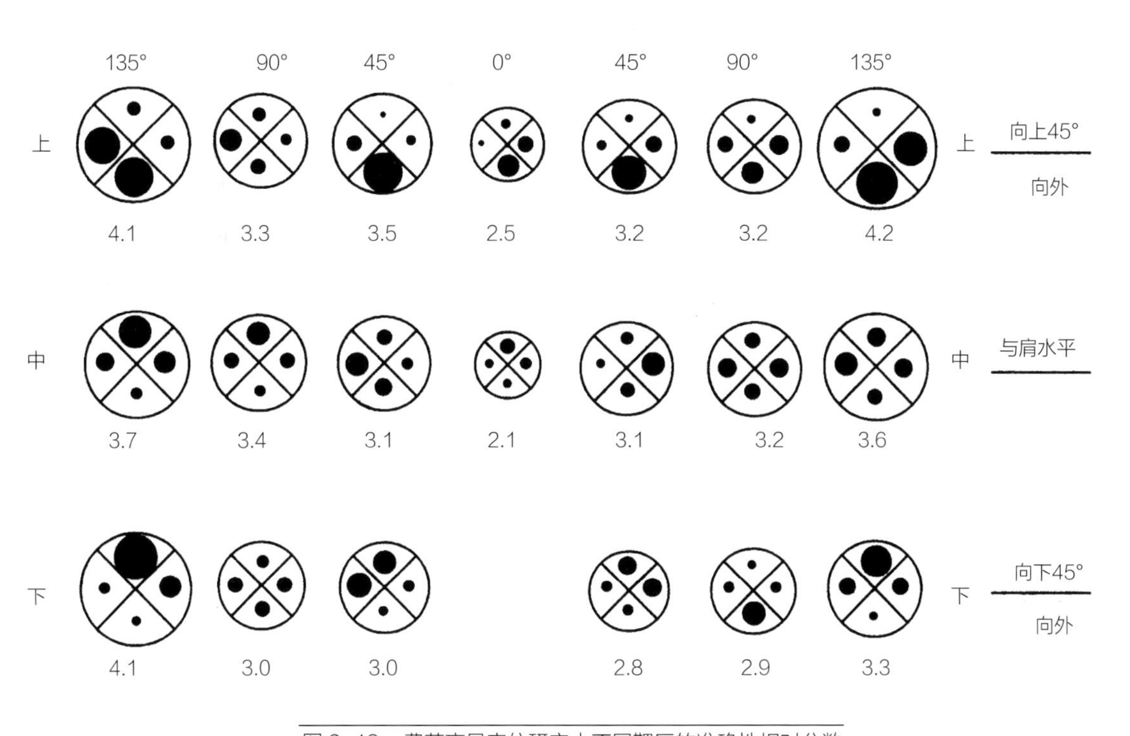

图 2-13　费茨盲目定位研究中不同靶区的准确性相对分数

Q&A:

理的位置安排。

d. 操作方式与准确性。由于手的解剖学特点和手的不同部位随意控制能力的不同，手的某些运动比另一些运动更灵活、更准确。其对比分析结果如图 2–14 所示，上排的运动方式优于下排的运动方式。该研究结果为人机系统中控制装置的设计提供了有益的思路。

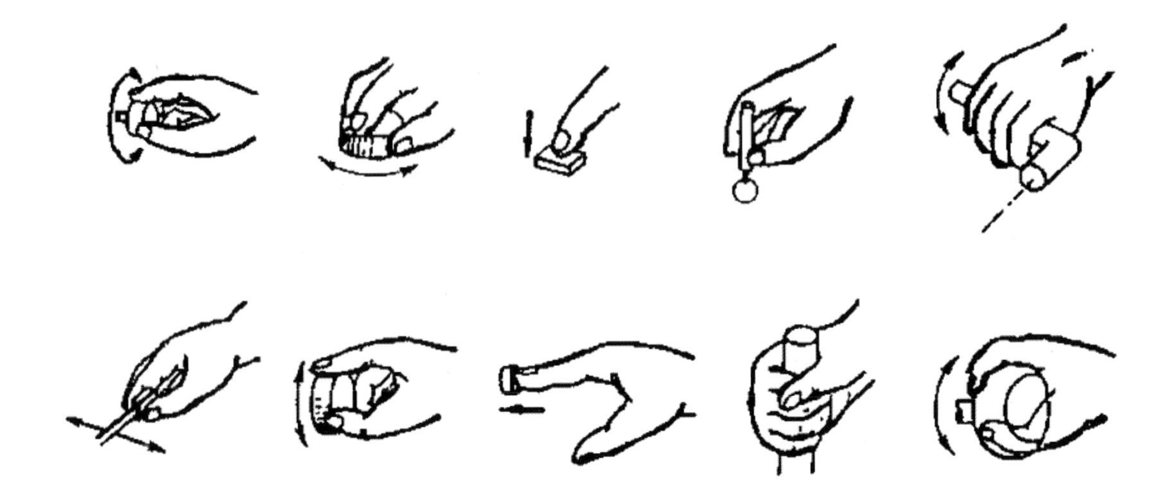

图 2–14　手的不同操作方式对准确性的影响

人体测量与数据运用

人体测量

人体结构与尺寸

人体测量知识的应用

Ergonomics and Art Design

3.1　人体测量

人体测量是人体工程学的主要组成部分。在进行设计时，要使人与产品（或设施）相互协调，设计师就必须对产品（或设施）中与人相关的各种装置做适合人体生理以及心理特点的设计，让人在使用过程中处于舒适的状态并能方便地使用产品（或设施）。为此，设计师必须知道人体的部分外观形态特征及各项测量数据，其中包括人体高度、人体重量，以及人体各部分的长度、厚度、比例、活动范围等。

3.1.1　人体测量的基本术语

《人体测量术语》（GB 3975—83）和《人体测量方法》（GB 5703—85）（这两项标准已被废止，但其中涉及的人体尺寸数据目前还无新的标准，本书仍沿用原来的数据库）规定了人体工程学使用的人体测量术语和人体测量方法，适用于不同地区、不同年龄组的人借助人体测量仪器进行的测量。标准规定：只有测量姿势、测量基准面、测量基准轴、测量方向等符合以下前提，测量数据才是有效的。

（1）标准体型

体型指人体外形特征及体格类型，它随性别、年龄、人种等的不同会产生很大差异。体型与遗传、体质、疾病及营养等也有密切关系。一般人体体型的确定，是以身体五个部位的直径（围幅）大小为依据的，这五个部位分别是头、脸和颈部，上肢（包括肩、臂和手），胸，腹部和臀部，腿和足。

人体测量中将人体体型分为肥胖型、瘦长型和标准型三种。

①肥胖型。该体型特征为身体肥满（腹、臀部尤为明显），脸圆胖，骨骼细小，肌肉柔软圆滑。

②瘦长型。该体型特征为身材瘦小，体重较轻，骨骼细长，皮下脂肪少，犹如竹竿形象。

③标准型。该体型特征为体态均匀，骨骼较硬，肌肉发达而强劲，是人体测量对象的基本体型。

这三种体型的不同，主要在于肌肉与脂肪附着层的差异，它们的体表标志点并没有太大区别。

（2）测量姿势

人体测量的主要姿势分为立姿和坐姿两种。

①立姿。被测者挺胸直立，头部以眼耳平面定位，双目平视前方，肩部放松，上肢自然下垂，手伸直，手掌朝向体侧，手指轻贴大腿侧面，膝部自然伸直，左、右足后跟并拢，前端分开，使两足大致成 45° 夹角，体重均匀分布于两足。为确保立姿正确，被测者应使足后跟、臀部和后背部与同一铅垂面相接触。

②坐姿。被测者挺胸坐在被调节到腓骨顶端高度的平面上，头部以眼耳平面定位，双目平视前方，左右大腿大致平行，膝大致屈成直角，足平放在地面上，手轻放在大腿上。为确保坐姿正确，被测者的臀部、后背部应靠在同一铅垂面上。

无论采取何种姿势，身体都必须保持左右对称。由于呼吸而使测量值有变化的测量项目，应在呼吸平静时进行。

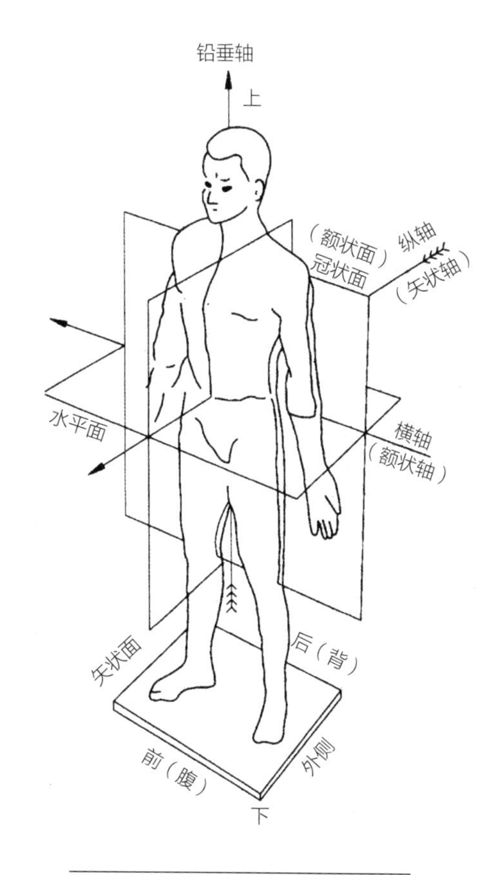

图 3-1　人体测量的基准面和基准轴

（3）测量基准面

人体测量的基准面主要有矢状面、冠状面和水平面，它们是由相互垂直的三条轴（铅垂轴、纵轴和横轴）来定位的（图 3-1）。

①矢状面。通过铅垂轴和纵轴的平面及与其平行的所有平面都称为矢状面。在矢状面中，通过人体正中线的矢状面称为正中矢状面。正中矢状面将人体分成左、右两部分。

②冠状面（或额状面）。通过铅垂轴和横轴的平面和与其平行的所有平面都称为冠状面。正中冠状面将人体分成前、后两部分。

③水平面。与矢状面和冠状面同时垂直的所有平面都称为水平面。正中水平面将人体分成

上、下两部分。

④眼耳平面。通过左、右耳屏点及右眼眶下点的水平面称为眼耳平面或法兰克福平面。

（4）测量基准轴

①铅垂轴。通过各关节中心并垂直于水平面的一切轴称为铅垂轴。

②纵轴（或矢状轴）。通过各关节中心并垂直于冠状面的一切轴称为纵轴。

③横轴（或额状轴）。通过各关节中心并垂直于矢状面的一切轴称为横轴。

（5）测量方向

①在人体上、下方向上，上方称为头侧端，下方称为足侧端。

②在人体左、右方向上，靠近正中矢状面的方向称为内侧，远离正中矢状面的方向称为外侧。

③在四肢上，靠近四肢附着部位的方向称为近位，远离四肢附着部位的方向称为远位。

④在上肢上，桡骨侧称为桡侧，尺骨侧称为尺侧。

⑤在下肢上，胫骨侧称为胫侧，腓骨侧称为腓侧。

⑥测量项目。《人体测量术语》（GB 3975—83）中规定了人体工程学使用的有关人体测量参数的测点及测量项目，其中包括头部测点 16 个、测量项目 12 项，躯干和四肢部位测点 22 个、测量项目 69 项（其中立姿 40 项、坐姿 22 项、手和足部 6 项以及体重 1 项）。至于对具体测点和测量项目的说明在此不作介绍，需要进行测量时，可参阅该标准的有关内容。

3.1.2　人体尺寸测量的分类

人体尺寸测量主要有两类，即静态人体尺寸（或称人体构造尺寸）测量和动态人体尺寸（或称人体功能尺寸）测量。

（1）静态人体尺寸测量

静态人体尺寸测量是指被测者静止地站着或坐着进行的一种测量方法。静态测量的人体尺寸可作为家具、室内空间范围、产品界面元件以及一些工作设施等的设计依据。

（2）动态人体尺寸测量

动态人体尺寸测量是指被测者处于动作状态下所进行的人体尺寸测量，重点是测量人在执行某种动作时的身体动态特征。

动态人体尺寸测量时要注意，在任何一种身体活动中，人的身体各部位的动作并不是某一部位独立完成的，而是各部位协同完成的，具有连贯性和活动性。例如手臂可及的极限并非仅由手臂长度决定，它还受到肩部运动、躯干的扭转、背部的屈曲以及操作本身特性的影响。动态人体测量受多种因素的影响，故难以用静态人体测量资料来解决动态人体测量设计中的有关问题。

动态人体尺寸测量通常是对上肢和下肢所及的范围以及各关节能达到的距离和能转动的角度进行的测量。图 3-2 所示为驾驶车辆的静态图和动态图。静态图强调驾驶员与驾驶座位、方向盘、仪表盘等的物理距离；动态图则强调驾驶员身体各部位的动作关系。

3.1.3　人体尺寸的测量方法

在人体尺寸参数的测量中，所采用的人体测量仪器有人体测高仪、人体测量用直脚规、人体测量用弯脚规、人体测量用三脚平行规、坐高仪、量足仪、角度计、软卷尺以及医用磅秤等。我国已针对人体尺寸测量专用仪器制定了标准，

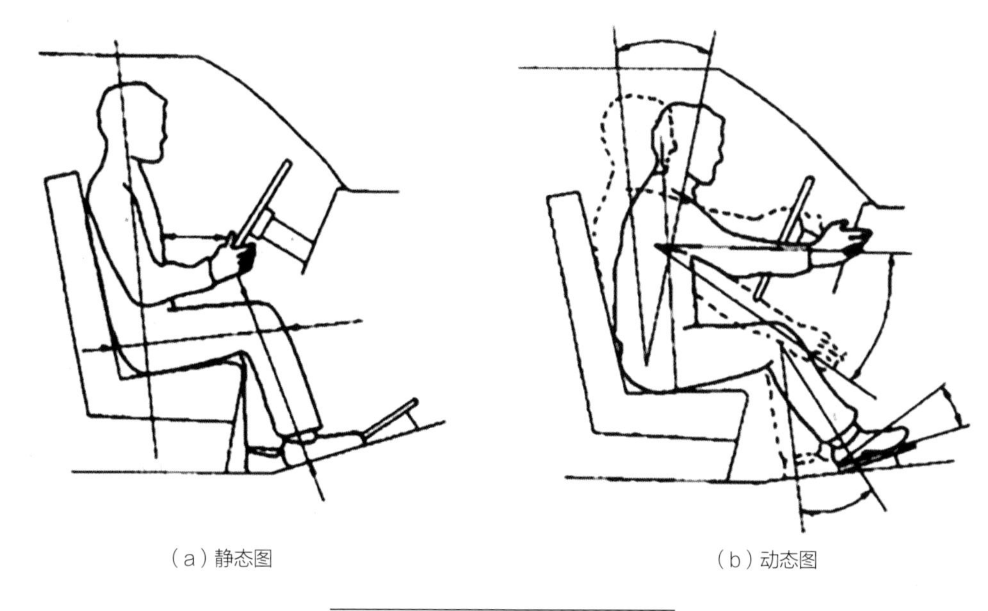

（a）静态图　　（b）动态图

图 3-2　驾驶车辆的静态图和动态图

而通用的人体测量仪器可采用与人体生理测量有关的一般仪器。

测量应在呼气与吸气间进行。其次序为从头到脚，从身体的前面到侧面再到后面。测量时只许轻触测点，不可压紧皮肤，以免影响测值的准确性。一般只测量左侧，特殊目的除外。

测量项目应根据实际需要确定。如确定座椅尺寸，则需测定坐姿小腿加足高、坐深、臀宽，并测定人体两种坐姿——端坐（最大限度地挺直背部）与松坐（背部肌肉放松）的尺寸，以便确定靠背的倾斜度。

3.1.4　人体测量数据的统计处理

在人体测量中，被测者通常只是一个特定群体中的个体，其测量数值为离散的随机变量。为了获得设计所需的群体尺寸，设计师必须对通过测量个体所得到的测量值进行统计处理，以便使测量数据反映该群体的形态特征及差异程度。

（1）分布与正态分布

①分布。人体尺寸的测量数据都是按统计规律来表示的。分布就是一个统计概念，可以说一组测量值确定一个分布。分布与出现频率的概念密切相关。以人体尺寸测量值为横坐标，以出现频率为纵坐标，描点连线，即可得到所谓的分布曲线。

②正态分布。正态分布，顾名思义，就是“正常状态下的分布”的意思，是最常见、应用最广的连续型分布。分布曲线若出现“两头低、中间高、左右对称”像“钟”形的情况，就称这样的分布为标准正态分布。人体尺寸一般都是标准正态分布，图 3-3 所示为人体身高的正态分布曲线。

（2）几个主要的统计参数

通过测量所得到的人体数据，要经过统计分

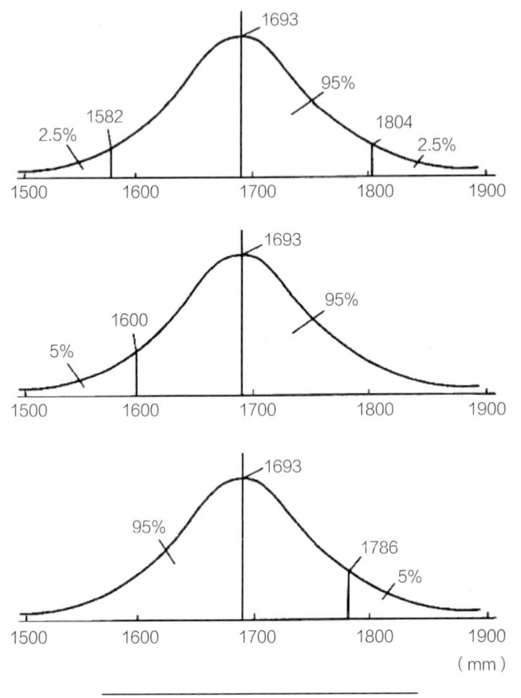

图 3-3　人体身高的正态分布曲线

析处理。以下是数据处理中的几个主要参数，设计师可根据这些参数进行具体的设计。

①均值。均值是人体测量数据统计中的一个重要指标，它表示样本的测量数据集中地趋向某一个值，可以用来衡量一定条件下的测量水平或概括地表现测量数据的集中情况，但不能作为设计产品和工作空间的唯一依据。对于有 n 个样本的测量值 x_1，x_2，…，x_n，其均值计算公式为：

$$\overline{X}=\frac{x_1+x_2+\cdots+x_n}{n}=\frac{1}{n}\sum_{i=1}^{n}x$$

②标准差。标准差表示一系列变数距平均值的分布状况或离中程度。标准差大，表示各变量分布广，远离平均值；标准差小，则表示各变量接近平均值。标准差常用来确定某一范围的界限，即某一标准的数值，并不只是恰好等于这个数值才符合标准，一般都有一个上下幅度范围，在这个范围内，都属于标准水平。对于均值为 x 的 n 个样本测量值 x_1，x_2，…，x_n，其标准差计算公式为：

$$S_D=\left[\frac{1}{n-1}\left(\sum_{i=1}^{n}x_i^2-nx^{-2}\right)\right]^{\frac{1}{2}}$$

③抽样误差。抽样误差又称为标准误差，即全部样本均值的标准差。在实际测量和统计分析中，人们总是以样本推测总体，而在一般情况下，样本与总体不可能完全相同，其差别就是由抽样引起的。抽样误差值大，表明样本均值与总体均值的差别大；反之，说明其差别小，即均值的可靠性高。当样本数据的标准差为 S_D，样本容量为 n 时，则抽样误差计算公式为：

$$S_p=\frac{S_D}{\sqrt{n}}$$

由上式可知，如果测量方法不变，样本容量越大，则测量结果精度越高。因此，在许可范围内增加样本容量，可以提高测量结果的精度。

④百分位和百分位数。百分位也称为统计

Q&A:

率，在人体工程设计中，常用的是第 5、第 50、第 95 百分位。在人体测量中，我们通常以百分位数来表示人体尺寸等级。第 5 百分位数（P_5）代表“小”身材，即只有 5%的人群的数值低于此下限值；第 50 百分位数（P_{50}）代表“适中”身材，即分别有 50%的人群的数值高于或低于此值；第 95 百分位数（P_{95}）代表“大”身材，即只有 5%的人群的数值高于此上限值。

如果已知均值和标准差，就可用以下公式计算相应的百分位数：

$$P_v = \bar{x} \pm S_D \times K$$

式中：P_v 为百分位数；K 为变换系数，由表 3-1 可查得。

表 3-1　百分比与变换系数

百分比 / %	K	百分比 / %	K
0.5	2.576	70	0.524
1.0	2.326	75	0.674
2.5	1.960	80	0.842
5	1.645	85	1.032
10	1.282	90	1.282
15	1.036	95	1.645
20	0.842	97.5	1.960
25	0.674	99	2.326
30	0.524	99.5	2.576
50	0.000		

3.2　人体结构与尺寸

3.2.1　人体尺度

（1）人体尺度的概念

人体尺度一般是指人体所占有的三维空间，包括人体高度、宽度和胸廓前后径以及部分肢体的大小等。它通常由直接测量的数据通过统计分析后得到。

（2）人体尺度的影响因素

①年龄。人的体型会随着年龄的增长而变化，最为显著的是儿童期和青年期（图 3-4）。在我国，人体尺寸的增长过程，一般男性于 20 岁时结束，女性于 18 岁时结束。通常男性 15 岁、女性 13 岁时的体型比例就达到了相对稳定的值。男性 17 岁、女性 15 岁时脚的大小也基本定型。成年人的身高会随年龄的增长而收缩一些，但体重、肩宽、腹围、臀围、胸围会随年龄的增长而增加。

②性别。男性与女性的人体尺寸、重量和比例关系都有明显差异。对于大多数人体尺寸，男性都比女性大些，但有些尺寸，如胸厚、臀宽及大腿围，女性比男性大。男女即使在身高相同的情况下，身体各部分的比例也是不同的。同整个身体相比，女性的手臂和腿较短，躯干和头占的比例较大，肩较窄，盆骨较宽。对于皮下脂肪厚度及脂肪层在身体上的分布，男女也有明显差别。

③年代。随着人类社会的不断发展，卫生、

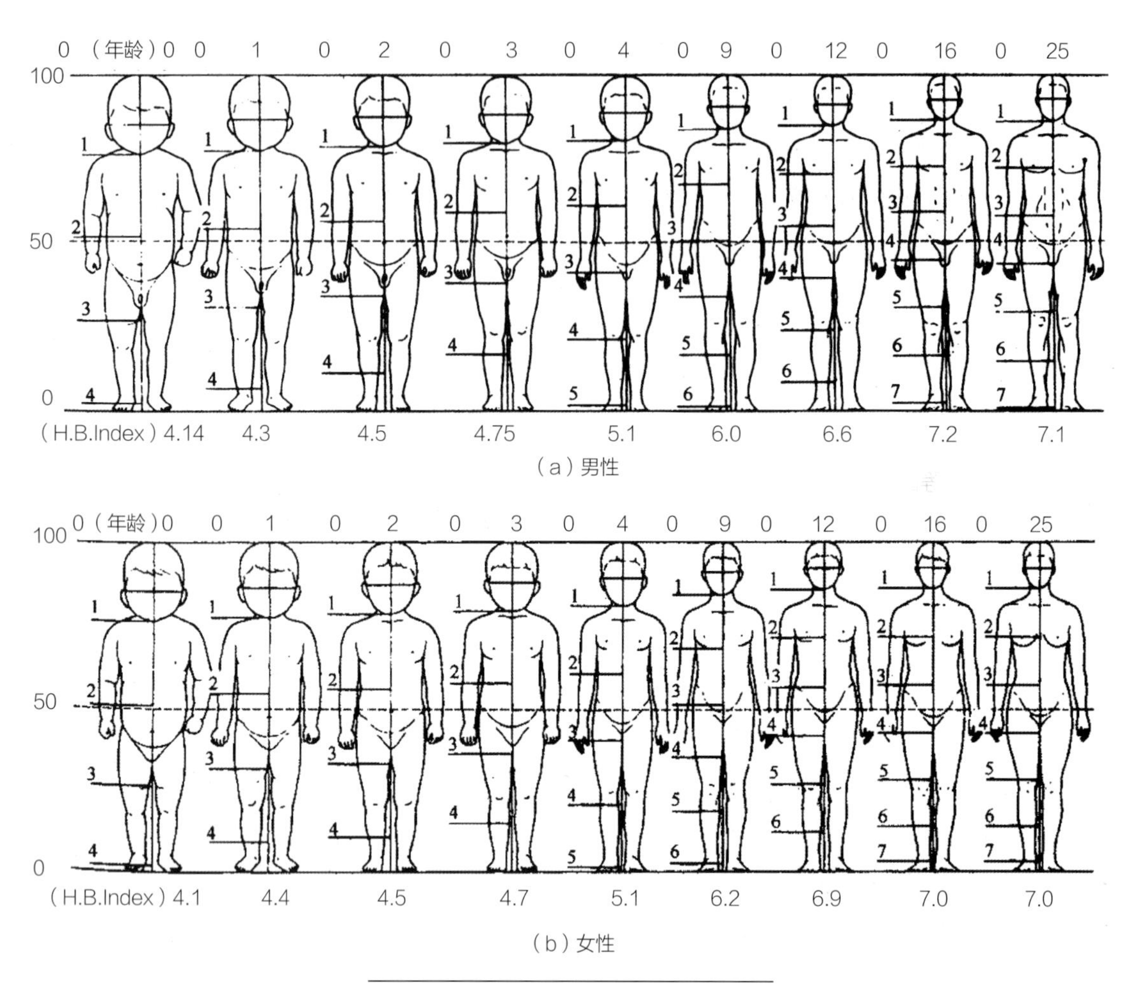

图 3-4　欧美人体不同年龄层次的头身比例

医疗水平的提高以及体育运动的大力倡导，人类的生长发育情况也发生了变化。中国标准化研究院 2009 年曾采集了 3000 份中国成年人的三维人体尺寸样本，发现中国人尤其是 35 岁以上人群明显变胖，与 20 年前相比，成年男子身高增加 2cm，腰围增加 5cm。身高和腰围的变化，势必带来其他形体尺寸的变化。

④地域性。由于人类发展的历史不同以及水土环境和气候的影响，不同国家、地区、种族的人，无论在体型还是身体各部分比例与尺寸上都有较大差异。例如，中国男性的臂长和德国男性的相差六七厘米，躯干长则相差八九厘米，而且欧洲人普遍身高腿长，当地汽车座椅设计得离方向盘较远，因此我国男性在驾驶欧洲车时，会感觉不适，不是觉得方向盘离得远，就是脚踏不上离合器。即使是在同一国家，不同区域之间的人也有尺度差异。进行工业设计或工程设计时，设计师应考虑不同国家、不同区域的人体尺度差异。

⑤职业。不同职业的人，在身体大小及比例上也存在差异，例如，一般体力劳动者的身体尺寸比脑力劳动者的稍大些。一般情况下，在美国，工业部门的工作人员要比军队人员矮小；在

我国，一般部门的工作人员要比体育运动系统的人矮小。也有一些人由于长期的职业活动改变了形体，使其某些身体特征与人们的平均值不同。因此，对于不同职业所造成的人体尺寸差异在下述情况中必须予以注意：为特定的职业设计工具、用品和作业环境时；将从某种职业中获得的人体测量数据应用于另一种职业的工具、用品和作业环境时。

另外，数据来源不同、测量方法不同、被测者是否有代表性等因素，也常常造成测量数据的差异。

3.2.2 常用人体尺寸

（1）我国成年人人体尺寸

我国 1989 年 7 月 1 日实施的《中国成年人人体尺寸》(GB 10000—88)，适用于工业产品、建筑设计、军事工业设计以及工业的技术改造设备更新和劳动安全保护。该标准提供了 7 类共 47 项人体尺寸基础数据，标准中所列出的数据是代表从事工业生产的法定中国成年人（男 18~60 岁，女 18~55 岁）人体尺寸，并按男、女性别分开列表。

①人体主要尺寸。该标准给出了身高、体重、上臂长、前臂长、大腿长、小腿长共 6 项人体主要尺寸数据，表 3-2 为我国成年人人体主要尺寸。

②立姿人体尺寸。该标准中提供的成年人立姿人体尺寸有眼高、肩高、肘高、手功能高、会阴高、胫骨点高，这 6 项立姿人体尺寸的部位示意见图 3-5，我国成年人立姿人体尺寸见表 3-3。

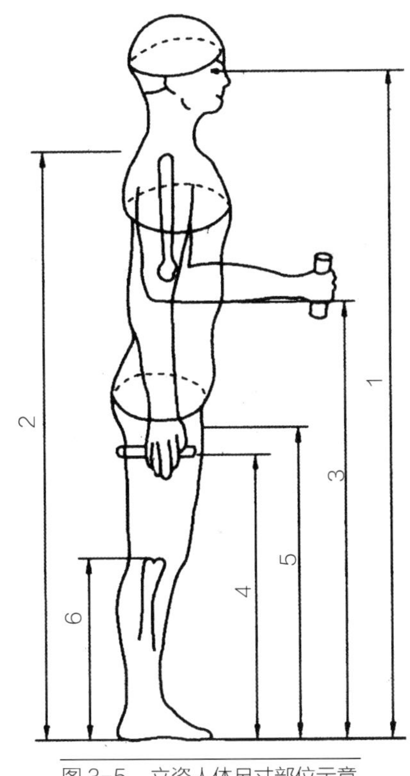

图 3-5 立姿人体尺寸部位示意

表 3-2 我国成年人人体主要尺寸

mm

百分位数	男（18~60 岁）			女（18~55 岁）		
	5	50	95	5	50	95
1.身高	1583	1678	1775	1484	1570	1659
2.体重 / kg	48	59	75	42	52	66
3.上臂长	289	313	338	262	284	308
4.前臂长	216	237	258	193	213	234
5.大腿长	428	465	505	402	438	476
6.小腿长	338	369	403	313	344	376

表 3-3　我国成年人立姿人体尺寸　mm

百分位数	男（18～60岁）			女（18～55岁）		
	5	50	95	5	50	95
1.眼高	1474	1568	1664	1371	1454	1541
2.肩高	1281	1367	1455	1195	1271	1350
3.肘高	954	1024	1096	899	960	1023
4.手功能高	680	741	801	650	704	757
5.会阴高	728	790	856	673	732	792
6.胫骨点高	409	444	481	377	410	444

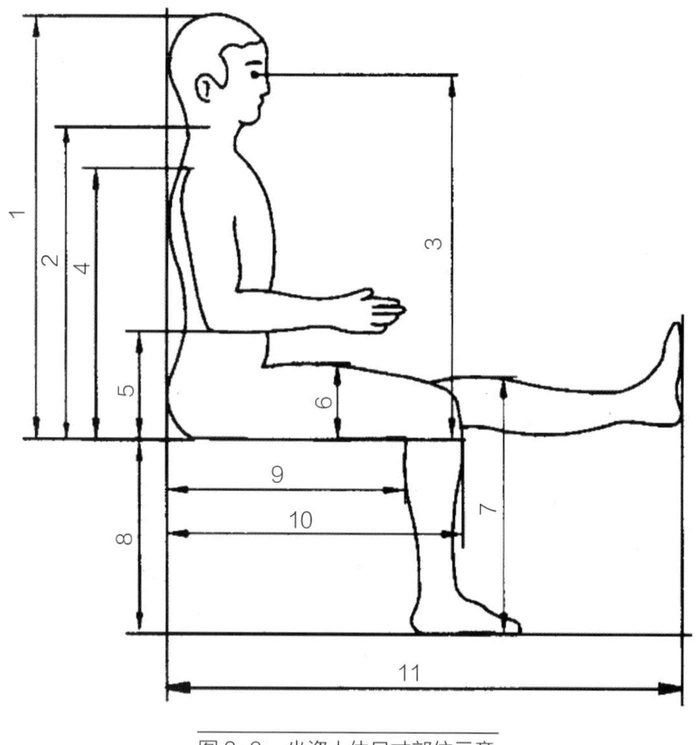

图 3-6　坐姿人体尺寸部位示意

③坐姿人体尺寸。该标准中的成年人坐姿人体尺寸包括坐高、坐姿颈椎点高、坐姿眼高、坐姿肩高、坐姿肘高、坐姿大腿厚、坐姿膝高、小腿加足高、坐深、臀膝距、坐姿下肢长共 11 项，坐姿人体尺寸部位示意见图 3-6，表 3-4 为我国成年人坐姿人体尺寸。

④人体水平尺寸。该标准中提供的人体水平尺寸是指胸宽、胸厚、肩宽、最大肩宽、臀宽、坐姿臀宽、坐姿两肘间宽、胸围、腰围、臀围共 10 项，其部位示意如图 3-7 所示，我国成年人

表 3-4　我国成年人坐姿人体尺寸　mm

百分位数	男（18～60 岁）			女（18～55 岁）		
	5	50	95	5	50	95
1.坐高	858	908	958	809	855	901
2.坐姿颈椎点高	615	657	701	579	617	657
3.坐姿眼高	749	798	847	695	739	783
4.坐姿肩高	557	598	641	518	556	594
5.坐姿肘高	228	263	298	215	251	284
6.坐姿大腿厚	112	130	151	113	130	151
7.坐姿膝高	456	493	532	424	458	493
8.小腿加足高	383	413	448	342	382	405
9.坐深	421	457	494	401	433	469
10.臀膝距	515	554	595	495	529	570
11.坐姿下肢长	921	992	1063	851	912	975

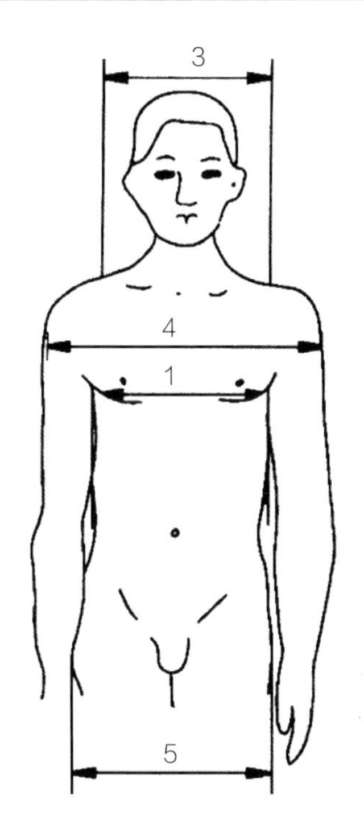

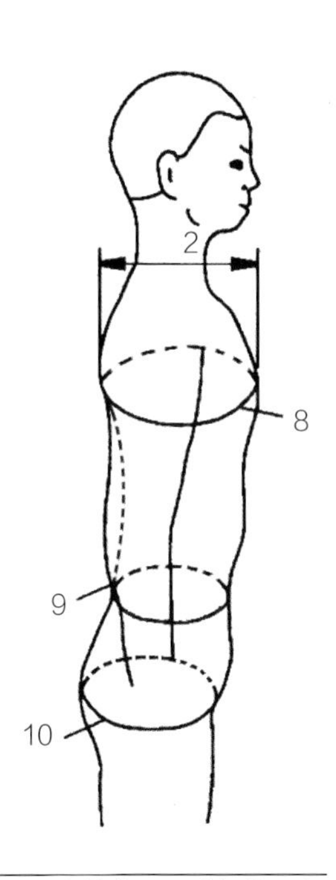

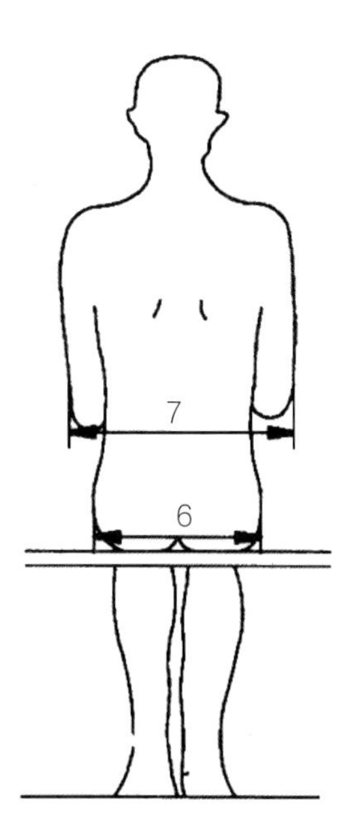

图 3-7　人体水平尺寸部位示意

人体水平尺寸见表 3-5。

⑤ 选用《中国成年人人体尺寸》（GB 10000—88）中所列人体尺寸数据时，我们应注意以下要点。

a. 表中所列数值均为裸体测量的结果，在用于设计时，应根据各地区不同的着衣量而增加

表 3-5　我国成年人人体水平尺寸　mm

百分位数	男（18～60 岁）			女（18～55 岁）		
	5	50	95	5	50	95
1.胸宽	253	280	315	233	260	299
2.胸厚	186	212	245	170	199	239
3.肩宽	344	375	403	320	351	377
4.最大肩宽	398	431	469	363	397	438
5.臀宽	282	306	334	290	317	346
6.坐姿臀宽	295	321	355	310	344	382
7.坐姿两肘间宽	371	422	489	348	404	378
8.胸围	791	867	970	745	825	949
9.腰围	650	735	895	659	772	950
10.臀围	805	875	970	824	900	1000

余量。

b. 立姿时要求自然挺胸直立，坐姿时要求端坐。如果用于其他立、坐姿的设计（例如放松的坐姿），要进行适当的修正。

c. 由于我国地域辽阔，不同地区间人体尺寸差异较大。为了能选用合乎各地区的人体尺寸，我们将全国划分为以下六大区域（这是根据征兵体检等局部人体测量资料划分的区域）。

东北、华北区：包括黑龙江、吉林、辽宁、内蒙古、山东、北京、天津、河北。

西北区：包括甘肃、青海、陕西、山西、西藏、宁夏、河南、新疆。

东南区：包括安徽、江苏、上海、浙江。

华中区：包括湖南、湖北、江西。

华南区：包括广东、广西、福建。

西南区：包括贵州、四川、云南。

表 3-6 所列数据为六大区域年龄为 18~60 岁的男人和 18~55 岁的女人的体重、身高、胸围的均值 $\bar{X}$ 及标准差 S_D。

（2）我国成年人人体功能尺寸

①人在工作位置上的活动空间尺度。人在完成各种工作时都需要有足够的活动空间。工作位置上的活动空间设计与人体的功能尺寸密切相关。由于活动空间应尽可能适宜绝大多数人使用，设计时应以高百分位人体尺寸为依据，一般以我国成年男子第 95 百分位身高为基准。

在工作中我们常取立、坐、跪（如设备安装作业中的单腿跪）、卧（如车辆检修作业中的仰卧）等作业姿势。图 3-8~ 图 3-11 分别为立姿、坐姿、单腿跪姿和仰卧活动空间的人体尺度。

注意：处于立姿时，人的活动空间取决于身

表 3-6　六大区域部分人群体重、身高、胸围的均值 $\bar{X}$ 及标准差 S_D

		男（18～60 岁）			女（18～55 岁）		
		体重 / kg	身高 / mm	胸围 / mm	体重 / kg	身高 / mm	胸围 / mm
东北、华北区	均值 / $\bar{X}$	64	1693	888	55	1586	848
	标准差 / S_D	8.2	56.6	55.5	7.7	51.8	66.4
西北区	均值 / $\bar{X}$	60	1684	880	52	1575	837
	标准差 / S_D	7.6	53.7	51.5	7.1	51.9	55.9
东南区	均值 / $\bar{X}$	59	1686	865	51	1575	831
	标准差 / S_D	7.7	55.2	52.0	7.2	50.8	59.8
华中区	均值 / $\bar{X}$	57	1669	853	50	1560	820
	标准差 / S_D	6.9	56.3	49.2	6.8	50.7	55.8
华南区	均值 / $\bar{X}$	56	1650	851	49	1549	819
	标准差 / S_D	6.9	57.1	48.9	6.5	49.7	57.6
西南区	均值 / $\bar{X}$	55	1647	855	50	1546	809
	标准差 / S_D	6.8	56.7	48.3	6.9	53.9	58.8

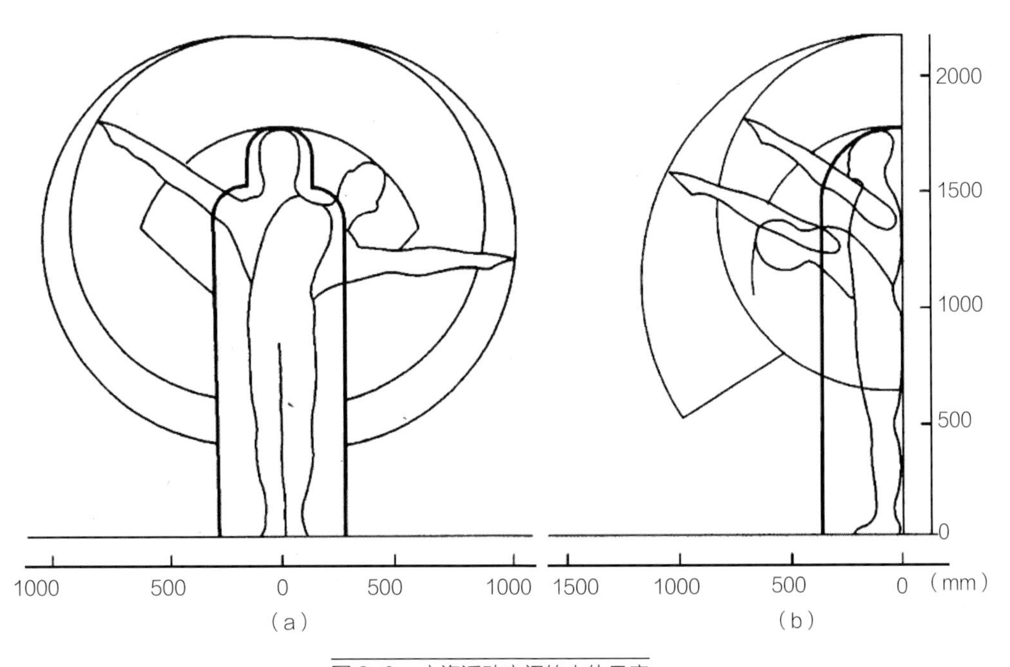

图 3-8　立姿活动空间的人体尺度

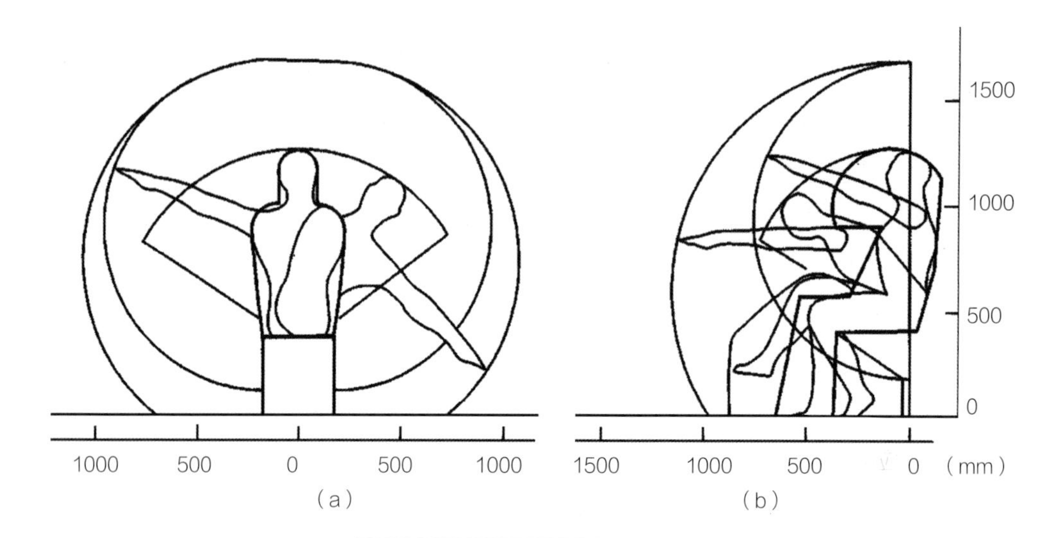

图 3-9　坐姿活动空间的人体尺度

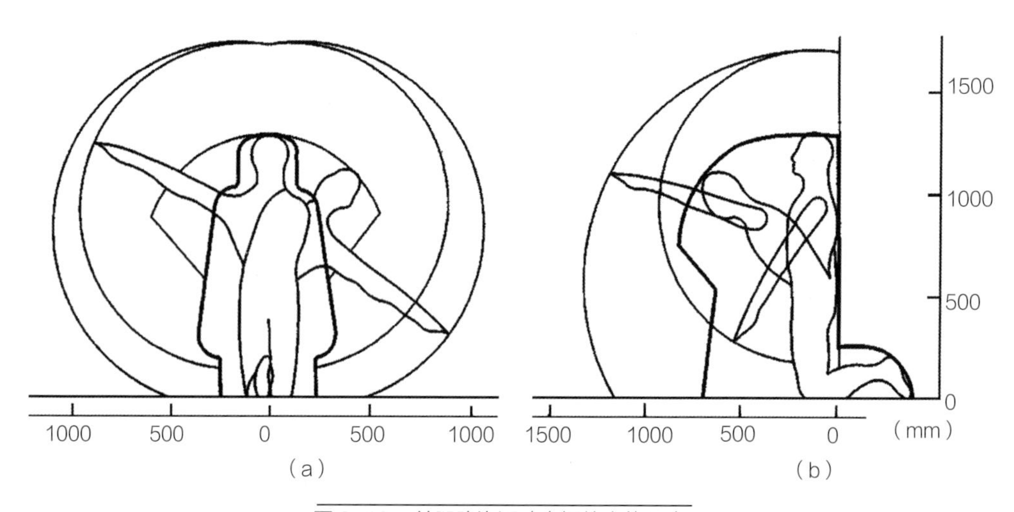

图 3-10　单腿跪姿活动空间的人体尺度

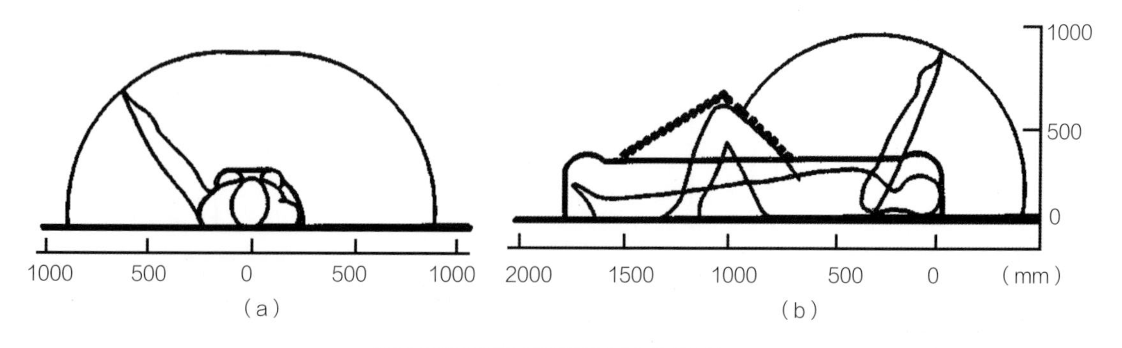

图 3-11　仰卧活动空间的人体尺度

体尺寸、保持身体平衡的微小平衡动作以及身体放松状态。当脚的站立平面不变时，为保持平衡，人就必须限制上身和手臂能达到的活动空间。

处于跪姿时，需要常更换承重膝，由一膝换到另一膝，为确保上身平衡，要求人的活动空间比基本位置大。

②常用的功能尺寸。常用的立、坐、跪、卧等作业姿势活动空间的人体尺度图，可满足人体一般作业空间概略设计的需要。但受限作业空间的设计，则需要应用各种作业姿势下的人体功能尺寸测量数据。《工作空间人体尺寸》（GB/T 13547—92）中提供了我国成年人立、坐、跪、卧、爬等常用姿势的功能尺寸数据（表 3-7）。

3.2.3　人体主要参数的计算

对于设计中所需的人体数据，当无条件测量或直接测量有困难时，或者是为了简化人体测量的过程时，我们可根据人体的身高、体重等基础测量数据，利用经验公式计算出所需要的其他各部分数据。

表 3-7　我国成年人上肢功能尺寸

mm

百分位数			男（18～60岁）			女（18～55岁）		
			5	50	95	5	50	95
测量项目	立姿	中指指尖点上举高	1971	2108	2245	1845	1968	2089
		两臂功能上举高	1869	2003	2138	1741	1860	1976
		两臂展开宽	1579	1691	1802	1457	1559	1659
		两臂功能展开宽	1374	1483	1593	1248	1344	1438
		两肘展开宽	816	875	936	756	811	869
	坐姿	前臂加手前伸长	416	447	478	383	413	442
		前臂加手功能前伸长	310	343	376	277	306	333
		上肢前伸长	777	834	892	712	764	818
		上肢功能前伸长	673	730	789	607	657	707
		中指指尖点上举高	1249	1339	1426	1173	1251	1328
	跪姿	体长	592	626	661	557	589	622
		体高	1190	1260	1330	1137	1196	1258
	俯卧姿	体长	2000	2127	2257	1867	1982	2102
		体高	364	372	383	359	369	384
	爬姿	体长	1247	1315	1384	1183	1239	1296
		体高	761	798	836	694	738	783

（1）人体各部分尺寸与身高的相关计算

正常成年人人体各部分尺寸之间存在一定的比例关系，因而按正常人体结构关系，以站立平均身高为基数来推算各部分的结构尺寸是比较符合实际情况的。而且，人体的身高随着生活水平、健康水平等的提高而有所增长，如以平均身高为基数的推算公式来计算各部分的结构尺寸，能够适应人体结构尺寸的变化，而且应用也很灵活。

根据《中国成年人人体尺寸》（GB 10000—88）给定的人体尺寸数据的均值，可推算出我国成年人人体各部分尺寸与身高 H 的比例关系（图 3-12）。

（2）生活用具及设施高度与身高的相关计算

生活用具、机械设备及建筑设施必须适合人的尺度，这样人们使用起来才觉得舒适。因此，各种工作面的高度和设备高度，如操作台、仪表盘、操纵件的安装高度以及用具的设置高度等，都应根据人的身高来确定。我们可利用图 3-13 和表 3-8 来推算工作面、设备以及用具的高度。

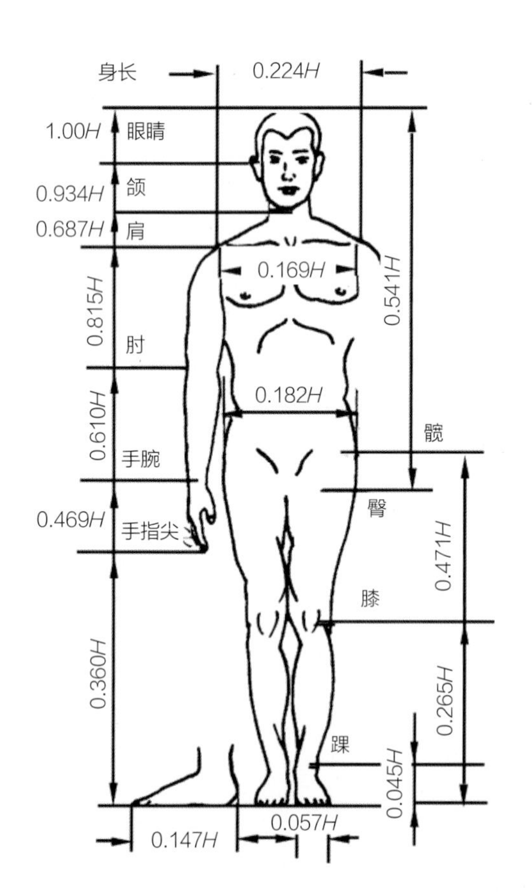

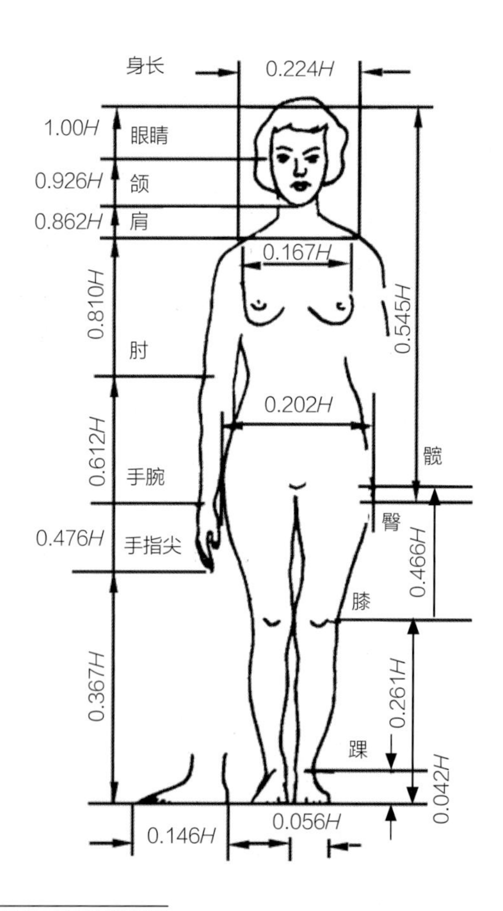

图 3-12　我国成年人人体尺寸的比例关系

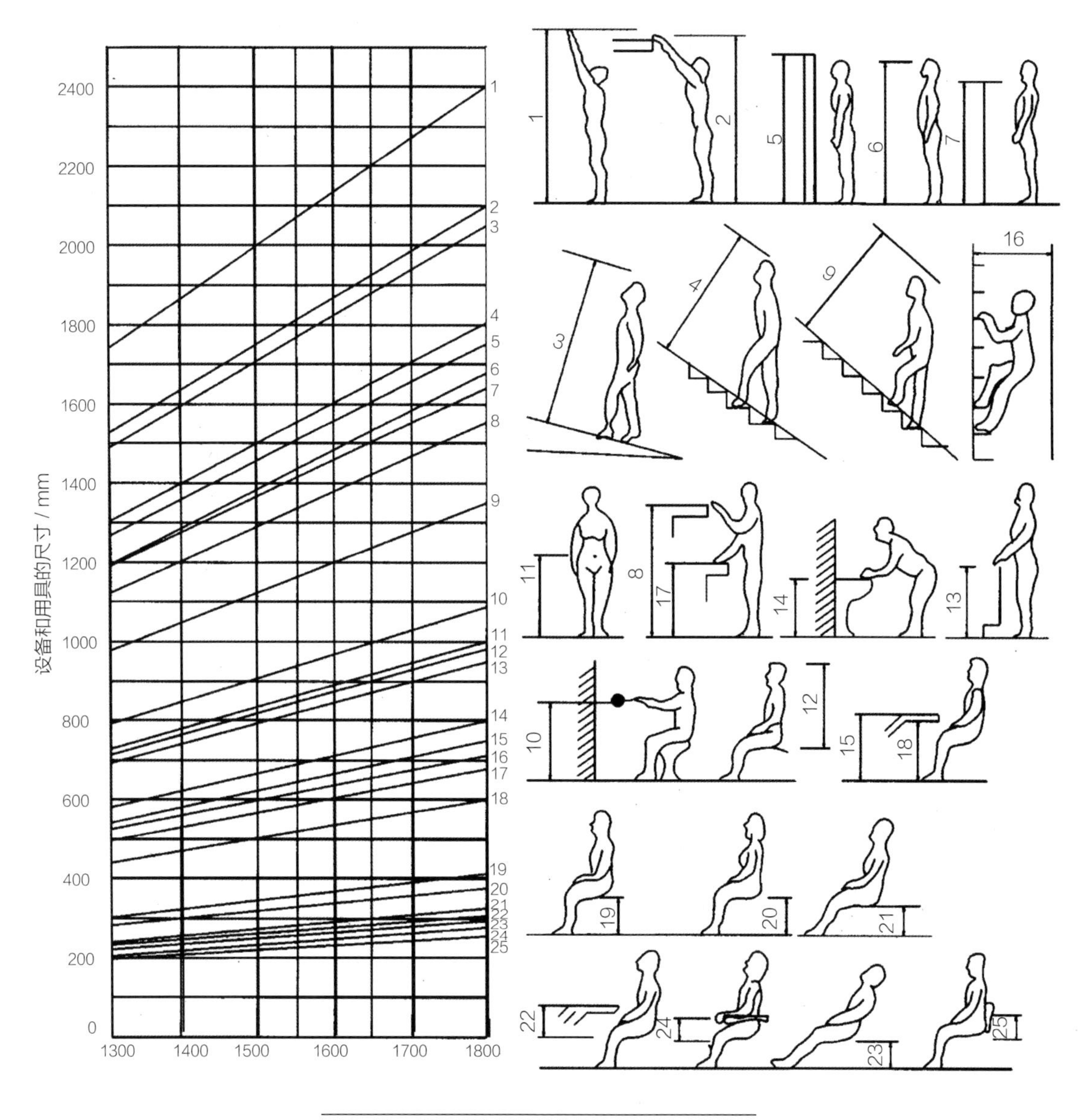

图 3-13　以身高为基数的设备和用具尺寸推算图

Q&A:

表 3-8　设备及用具的高度与身高的关系

序号	定义	设备高与身高之比
1	举手可达高度	4/3
2	可随意取放东西的搁板高度（上限值）	7/6
3	倾斜地面的顶棚高度（最小值，地面倾斜角为5°~10°）	8/7
4	楼梯的顶棚高度（最小值，地面倾斜角为25°~35°）	1/1
5	遮挡住立姿视线的隔板高度（下限值）	33/34
6	立姿眼高	11/12
7	抽屉高度（上限值）	10/11
8	使用方便的隔板高度（上限值）	6/7
9	斜坡大的楼梯的天棚高度（最小值，倾斜角50°左右）	3/4
10	能发挥最大拉力的高度	3/5
11	人体重心高度	5/9
12	坐高	6/11
13	灶台高度	10/19
14	洗脸盆高度	4/9
15	办公桌高度（不包括鞋的厚度）	7/17
16	垂直踏踩爬梯的空间尺寸（最小值，倾斜角为80°~90°）	2/5
17	使用方便的隔板高度（下限值）	3/8
18	桌下空间（高度的最小值）	1/3
19	工作椅高度	3/13
20	轻度工作的工作椅高度	3/14
21	小憩用椅子的高度	3/16
22	桌椅高度差	3/17
23	休息用椅子高度	1/6
24	椅子扶手高度	2/13
25	工作用椅面至靠背点的高度	3/20

（3）体重与身高的相关计算

一般人的体重与身高之间存在下列关系：

正常体重 $W_2=H-110$（kg）

理想体重 $W_L=H-100$（kg）

如果人的体重经常比正常体重低或高 10% 以上，则属于不正常状态。

3.3 人体测量知识的应用

3.3.1 人体测量数据的应用

要在设计中正确应用人体尺寸数据，设计师就必须熟悉人体测量的基本知识，知道各种数据的来源，同时还必须了解有关设备的操作性能，人所处的工作环境以及人的生理、心理特征和“人—机—环境”系统的全面情况。

（1）应用人体尺寸数据的基本原则

人的体型大小是各不相同的，一个设计一般不可能满足所有使用者。为使设计适合于较多的使用者，设计师需要根据产品的用途及使用情况应用人体尺寸数据，按下列基本原则进行设计。

①极端原则。该原则根据设计目的，选择最大或最小人体尺度。由人体身高决定的物体，如门、船舱口、通道、床等的尺度要采用最大尺寸原则；而由人体某些部位的尺寸决定的物体，如取决于手上举功能臂长的拉手高度则要采用最小尺寸原则。

②可调原则。与健康、安全关系密切的设计要使用可调原则，即所选用的尺寸应在第 5 百分位和第 95 百分位之间可调，例如汽车座椅必须在高度、靠背倾角、前后距离等尺度方向可调。

③平均原则。虽然“平均人”这个概念在设计中不太合适，但门铃、插座、电灯开关、沙发座面高、工具手柄等常用平均值进行设计，即以第 50 百分位数为设计依据。

为使设计满足上述原则，我们必须合理选用百分位。通常选用百分位的原则是，在不涉及使用者健康和安全时，选用适当偏离极端百分位的第 5 百分位和第 95 百分位作为界限较为合适，以便简化加工制造过程，降低成本。而当身体尺寸在界限以外的人使用会危害其健康或增加事故危险时，其尺寸界限则应扩大到第 1 百分位和第 99 百分位，从而保证几乎所有人使用方便、安全，如设计紧急出口、逃生通道等应以第 99 百分位数为依据，而设计使用者与紧急制动杆的距离则应以第 1 百分位数为依据。

（2）应用人体尺寸数据时的注意事项

①弄清设计的使用者或操作者的状况。设计的任何产品都是针对一定的使用者的，因此，在设计时必须分析使用者的特征，包括性别、年龄、种族、体型、身体健康状况等。

②确定所设计产品的类型。在涉及人体功能尺寸的产品设计中，设定产品功能尺寸的主要依据是人体尺寸百分位数，而人体尺寸百分位数的选用又与所设计产品的类型密切相关。《在产品设计中应用人体尺寸百分位数的通则》（GB/T 12985—91）依据产品使用者人体尺寸的设计上限值（最大值）和下限值（最小值）对产品尺寸设计进行了分类，产品类型的名称及其定义见表 3-9。凡涉及人体尺寸的产品设计，首先应按该分类方法确认所设计的对象属于其中的哪一类型。

③选择人体尺寸百分位数。除表 3-9 所列的产品尺寸设计分类外，产品还可按其重要程度分为涉及人的健康、安全的产品和一般工业产品两个等级。在确认所设计的产品类型及其等级之

表 3-9　产品尺寸设计分类

产品类型	产品类型定义	说明
Ⅰ型产品尺寸设计	需要两个人体尺寸百分位数作为尺寸上限值和下限值的依据	又称双限值设计
Ⅱ型产品尺寸设计	只需一个人体尺寸百分位数作为尺寸上限值或下限值的依据	又称单限值设计
ⅡA型产品尺寸设计	只需一个人体尺寸百分位数作为尺寸上限值的依据	又称大尺寸设计
ⅡB型产品尺寸设计	只需一个人体尺寸百分位数作为尺寸下限值的依据	又称小尺寸设计
Ⅲ型产品尺寸设计	只需要第50百分位数作为产品尺寸设计的依据	又称平均尺寸设计

表 3-10　人体尺寸百分位数的选择

产品类型	产品重要程度	百分位数的选择	满足度
Ⅰ型产品设计	涉及人的健康、安全的产品 一般工业产品	选用P_{99}和P_{1}作为尺寸上、下限值的依据 选用P_{95}和P_{5}作为尺寸上、下限值的依据	98% 90%
ⅡA型产品设计	涉及人的健康、安全的产品 一般工业产品	选用P_{99}或P_{95}作为尺寸上限值的依据 选用P_{90}作为尺寸上限值的依据	99%或95% 90%
ⅡB型产品设计	涉及人的健康、安全的产品 一般工业产品	选用P_{1}或P_{5}作为尺寸下限值的依据 选用P_{10}作为尺寸下限值的依据	99%或95% 90%
Ⅲ型产品设计	一般工业产品	选用P_{50}作为尺寸的依据	通用
成年男、女 通用产品设计	一般工业产品	选用男性的P_{99}、P_{95}或P_{90}作为尺寸上限值的依据 选用女性的P_{1}、P_{5}或P_{10}作为尺寸下限值的依据	通用

后，选择人体尺寸百分位数的依据是满足度。人体工程学设计中的满足度，是指所设计产品在尺寸上能满足多少人使用，通常以合适的百分比表示。表 3-10 列出了产品尺寸设计的类型、等级、满足度与人体尺寸百分位数的关系。

④确定功能修正量。功能修正量是指为了保证产品的某项功能而对作为产品尺寸设计依据的人体尺寸百分位数所作的尺寸修正量。大部分人体尺寸数据是裸体或是穿背心、内衣、内裤时静态测量的结果。设计人员选用数据时，不仅要考虑操作者的穿着情况，而且应考虑其他可能配备的装置，如手套、头盔、靴子及其他用具。也就是说，在考虑有关人体尺寸时，设计师必须在所测的人体尺寸上增加适当的着装修正量。

⑤确定心理修正量。为了克服人们的“空间压抑感”“高度恐惧感”等心理感受，或者为了满足人们“求新”“求美”“求奇”等心理需求，一般在产品功能尺寸上附加一项增量，称为心理修正量。心理修正量也是用实验方法求得的，一般是通过被试者主观评价表的评分结果进行统计分析，求得心理修正量。

⑥设定产品功能尺寸。通常所测得的静态人

体尺寸数据可用来解决很多产品设计中的问题，但由于人在操作过程中的姿势和体位经常变化调整，静态测得的尺寸数据会出现较大误差，设计师需用动态测得的尺寸数据适当调整产品设计。

此外，作业空间的尺寸范围确定不仅与人体静态测量数据有关，同时也与人的肢体活动范围及作业方式方法有关。如手动控制器的最大高度应使第 5 百分位数身体尺寸的人直立时能触摸到，而最低高度应是第 95 百分位数的人的直立时中指指尖点上举高。

设计作业空间还必须考虑操作者进行正常运动时的活动范围的增加量，如行走时，头顶的上下运动幅度可达 5cm。

3.3.2　人体模板及其应用

人体各部位的尺寸因人而异，而且人体的工作姿势随着作业对象和工作情况的不同而不断变化，因而要从理论上来解决人机相对位置的问题是比较困难的。但是，若利用人体结构和尺度关系，将人体尺度用各种模拟人来代替，通过机与人体模型相对位置的分析，我们便可以直观地求出人机相对位置的有关设计参数，为合理布置人机系统提供可靠条件。

（1）人体模板的种类与特点

目前，在人机系统设计中采用较多的是二维人体模板（简称人体模板）。这种人体模板是根据人体测量数据得到标准人体尺寸，利用塑料板或密实纤维板等材料，按照 1 ：1、1 ：5 等设计中的常用比例制成的人体各个关节均可活动的裸体穿鞋的人体侧视模型。

①坐姿人体模板。《坐姿人体模板功能设计要求》（GB/T 14779—93）规定了三种身高等级的成年人坐姿模板的功能设计基本条件、功能尺寸、关节功能活动角度、设计图和使用要求。图 3-14 是该标准提供的坐姿人体模板侧视图。

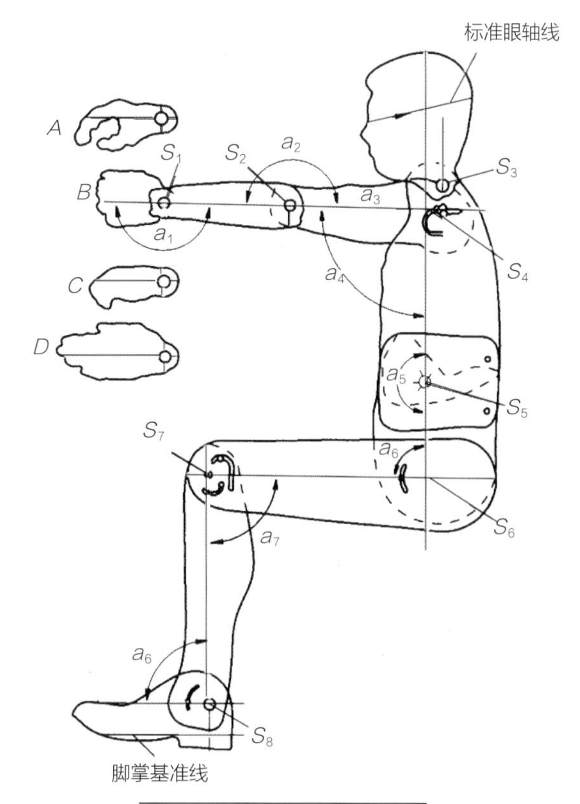

图 3-14　坐姿人体模板侧视图

②立姿人体模板。《人体模板设计和使用要求》（GB/T 15759—1995）提供了设计用人体外形模板的尺寸数据及其图形（图 3-15）。该模板按人体身高尺寸不同分为四个等级：一级采用女子第 5 百分位身高；二级采用女子第 50 百分位身高与男子第 5 百分位身高的重叠值；三级采用女子第 95 百分位身高与男子第 50 百分位身高的重叠值；四级采用男子第 95 百分位身高。

（2）人体模板的应用

在人机系统设计时，人体模板是设计或制图人员考虑主要人体尺寸时常用的辅助工具。例

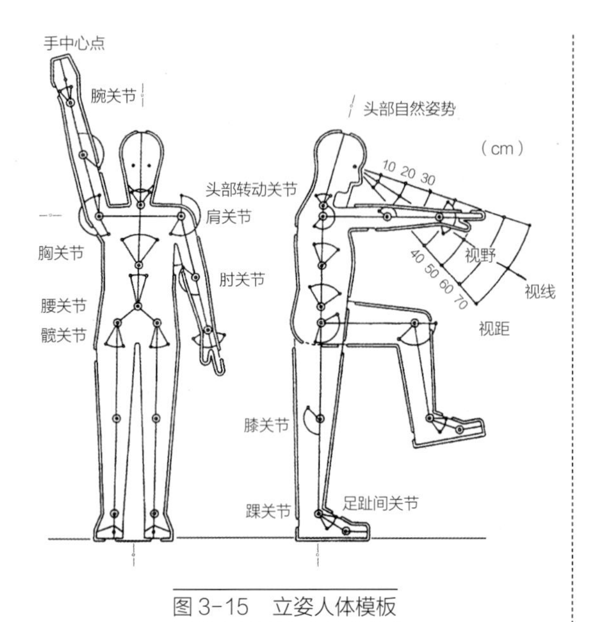

图 3-15　立姿人体模板

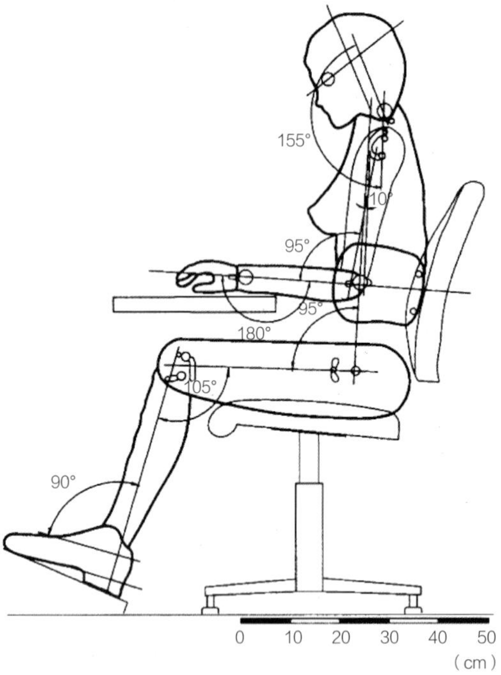

图 3-16　人体模板用于工作系统的设计

如，生产区域中工作面的高度、坐平面高度和脚踏板高度是在一个工作系统中互相关联的数值，但主要是由人体尺寸及其操作姿势决定的。如借助于人体模板，我们可以很方便地得出在理想操作姿势下各种百分位的人体尺寸所必须占有的范围和调节范围（图 3-16）。

在汽车、飞机、轮船等交通运输设备设计中，驾驶室或驾驶舱、驾驶座以及乘客座椅等的相关尺寸，也是由人体尺寸及其操作姿势或舒适的坐姿决定的。但是，由于相关尺寸非常复杂，人与机的相对位置要求又十分严格，为了使产品设计更好地符合人的生理要求，在设计中，我们可以采用人体模板来校核有关驾驶室空间尺寸、方向盘等操纵机构的位置、显示仪表的布置等是否符合人体尺寸与规定姿势的要求。图 3-17 是用人体模板校核小汽车驾驶室设计的实例。

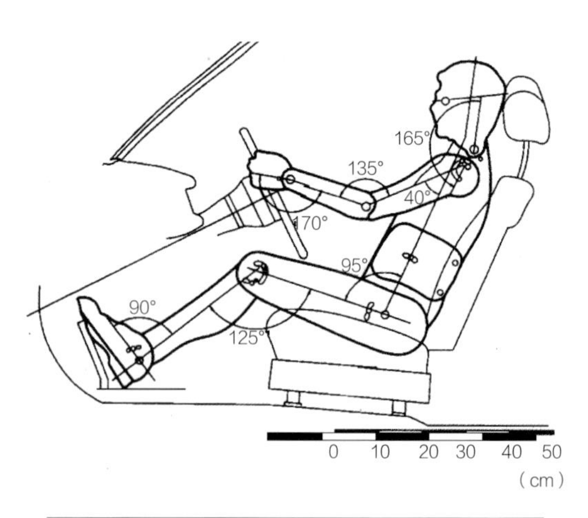

图 3-17　人体模板用于小汽车驾驶室的设计校核

4 人体工程学与视觉传达设计

视觉功能及其特征

图形的识别

图形的建立

色彩的心理效应

Ergonomics and Art Design

视觉传达设计（visual communication design）是指在二维（平面）空间上，通过人的视觉实现的一种人与人之间信息传播的图形符号设计。它通过对图形符号的认知传达信息，是人脑对作用于感觉器官的客观事物和主观状况整体的反馈，是较高级、较复杂的心理活动。因此，人体工程学在视觉传达设计学科中的运用与研究，必然以人的视觉心理为主要内容。

视觉传达设计中的基本元素主要是图形与色彩，所以在本章的学习中，我们将主要通过人的视觉功能及其特征、图形的心理特征、色彩的心理特征三个方面来对人体工程学与视觉传达设计学科的关系进行分析与了解。

4.1 视觉功能及其特征

4.1.1 眼睛和视觉过程

（1）眼睛的构造和功能

人的眼睛，外形近似圆球形，位于眼眶内后端，由视神经直接连于间脑，如图 4-1 所示。在眼球正前方外露的透明部分，称为角膜，外界光线通过它进入眼球。角膜后，形同圆环状的部分是虹膜。虹膜的中央有一圆孔，称为瞳孔。虹膜具有伸缩性，它可以使瞳孔放大或缩小，用以调节进入眼睛的光量，使眼睛适应外部环境的不同亮度。虹膜之后为晶状体，其功能如凸透镜。当观察的物体在远处时，晶状体变为扁平；当观察的物体在近处时，晶状体则变为凸起。眼球中间的很大一部分，充满玻璃体。玻璃体为透明的胶状物，它的功能为维持足够的眼压，以防止眼球凹陷，保持眼球的正常形状。

眼睛的各个部分对于感知图像来说都很重要，视网膜是其中最为关键

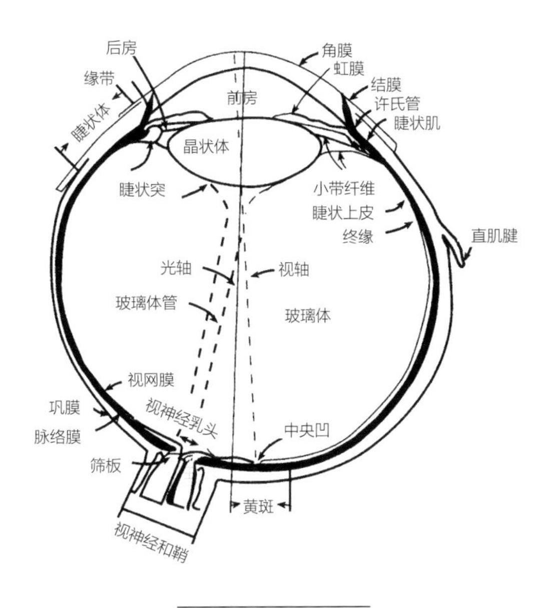

图 4-1　眼睛的构造

的部位。视网膜是眼球后部一层非常薄的细胞层，厚度不到 0.5mm。它由色素上皮层和神经组织层构成。神经组织层包括视细胞层、双极细胞层和节细胞层，各层细胞形成突角联系。视细胞层内含感受光刺激的视细胞、视杆细胞和视锥细胞。视锥细胞由于能够接受光刺激，并将光能转换为神经冲动，故亦称光感受器。它由外节、内节、胞体和终足四部分组成。因其外节为圆锥状，故名视锥细胞。视锥细胞是感受强光和颜色的细胞，对弱光和明暗的感知不敏感，对强光和颜色则具有极强的分辨能力。因此，视锥细胞损害的主要症状为视力减退、后天性色觉异常。在视网膜的黄斑和中央凹处，只有视锥细胞，光线可直接投射于视锥细胞上，故此处感光和辨色能力最敏锐。以视杆细胞为主的视网膜周缘，对光的分辨率低，色觉不完善，但对暗光敏感。当视杆细胞受损时会发生夜盲。视杆细胞和视锥细胞的不同性质见表 4-1。

双眼视物时，我们可以得到在两眼中同时产生的映象，它能反映物体与环境间相对的空间位置，因而眼睛能分辨出三度空间。

视网膜上最不敏感的地方，叫视盘。视盘上既无视锥细胞，也无视杆细胞，光线投射其上时，不能产生视觉经验，故而该处为盲点。

（2）视觉过程

人眼成像的视觉过程如图 4-2 所示：来自物体的反射光，首先通过瞳孔进入眼球，经折光装置到达视网膜，在视网膜上形成清晰的物像，视网膜中的视杆细胞和视锥细胞含有感光物质，在光刺激的作用下，可发生光化学反应，从而使光能转换为生物电能，引起视细胞产生神经冲动。神经冲动沿相反方向传递至视网膜的双极细胞层、节细胞层，最后由节细胞的轴突汇集成束的

表 4-1　视杆细胞和视锥细胞的不同性质

视杆细胞	视锥细胞
区别明暗	区别颜色
在低水平照明时（如夜间）起作用	在高水平照明时（如白天）起作用
对光谱绿色部分最敏感，在视网膜远离中心处分布最多	对光谱黄色部分最敏感，在视网膜中部分布最多
对极弱的刺激敏感	主要在识别空间位置和要求敏锐地看物体时起作用

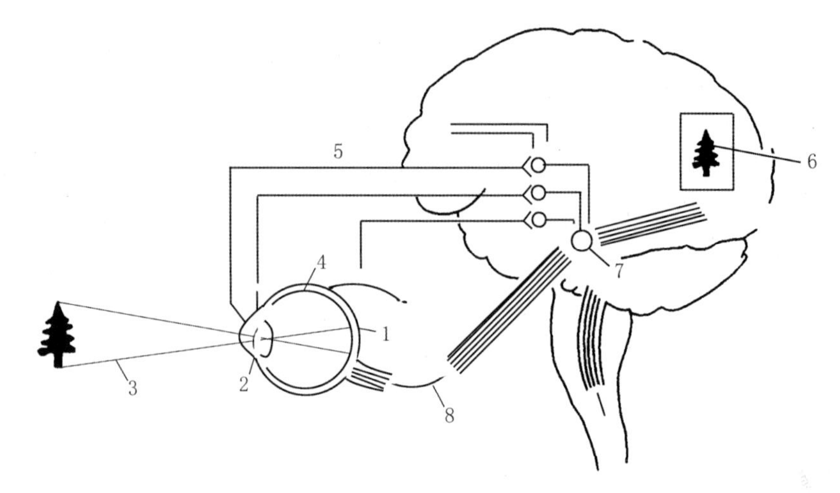

1. 中央凹；2. 瞳孔；3. 光线；4. 视网膜；5. 反馈系统；6. 视觉意识中的像；7. 突触；8. 视神经

图 4-2　人眼成像的视觉过程

视神经传至大脑皮质。经大脑皮质的加工处理，神经冲动便形成视觉映象。

4.1.2　视觉功能

人借助视觉器官完成一定视觉任务的功能称为视觉功能。它与视角、视野、视力、对比感度和视速度等有关。

（1）视角

视角是被视对象的两端光线投入眼球时相交的角度。视角大小决定着视网膜上投影的大小。一定距离的物体让眼睛产生较大的视角时，视网膜上的影像也相应较大。

视角 θ 与观察距离 D 和被视对象两端的直线距离 L 有关，如图 4-3 所示，可用以下公式表示：

$$\theta = 2\mathrm{arctg}\,\frac{D}{2L}$$

式中：θ 为视角；L 为被视对象两端的距离；D 为眼睛至被视对象的距离。

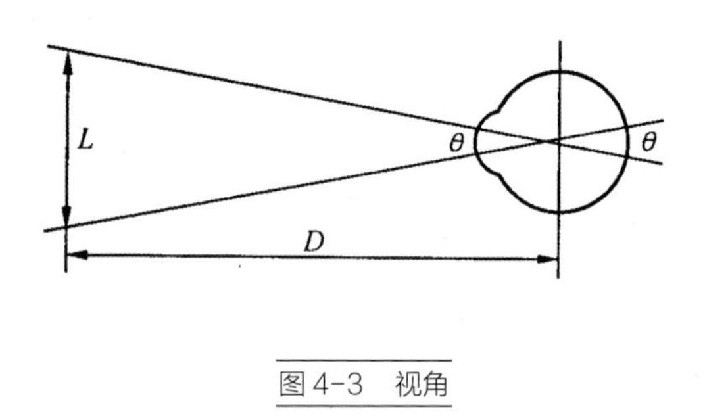

图 4-3　视角

在各种设计中，视角往往是确定设计对象尺寸的根据。在视觉研究中，人们常常用视角表示物体与眼睛的关系。

（2）视野

视野是指当人的头部和眼球不动时，人眼所能看到的范围（通常以角度表示）。在视野研究中，一只眼的视野称为单眼视区，双眼的视野称为双眼视区。

①一般视野。一般视野是指人的头部和眼球固定不动，眼睛观看正前方物体时所能看到的范

围，常以角度表示。正常人的一般视野是眼外侧宽于内侧，眼视野的下方宽于上方。正常人两眼总的综合视野（图 4-4、图 4-5），在水平方向约为 180°（两眼内侧视野重合约 60°，两眼外侧视野各为 90°），在垂直方向约为 120°

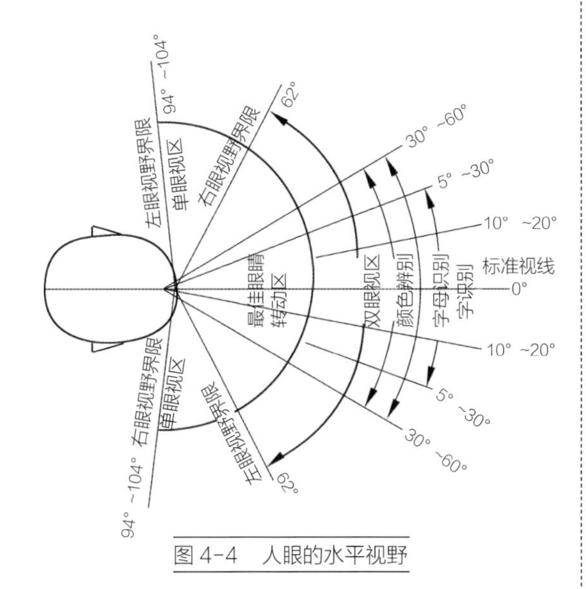

图 4-4　人眼的水平视野

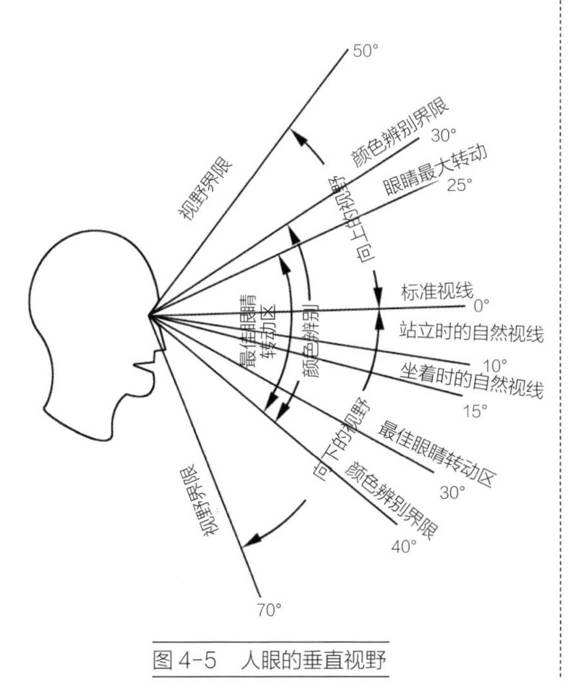

图 4-5　人眼的垂直视野

（视平线上方约为 50°，下方约为 70°）。物体在水平方向 8° 和垂直方向 6° 的视野内，其成像可落在视网膜敏感的部位上，物体在视角水平方向和垂直方向 1.5° 左右时，其成像可落在黄斑和中央凹上，成像最为清晰。虽然眼睛的最佳视野是有限的，但是，由于眼球和头部都可以转动，因而一个物体的各部分，都可以通过眼球和头部的转动而处于视中心处。有些被视对象所在位置或体积虽然大大超过了人的视野，但因头部和眼球转动的速度快，是能够在人眼中呈现较为清晰的形象的。

②色觉视野。色觉视野是指颜色对眼睛刺激所引起感觉的范围。不同颜色对人眼的刺激不同，因而其视野也就不同。如图 4-6 所示，白色的视野最大，其次为蓝、黄、红，绿色的视野最小。色觉视野与颜色的对比有关，在同一背景上的不同颜色，其色觉视野有所不同。

在人机系统如飞机驾驶舱、汽车驾驶室的控制台上，色觉视野对于个体的操作控制十分重要（图 4-7）。

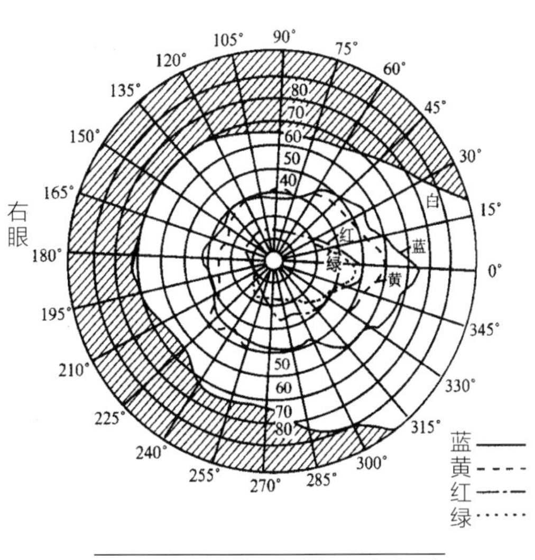

图 4-6　正常单眼色觉视野（右眼）

图 4-7　飞机驾驶舱和汽车驾驶室的控制台

（3）视力

视力又称视敏度或视锐度，是指眼睛分辨视野中很小间距的能力，通常用被辨别物体最小间距所对应的视角倒数表示：

$$视力 = \frac{1}{临界视角}$$

视力是评价人的视觉功能的主要指标，在身体素质测定或职业人员选择中，人们通常都要测定视力，视力随着照度、背景以及对象物与背景对比度（反差）的变化而变化。另外，看静止物体的视力优于看运动物体的视力。年龄越大，看运动物体的视力下降幅度越大。

视力还与照度有关。视力与照度对数成比例，即：

$$V=K\log E$$

式中：V 为视力；K 为系数；E 为照度。

（4）对比感度

为使眼睛能够很好地辨认某一背景中的某一物体，背景与物体之间应有一定的对比度。这个对比度可以是颜色对比，即物体与背景具有不同的颜色；也可以是亮度对比，即背景与物体在亮度上有着一定的差别。人眼刚好能辨别物体时的对比亮度差叫作临界亮度差，临界亮度差与背景亮度之比叫作临界对比，临界对比的倒数叫作对比感度。

临界对比和对比感度可用以下公式表示：

$$C_p=\frac{\Delta L_p}{L_b}=\frac{L_b-L_o}{L_b} \qquad S_c=\frac{1}{C_p}=\frac{L_b}{L_b-L_o}$$

式中：C_p 为临界对比；ΔL_p 为临界亮度差；L_b 为背景亮度；L_o 为物体亮度；S_c 为对比感度。

对比感度与照度、物体的大小、观察距离以及眼睛的适应情况等因素有关。对比感度愈大，愈能辨别小的亮度对比，即在相同的条件下，辨别物体愈清楚。一般来讲，对比感度是因人而异的，在理想的情况下，视力好的人的临界对比约为 0.01，即对比感度为 100。

（5）视速度

看到物体（显示）的时间 T 的倒数，即 $1/T$ 叫作视速度。照度在 100 lx 的情况下，显示时间如果是 1/500s 的话，人肉眼只能看到物体在闪烁；如果是 1/50s，能分辨出图形和文字；如果是 1/20s，在正常视力下就可清楚辨认物体。照度在 20lx 的情况下，人肉眼则需 1/10s 才能清楚辨认物体。照度在 150lx 以下时，识字的速度就会急剧下降。阅读所需照度一般在 500~1000lx 较为适宜。照度在 1000~1500lx 的情况下，小字也能被看清。当然这是指人的视力正常的情况下。

4.1.3 视觉特征

①人眼在观察物体时，视线习惯于从左到右和从上往下移动，顺时针进行，且水平方向优于垂直方向，对水平方向的尺寸和比例的估计要比对垂直方向的更为准确、迅速和省力。

②当观察对象偏离视中心时，在相同的偏离条件下，人眼观察的先后次序是左上、右上、左下、右下。

③双眼观察时，两眼的运动是同步的、协调的，因而通常都以双眼视野为设计依据。

④人眼对表面轮廓比形体更为注意；直线轮廓比曲线轮廓更易于被接受；观察其他人时，视线一般先集中于眼，其次为嘴、耳和轮廓。

⑤颜色对比与人眼的辨色能力有一定关系。当人从远处辨认前方的多种不同颜色时，其易辨认的顺序为红、绿、黄、白。所以，紧急制动、危险等信号标志都采用红色。当两种颜色相配在一起时，则易辨认的顺序是黄底黑字、黑底白字、蓝底白字、白底黑字等。

根据上述视觉特征，人体工程学专家归纳了人体工程学的视觉原则，如图 4-8 所示。

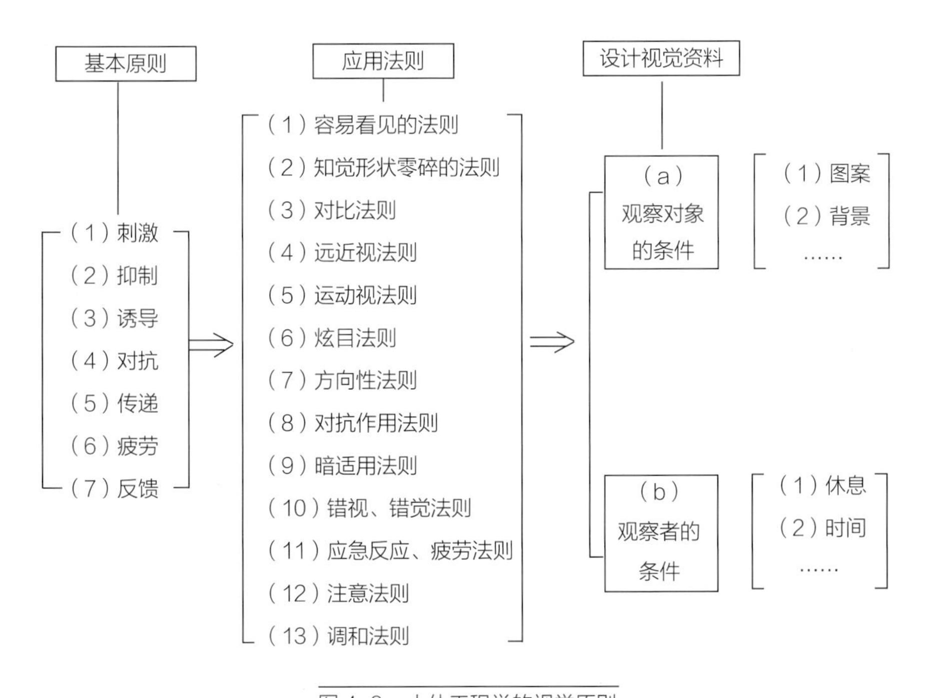

图 4-8 人体工程学的视觉原则

4.2　图形的识别

感觉是图形感知的基础，没有感觉我们便不可能感知任何图形。客观事物直接作用于人的感觉器官，引起神经冲动，由感觉神经传导到脑半球皮质时便产生了感觉。事物具有各种不同的属性（光线、声音、气味、滋味、温度等），在它们以不同的方式作用于人的感觉器官时，不同的感觉（视觉、听觉、嗅觉、味觉、触觉等）就出现了。

人的感觉是在人类长期的社会实践中产生和发展起来的，人的实践越丰富，其对事物的感觉也就越敏锐。众所周知，对于一个新生儿来说，无论多么美的图形、色彩或形式都是没有太大意义的，而一个在社会中生活并具有正常思维能力的成年人的感觉则不同于新生儿。成年人在长期的社会实践中，既积累了直接知识也积累了间接知识，而这些知识必将影响他对事物的感觉。感觉主体的已有经验和知识结构是人类长期社会实践的结晶，它以信息的方式贮存和内化于感觉主体的生理系统中。在产生感性认识的过程中，当各种感官把外部刺激信息通过神经系统传送到人的大脑时，大脑往往要使用已有的经验、知识和逻辑方法等对其进行分析、综合、加工和整理之后才能形成对于客观外物的感性认识。

当视觉图形信息沿着视神经传至大脑后，便在大脑中形成图形感知。图形感知是人对二维和三维空间对象的反馈。感觉印象并不是与外界互不相关的材料的主观印象，而是人们从客观环境的许多刺激物中区分出来的某种图形。图形感知的形成主要取决于客观刺激的相互关系，也取决于主体的能动状态。首先，只有当客观刺激物之间具有某种差别时，一部分刺激物才能成为知觉对象（图），而另一部分刺激物则成为背景（地），从而使图形从背景中分离出来，这是产生图形感知的必要条件。图形与背景的关系对图形知觉来说是十分重要的。

4.2.1　图形识别理论

（1）格式塔理论

20世纪初，以M. 韦特海默（Max Wertheimer）、K. 考夫卡（Kurt Koffka）和W. 柯勒（Wolfgang Kohler）为代表人物的格式塔心理学派（gestalt psychology），提出了知觉是按照一定的规律形成和组织起来的观点。他们认为图形知觉不是图形各部分的简单相加，而是由各部分有机组成的。一个图形是作为一个整体被知觉的，其中各部分之间具有一定的联系。例如，我们不会把一个四边形看成四根独立的线条，而是把它看成一个四边形整体。格式塔心理学派总结出的图形组织原则，可归纳为接近性、相似性、连续性和闭合性（图4-9）。

在一个复杂图形中，只有一种知觉组织结构是占主导地位的，并且这种主导的组织结构必然要被呈现出来，其余的部分就成了图形背景。图4-10所示是一个双关图形，这个图形具有两个交替的组织结构，它既能被知觉成一名年轻的少女，也能被知觉成一名老妇。当某

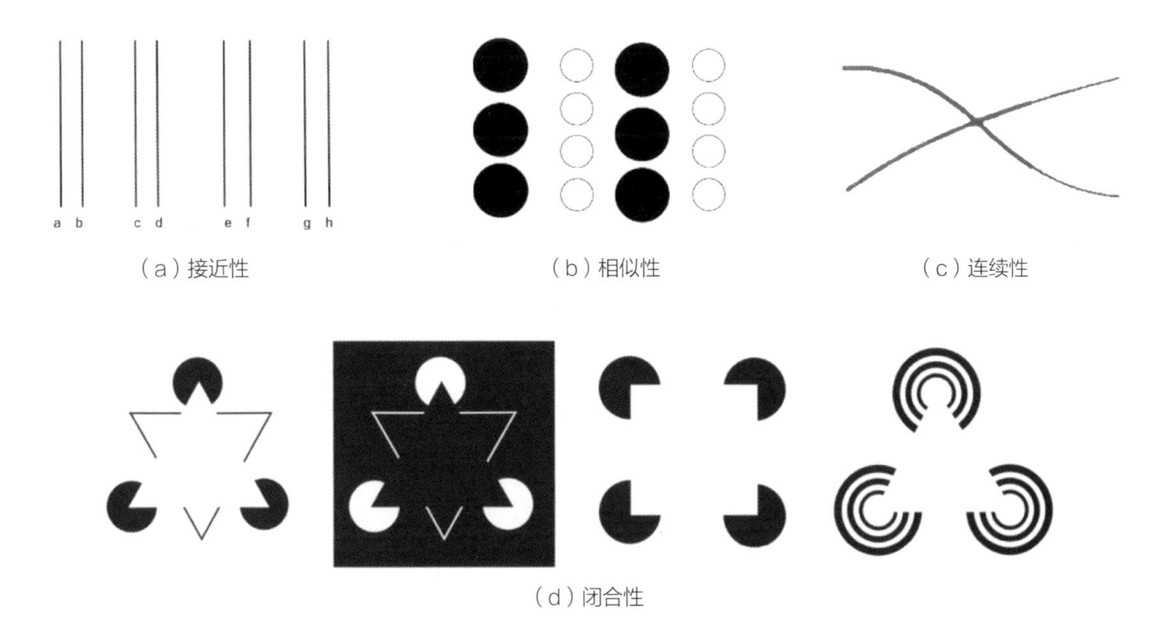

图4-9　格式塔图形组织原则

图4-10　少女与老妇

一个图形突出来的时候，整个图形的其他部分就退到后面成为背景了。知觉的图形只能是两个组织结构中的一个，人们不可能同时见少女和老妇。格式塔心理学家认为这样的“图形—背景”结构是人类知觉的基本结构。人们总会把视野中具有图形性质的部分选出来作为知觉对象，而把其他部分看成背景。

格式塔心理学派认为，图形知觉的组织性是人脑本身具有的机能表现。在视觉刺激下，视网膜的感受细胞接受刺激，引起神经兴奋，这些兴奋传到大脑皮层，按照图形的组织原则产生力的吸引和排斥，形成一定的电场分布图式。这个电场的分布图式表现为所看到的图形。因而，格式塔理论也叫作电场理论。这个理论的基本假设是，知觉现象和脑中的电场是同一图形（isomorphism），二者服从共同的规律。知觉的组织性是人脑的原始物理过程的体现，是无须学习而自化的心理现象。

（2）模板匹配理论

外界刺激作用于感觉器官，人们辨认出它是经验中的一个图形、图像或东西，这就完成了对图形、图像的识别过程。模板匹配（template matching）理论认为，识别某个图形时，必须在过去的经验中有这个图形的“记忆痕迹”或基本模型，这个模型又叫模板。当前的刺激如果与大脑中的模板相符，人们就能识别这个刺激是什么。也就是说，一个图形要经过这样一个过程：图形的反射光作用于视网膜，通过视神经传递至大脑，然后大脑在现有的许多模板中进行搜索，如果发现某个模板与这个图形神经图式相匹配，那么，这个图形就被识别了。当然，在图形与它的模板匹配以后，大脑仍要对图形做进一步的加工和解释。

但是，模板匹配理论所说的匹配是外界刺激必须与模板完全相符，否则不能引起所有与之有关的神经元工作而达不到识别的目的。实际上，在现实生活里，人们不仅能识别与基本模板一致的图形，也能识别与基本模板不完全相符的图形。所以，模板识别理论并不能揭示人类生活中的图像识别活动规律。按照这个理论，外界的刺激必须与它的内部图式一对一地相匹配才能加以识别，这样就需要形成无数个模板，它们分别与我们所看到的各种图形及这些图形的变形相对应。然而，要在我们大脑里存储这样多的模板，从神经学上来看是不可能的，即使可能，我们要在无数个模板中提取记忆，也会有一个很费时间的搜索过程。而这又与我们所具备的大脑对大量图形的迅速识别能力发生了矛盾。

（3）原型匹配理论

为了解决模板匹配理论存在的问题，格式塔心理学家提出了原型匹配（prototype matching）理论。这种理论认为，人们在长期记忆中存储的并不是无数个不同形状的模板，而是从各类图形中抽象出来的具有相似性的原型，它用以检验所要识别的图形。如果所要识别的图形能找到一个与它具有相似性的原型，那么，这个图形就被识别了。这种原型匹配理论从神经学上和记忆搜索的过程上来看都比模板匹配理论更合适，而且能说明对一些不规则的、但某些方面与原型相似的图形识别过程。

然而原型匹配理论并没有给出一个明确的图形识别的模型或机制，而我们在日常生活中识别千变万化的图形并不费力，其中必然涉及复杂微妙的机制。只有揭露这种机制，才能提出更好的图形识别模型。这就使我们不能不认为用模板匹配理论和原型匹配理论来描述人的图形或图像识别过程过于粗糙和简单了。

（4）泛魔识别模型

1959 年，O. G. 塞尔弗里奇（O. G. Selfridge）提出了一个利用特征分析机制来识别图形的理论，叫作泛魔识别模型，也有人称之为“鬼域”（pandemonium）。这一理论把图形识别过程分为不同的层次，每一层次都有承担不同职责的特征分析机制，它们依次进行工作，最终完成对图形的识别。塞尔弗里奇把每种特征分析机制形象地称作一种“魔鬼”（demon），由于有许许多多这样的特征分析机制在起作用，这个模型就叫作泛魔识别模型或泛魔系统。

如图 4-11 所示，图中第一层次是执行最简单任务的“映象鬼”（image demon），它只对外部刺激进行编码，形成刺激的映象。第二个层次“特征鬼”（feature demon）则进一步分析这个映象。在分析过程中，每个“特征鬼”都去寻找与自己有关的图形特征，例如在识别字

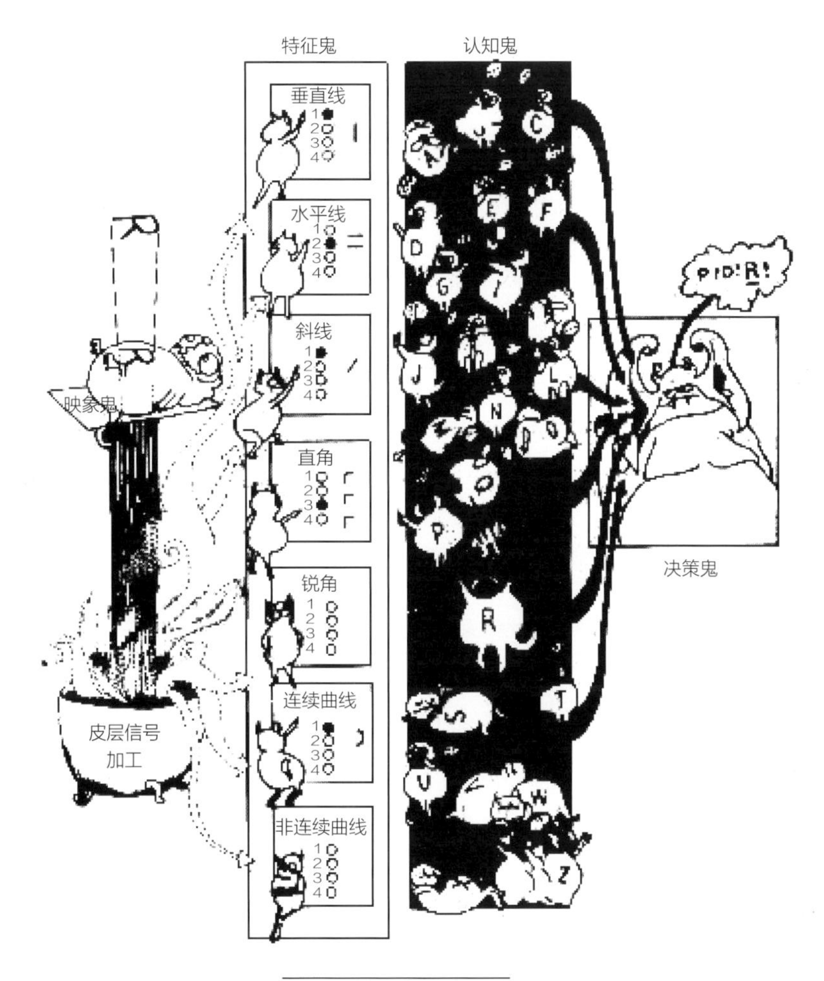

图 4-11　泛魔识别模型

母时，每个“特征鬼”负责报告字母的一种特征及其数量，如垂直线、水平线、斜线、直角、锐角、连续曲线和非连续曲线等。第三个层次“认知鬼”（cognitive demon）会接受“特征鬼”的反应。每个“认知鬼”只负责识别一个图形，一个“认知鬼”识别 A，而另一个“认知鬼”识别 B 等。A“认知鬼”寻找与 A 相关的“特征鬼”，当它发现相关特征时便开始喊叫。它发现的特征越多，喊叫声就越大。最后“决策鬼”（decision demon）根据许多“认知鬼”喊叫声的大小，选择叫声最大的“认知鬼”作为所要

识别的图形。

泛魔识别模型在某些方面类似于模板匹配理论，因为它需要与所识别的特定项目的特征进行匹配。而泛魔识别模型在不同层次的分析上是串行加工的，它包括“映象鬼”“特征鬼”“认知鬼”“决策鬼”四个层次。但每一个“特征鬼”“认知鬼”都同时寻找与自己有关的图形特征，每个“认知鬼”均报告输入与自己的一组特征匹配的程度，加工速度快，因而泛魔识别模型是一个很灵活的图形识别模型。

4.2.2 图形的认知

图形通过视觉被感知以后，并未到此结束，图形只有在大脑中被进一步知觉，方可为人认知。

比感觉高一级的感性认识是知觉。同感觉一样，知觉是由客观事物直接作用于人的感觉器官引起的。但它比感觉更复杂也更完整。感觉是对客观对象表面的个别属性的反应，而知觉则是对客观事物表面的各个特征的总和及其外部联系的反应，是不同类感觉相互联系和综合的结果。感受器把外界的能量转化为神经冲动传到大脑而产生感觉，经过神经中枢的作用，把感觉综合成知觉。因此，知觉既是对感觉的综合过程，又是综合的结果。

前面已经提及，知觉的基本特征是知觉的整体性、选择性、理解性以及恒常性。

知觉的整体性是知觉的首要特征。知觉整体性的特点就在于，意识能够把来自不同知觉通道的个别信息，组合成具有结构的完整映象。有时，虽然客观事物通常只有部分直接作用于感觉器官，但人能够根据已有的知识和经验加以补充，对感知的事物进行完整的认识。例如一本书的封面上，仅画了一个人的胸像，我们就可以根据已有的感觉经验和解剖学知识——头与肩和全身的比例关系加以补充，推知其身高和比例正确与否。这说明，知觉整体性的特点在于，它不仅对当前的感觉材料进行选择、整理加工，而且能够把过去的经验补充进去。

另外，在知觉的形成过程中，意识对感性材料会有所选择，可能突出注意对象的某些属性和感觉，而舍弃或抑制另外一些属性和感觉，例如人们常说的“视而不见”“充耳不闻”以及创作设计中的“忘我精神”等，都是知觉选择性的表现。知觉的选择性取决于各种客观原因和人的主观状态。客观原因包括刺激物本身的特点和刺激物的外界条件。人的主观状态则表现为人对于刺激物的需要、情绪、兴趣以及价值观念和以往经验等。例如，在展览会上，当看到自己十分喜欢的作品时，观众会全身心地、忘情地投入作品的欣赏过程，而注意不到其他的人或事情。知觉的这种选择性对于艺术设计创作也是适用的，主体在这样一种状态下，会产生积极的、有效的和创造性的结果。

知觉的理解性是指当人们在感知客观对象时，总是根据已有的知识和过去的经验去理解它，从而将它归入一定的对象类别之中，表现为一种趋合倾向。这种倾向表明我们的感知系统能够把不完全反映对象的感觉综合成对对象的完整知觉，从而认出有意义的对象。例如观看色盲检测图形时，视觉正常的人的知觉的选择性和理解性，同时发挥作用进行判断并指出图形的存在。

所谓知觉的恒常性，是指在不同的知觉条件下，人们仍然能按照对象本身的图形、大小、色彩、位置等因素形成正常的知觉。即在一定的范围内，人的关于客体的知觉并不因知觉条件的变化而改变。相对稳定的知觉的恒常性包括图形恒常性、大小恒常性、色彩恒常性等。如图 4-12 所示，在街上即使在相当偏斜的位置上，我们也能够识别和读出广告、招贴或牌匾上的图形和文字，这就是知觉的图形恒常性在发挥作用。

知觉的特点还在于，它不仅对当前的感觉材料进行选择、整理加工，而且能够运用个体获得的先验知识进行补充，在这个过程中，联想常常不知不觉参与其中。联想不是当前的感觉和知觉过程，而是过去的知觉的回忆和联系。例如，我们观看点、线、面、形、体、色，这些元素不知不觉地与我们以往的审美和艺术实践的经验产生联系，点或面具有了严肃的、紧张的、松散的或悠闲的表情，线具有了直率的、锐利的、敏感的、神经质的、男性的或女性的性格，色彩具有了冷暖、轻重、软硬、兴奋与沉静等情感联想。联想是思维的活动，有了联想进而会产生图形心理。当然，图形心理的产生不仅在于知觉的联想，其他一些心理活动也参与其中。想象、情感等感性思维，以及概念、判断、推理等理性心理是我们在进行艺术图形设计和设计的鉴赏与评论以及产品的选择购买时有意或无意运用的重要元素，从而形成了千变万化的设计图形和人们对各种设计图形不同的心理反应。

图 4-12　倾斜视角下的恒常性体现——街面招贴设计

4.3　图形的建立

当我们粗略观察包围我们的视觉环境时，首先存在的是由垂直线、水平线、直角等构成的框架，其次在其中呈现出各式各样的图形。人的眼睛不是只持续地注视某一点，而是不停地注视一个图形又一个图形，在视野中一个接一个搜寻。

4.3.1　图形与背景

我们注视某个图形时，它像是从其他形状中浮现出来的图形，虽然其他形状同它的形状是一致的，但成为背景而后退。浮现在上面的部分叫作图形，后退的部分叫作背景。我们可以通过

图 4-13　鲁宾杯

早在 1915 年以 E. 鲁宾（E. Rubin）名字命名的、著名的鲁宾杯（图 4-13）来了解这种现象。

根据知觉经验，易于形成图形的条件有以下八条。

①面积小的部分比大的部分易于形成图形。

②同周围环境的亮度差大的部分比小的部分易于形成图形。

③亮的部分比暗的部分易于形成图形。

④含有暖色色相的部分比含有冷色色相的部分易于形成图形。

⑤向垂直或水平方向扩展的部分比斜向扩展的部分易于形成图形。

⑥对称形部分比非对称形部分易于形成图形。

⑦幅宽相等的部分比幅宽不相等的部分易于形成图形。

⑧与下边相联系的部分比从上边垂落下来的部分易于形成图形。

第①、第③条中的任一条，都可以说明鲁宾杯反转图形中的杯比双人侧面像易于形成图形。图 4-14 可以利用第⑦条来解释。第⑧条可借助图 4-15 下边黑色部分看起来易于形成图形的现象来理解。

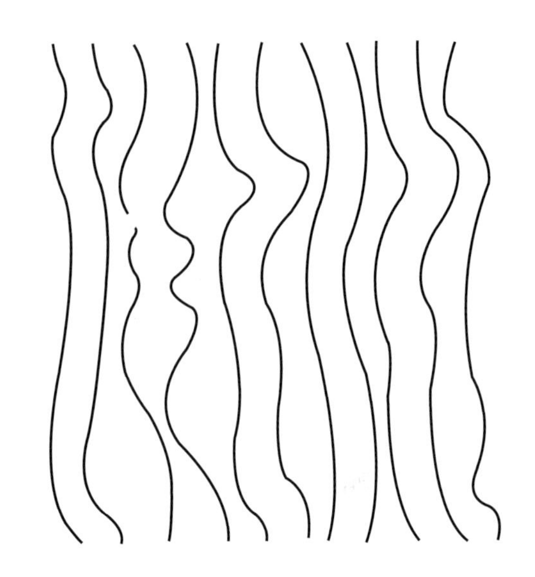

图 4-14　幅宽相等的部分易于形成图形

图 4-15　下面部分易于形成图形

图 4-16 所示是建筑中的栏杆，对图中（a）来说，我们看到的既有中间粗的栏杆柱，又有中间细的栏杆柱；对（b）来说，中间细的栏杆柱处于优势地位，由于楼梯段的倾斜，中间细的栏杆柱演变成对称式，这就符合了条件⑥关于形成图形的解释。

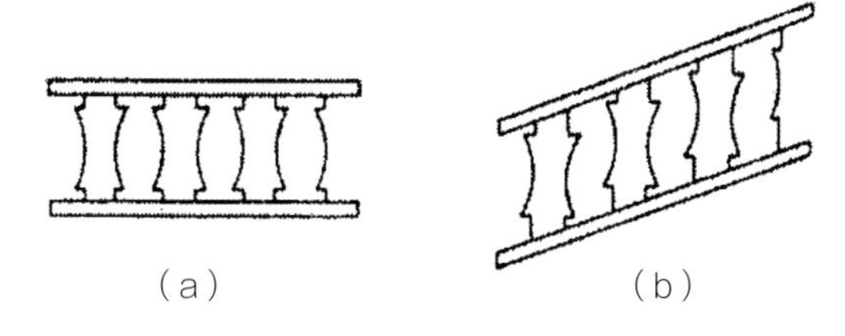

图 4-16　对称形易于形成图形

4.3.2　图形聚合

所谓图形中的可见部分，是指作为视觉对象表现出聚合性的那一部分，格式塔心理学派称这一部分为图形。这个学派的先驱 M. 韦特海默在做了大量的实验以后，于 1923 年发表了所谓图形法则，总结了使部分图形聚合起来的因素。韦特海默和其他一些研究者举出了以下一些聚合因素。

①位置相近的部分容易聚合（接近因素）。

②朝向一定方向的部分容易聚合（方向因素）。

③相似部分容易聚合（类似因素）。

④对称形容易聚合（对称因素）。在图 4-17 中，我们可以看出左边的两条花纹为一聚合，跟在后边的两条为另一聚合，假若按类似因素就不应该是这样，在这里，对称因素的作用超过了类似因素的作用。

⑤封闭形容易聚合（封闭因素）。

⑥几何学的美的连续线容易聚合（良好连续因素）。图 4-18 是直角转折直线与波形曲线的聚合。在这里，良好连续因素比封闭因素更占优势；图 4-19 中清晰的八边形与折线也是良好连续因素的例证。

⑦含有意义的形式容易聚合（意义因素）。当不作任何说明的时候，图 4-20 表示什么概念

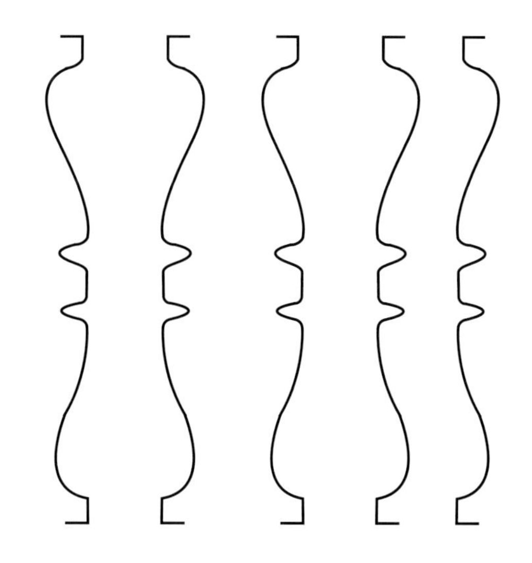

图 4-17　对称形容易聚合

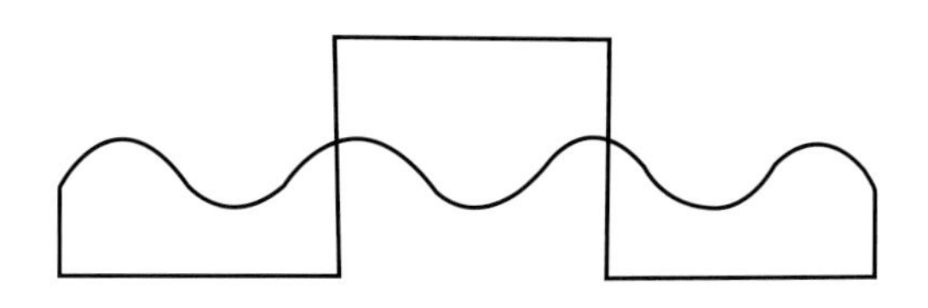

图 4-18　直角转折直线与波形曲线的聚合

图 4-19　八边形与折线的聚合

是难以想象的。然而，一旦指出这是横卧着的字母 E 字的阴影时，我们就会看出该图的聚合性。

上列各因素，单独作用并不太强。图 4-16（b）中细栏杆柱的聚合性并不十分突出，这里仅有对称因素在发挥作用。现在将该图改绘成图 4-21 的样子，作为图形就远比前者更具聚合性了。该图不仅采取了对称因素，同时接近因素和

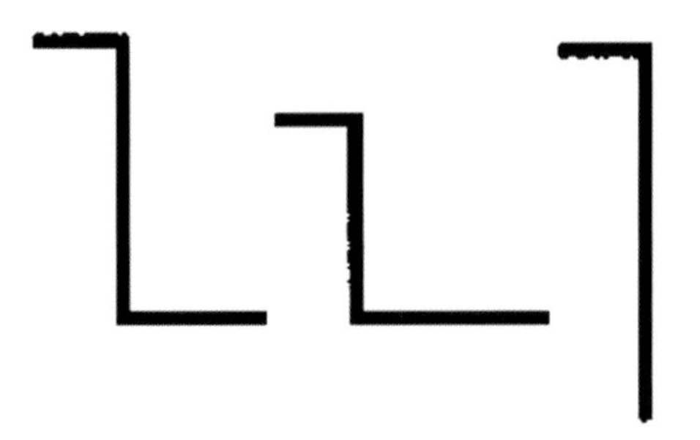

图 4-20　这是什么？

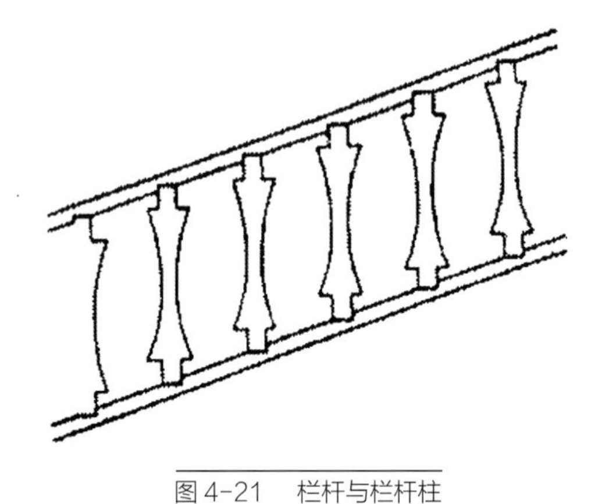

图 4-21　栏杆与栏杆柱

良好连续因素也有助于图形的聚合。这个时候再将整个栏杆同图 4-16 中（b）进行比较，我们会感觉到它是绝对聚合的。将对象物分解为几个部分时，其部分的聚合服从于整体图形聚合。

4.3.3　良好图形

所谓的图形聚合，并不一定意味着它是完美的。聚合现象会使人感到一定的稳定感，但离感到其美还有相当一段距离。上一节讨论的聚合因素中直接关系到美的，有对称因素和良好连续因素。

韦特海默的格式塔法则认为，图形越简单，良好图形的聚合倾向越明显，例如图 4-22 中的几何图形，既可以看作平面的（二维）图形，也可以看作立体的（三维）图形，图中（a）一般多看作立体的，而（b）和（c）逐渐难显示出其立体性，（d）则多看作平面六边形。也就是说，在理解这种图形时，我们以偏于立体的观点去看，它就是立体的，以偏于平面的观点去看，它就是平面的。

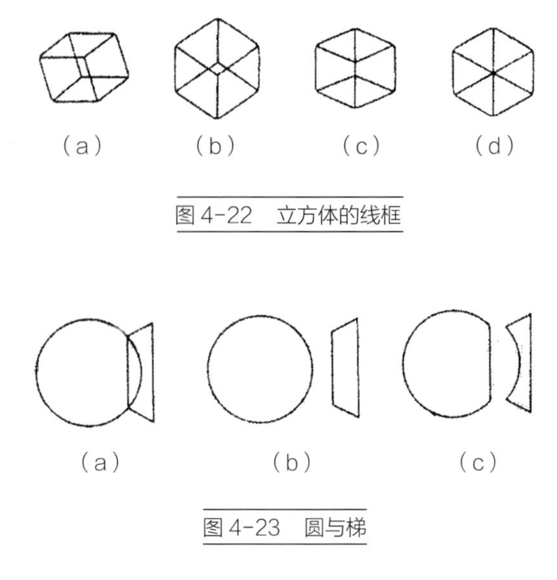

图 4-22　立方体的线框

图 4-23　圆与梯

格式塔法则与美的关系很大。再看一个例子，图 4-23（a）表现的内容是不清晰的，但是人们会感觉出两种良好图形，那就是（b）中的

圆与梯形，很难产生（c）中那样两种图形结合的映象。图 4-24 是 W. 梅茨格（W. Metzger）提出的复杂的几何图形花纹。这个花纹是怎样构成的？其实是由（a）的弦轴形形态要素拼成的，但是首先这样理解的人很少，大多数人都会认为这是由（b）的两个正方形形态要素拼成的。我们观看花纹的周边，尽管正方形形态要素是不完整的，但仍然难以看出花纹的形态要素是弦轴形。此例充分表现了格式塔法则言简意赅的内涵。

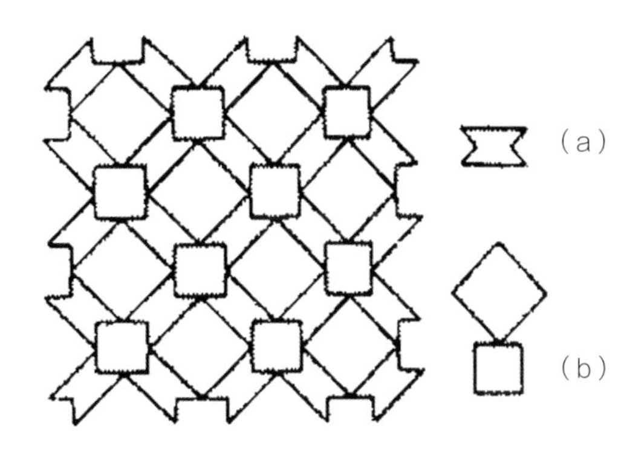

图 4-24　几何图形花纹

4.4　色彩的心理效应

色彩是大自然赋予人类感官世界最直观、最丰富的语言，它无时无刻不在影响人们的生活、左右人们的情绪。人的视觉器官在外界色彩的刺激下产生直接映象的同时，也会自动引发与之对应的思维活动与心理活动，例如红色带给人们热烈与温暖的感觉，蓝色带给人们寒冷与宁静的感觉，我们将之称为色彩的心理效应。

4.4.1　色彩给人的感受

人们对色彩的感受实际上是对多种信息的综合反应，它通常包括由过去生活经验所积累的各种知识。色彩感受并不局限于视觉，还包括其他感觉的参与，如听觉、味觉、触觉、嗅觉，甚至还有温度觉和痛觉等，这些都会影响色彩的心理效应。

（1）色彩的冷暖感

色彩与色彩之间并没有温度的差别，但我们可以通过人的生理、心理感受等多种综合因素，赋予色彩不同温度的心理感觉。在色彩学中，我们把不同色相的色彩分为暖色（积极色）、冷色（消极色）及中性色三种。极具暖感的色有橙红、红与橙黄。西餐厅常用有暖感色彩的烛光来营造温情脉脉的氛围；我国春节以及其他多数节假日则喜欢用大量红色和黄色来装点喜庆的氛围。绿、青、蓝则是典型的冷色，这些色彩有让人感到清凉、镇静的作用。炎炎夏日对解暑的生理需求、情绪上需要冷静的心理以及精神上需要安宁的愿望，都可以借助冷色来表达。在无彩色系中，白色与明灰色有寒冷之感，而暗灰与黑色则给人温暖的感觉。

色彩的冷暖与明度、纯度变化有关。如加白能提高明度使色彩变冷，加黑则可以降低明度使色彩变暖，因此在服装设计上，一般夏季服装偏向于明度较高的浅色系列，而冬季服装则一般选用明度较低的深色系列。色彩的冷暖还与物体的

图 4-25　冷暖感在室内环境中的体现

图 4-26　色彩的膨胀感与收缩感

表面肌理有关，表面光亮的材质如金属、丝绸等倾向于冷，而表面粗糙的材料如皮革、毛料等则倾向于暖。

在空间设计中，色彩的冷暖感与空间功能的匹配能使人获得更好的体验。如高温车间、医院等场所应采用冷色系，制冷室、冷藏室等则以暖色系为宜。再如在家居环境中，暖色环境的卧室空间给人温馨舒适之感，冷色环境的客厅空间给人安静清爽之感（图 4-25）。

（2）色彩的空间感

色彩感觉虽然是一种比空间感更为抽象的感觉，但这种感觉总是依附于某种空间感。也就是说，色彩不能独立存在，色彩感觉与空间感是不可分割的，因此，这两种感觉也是相互影响、相互依存的。

①色彩的膨胀感与收缩感。相同面积的两块不同的颜色，看起来不一样大，有的感觉比实际大，有的感觉比实际小。一般而言，暖、浅、亮的色有膨胀感，而冷、深、暗的色有收缩感（图 4-26）。根据颜色的这种特性，在包装设计时，如为了强调商品的量，可采用暖色系（图 4-27）；而贵重商品为强调其品质时，则考虑用冷色系。在日常生活中，人们也可根据自己的胖瘦、高矮等条件选择合适颜色的衣料。一般瘦人穿着以明淡色为宜，胖人穿着采用较为深一点的颜色为好。

②色彩的前进感与后退感。在同一位置上的

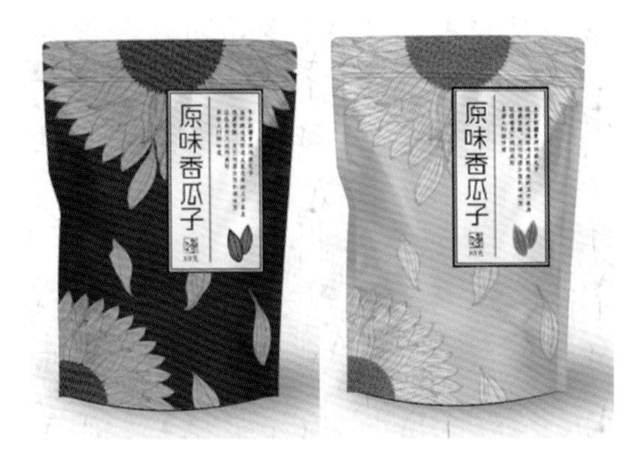

图 4-27　包装设计中的膨胀感与收缩感

图 4-28　形状与色彩在交通标识中的应用

表 4-1　色彩三属性与距离感的关系

	前进 / 膨胀感	后退 / 收缩感
色相	暖色	冷色
明度	高明度	低明度
纯度	高纯度	低纯度

不同颜色，看上去有的比较近，有的就比较远。这是因为不同色调的颜色会引起人们对距离感觉上的差异。一般而言，暖色、亮色、纯色看上去生动突出，比较近，叫前进色；冷色、暗色、灰色看上去比较静止，有后退感，叫后退色。设计中注意色彩进退感的运用，可造成距离差别，获得有效的空间感与层次感。表 4-1 总结了色彩三属性与距离感的关系。

一般来说，互补色是色彩对比感最强的组合。在“红、绿”“黄、蓝”“白、黑”这三组两极对立的色彩组合中，红、黄、白表现得更靠前，而绿、蓝、黑则明显地退缩为前者的背景。万绿丛中一点红、映衬在蔚蓝天空背景上的霜叶、黑板上的粉笔字，之所以如此醒目，皆得益于这种进退感对比。

③色彩与形状。在视觉艺术中，色彩与形状实际上是不可分割的整体。色彩依附于形状，同时又塑造了形状。古往今来，色彩学家和心理学家通过对色彩与形状性格的纯理性分析，力求找出它们之间的对应关系，使色彩与形状取得更为完美的结合。其中最具代表性的是瑞士色彩学家 J. 伊顿（J. Itten）的见解。

伊顿认为红色与方形相关联，象征安定、正直、庄重与明确；黄色对应三角形，象征积极、敏锐、活跃与激烈；蓝色对应圆形，象征温和、轻快、圆滑与流畅。色彩和形状在设计中的固定搭配某种程度上也会增强人的心理共识。如图 4-28 所示，警示牌多设计为黄色三角形，黄色给人活泼、躁动的感受，搭配三角形的尖锐外形，给人更加强烈的感受。

（3）色彩的轻重感

不同色彩给人的轻重感不同，我们从色彩中得到的轻重感，是质感与色感的复合感觉。色彩的轻重感主要取决于明度，高明度色具有轻感，低明度色具有重感，白色最轻，黑色最重。凡是加白提高明度的色彩会变轻，凡是加黑降低明度的色彩会变重。如图 4-29 所示，瓶身的深浅变

图 4-29　色彩的轻重感在包装中的应用

化带给人们不同的重量感受。

色彩的轻重感往往还与物体表面色彩的质地感有关，表面光匀的物体的色彩显得轻，而表面毛糙的物体的色彩则显得重。现代建筑、交通车辆常用不锈钢、铝合金、镀铬，从而给沉重压抑的现代都市生活营造出一种轻快感。

（4）色彩的软硬感与强弱感

色彩的软硬感几乎与色彩的轻重感同时形成，有非常直接的关联。色彩的软硬感主要取决于明度和纯度，高明度、低纯度的暖色可使人感觉柔软，低明度、高纯度的冷色则使人感觉坚硬。

色彩的强弱感取决于色彩的知觉度，知觉度高的明亮鲜艳的色彩具有强感，知觉度低的灰暗的色彩则具有弱感。色彩的纯度提高时则强，反之则弱。色彩的强弱还与色彩对比有关，对比鲜明强烈则强，对比微弱则弱。无彩色比有彩色显得要弱。

（5）色彩与其他感觉的转移

人的感觉器官是相互联系、相互作用的整体，虽然客观对象的多种属性分别作用于不同的感觉器官，但是，人在感知对象的过程中，总是把对象作为一个整体来认识。因此，色彩刺激所产生的视觉反应，必然会导致听觉、嗅觉、味觉等方面的连锁反应。这种现象在心理学上又称为“共感觉”或者“通感”。

①色彩与听觉。人们常常形容优美的音乐具有色彩感，悦目的色彩具有音乐的节奏感。由声音的刺激而联想到的色彩叫作色听。如我们倾听《蓝色多瑙河》《月光曲》《春江花月夜》等乐曲，除欣赏曲子的音调、音色、节奏和旋律外，还能听出（联想出）其中的色彩美来，“耳中见色”。与此相对，人们看到某一色彩，也会联想到与之对应的音乐感。正如诗人艾青在《诗论·

Q&A:

诗人论》中所说的，“给声音以彩色，给颜色以声音”。

②色彩与味觉。色彩还可以引起味觉联想。美味佳肴讲究色、香、味俱全，“色觉”为首，“香”为嗅觉，“味”为味觉，因此，有的色彩可以促进食欲。

色彩的味觉因人、物、地域、民族的不同而不同。但就一般规律而言，色彩的味觉联想如下：黄、白、浅红等易使人联想到甘甜味；绿、黄绿、蓝绿等易使人联想到酸味；黑、蓝紫、褐、灰等易使人联想到苦味；红、暗黄等易使人联想到辣味；青、蓝、浅灰等易使人联想到咸味；白色显得清淡，黑色则显得浓咸。极易激发人们食欲的色彩有黄色、橙色和红色。对色彩的味觉联想规律常用于食品包装设计中（图4-30）。

③色彩与嗅觉。色彩与嗅觉的关系大致与味觉的相同，也是由人的生活经验联想而得。人们在生活中会体验到瓜果、蔬菜、花卉等的各种芳香味。由花色联想到花香，由花香联想到花色，或由某种食品的香味联想到某种食品，由某种食品联想到某种色彩，这都是很自然的。因此，色彩与嗅觉的联想在食品、饮料、化妆品等产品的开发及其包装设计上均具有十分重要的实践意义。

4.4.2　色彩的情感与其象征性

人们在看到不同的色彩时，会产生各种情感。这些情感能引起人们的愉悦、刺激或抑制等心理效应。

（1）红色

在自然界中，不少芳香艳丽的鲜花、丰硕甜

图4-30　色彩与味觉

美的果实以及鲜美的肉类食品，都呈现出动人的红色，因此红色给人留下艳丽、青春、饱满、成熟和富有营养等印象。红色能给人以强烈的、热情的、积极的、革命的、喜悦的感受，所以在社会生活中，不少民族把红色作为喜庆、欢乐和胜利时的装饰用色。另外，红色也常常伴随着灾害、战争等，因而红色也被看成危险、愤怒、紧张、恐怖等现象的象征色，常被用在具有警醒意味的领域，如交通信号灯中的停止色。总之，红色是一个具有强烈、复杂的心理作用的色彩。

（2）橙色

橙色是居于红、黄色相之间而兼有此两色品性的色彩。在自然界中，近似于橙色的果实很多，如橙、橘、菠萝、柿子、南瓜等。橙色又是霞光、灯光以及不少鲜花的色彩，因而橙色给人留下明亮、兴奋、温暖、愉快、芳香、华丽、辉煌等印象。另外，橙色也容易给人以渴望、神秘、疑惑、嫉妒的感受。

（3）黄色

黄色的光感最强，因而黄色给人留下了明亮、辉煌、开朗、希望、愉快、发展、智慧等印象。在自然界中，不少鲜花和美果都呈现鲜嫩的黄色。金黄色的麦浪和稻谷、精美的点心、新鲜的蛋糕等也呈现出诱人的黄色，给人以甜美、丰收、香酥的感受。

在我国古代，黄色在东、西、南、北、中五个方位中代表中央，从汉朝以后逐渐成为封建帝王的专用色。皇宫殿宇、寺庙佛地大量用金黄色装潢，象征权威与尊严。在古罗马，黄色也被当作高贵的颜色，象征光明和未来。而基督教徒视黄色为出卖耶稣的叛徒犹大的服色，因此，黄色也是罪恶、背叛、狡诈的象征。现代人往往把黄色与色情联系在一起。

另外，黄色波长差不易分辨，黄色物体在黄色光的照耀下常有失色表现，如腐烂的植物呈灰黄色，病态的人面色灰黄，昏黄的天空意味着夜幕降临，所以黄色又给人以病态、颓废、酸涩的感受。

（4）绿色

在大自然中，绿色是植物的颜色，是农、林、畜牧业的象征色，是新鲜、年轻、青春、生命的象征色。它代表着充满活力的春天，给人以久远、安详、安静、自然、和平、安全的感受。正是由于这样，绿灯亮表示安全放行。邮政业采用绿色作为该行业的职业服饰色，以迎合人们传递佳音、祝愿平安的心理。

（5）蓝色

蓝色容易让人联想到天空、海洋、湖泊等，给人以崇高、深远、凉爽、无垠、寂静、理智的感受。在我国古代，蓝色代表东方，表示仁善、神圣和不朽。现代人则把它作为现代科学的象征色。蓝色容易给人以冷静、理智、智慧和征服自然的力量等感受。另外，蓝色与白色虽不能引起食欲，但都能引起寒冷的联想，可作为冷冻食品的标志色。

（6）紫色

紫色是大自然中比较稀少的色彩，具有优雅、高贵、神秘、华丽的气质，是诸色中的“贵族色”。

灰暗的紫色是伤痛、疾病和尸斑的颜色，浅灰紫色是鱼胆的颜色，它们常常给人以忧郁、痛苦、不安、苦涩、恐怖等感受。紫色在有些国家和民族中，被看成消极和不祥的颜色。

（7）黑、白、灰

黑色既有庄重、肃穆、内向、坚持的积极象征意义，又有黑暗、罪恶、寂寞、悲哀的消极象征意义。它在色彩设计中占有非常重要的位置，虽然一般不宜大面积使用，但又是色彩组合中不可少的一种色。

白色具有纯洁、雅致、朴素、整洁、明快的象征意义，是光明的象征色，也是医疗卫生事业的象征色。同时白色也存在着双重性，在西方是结婚礼服的色彩，表示爱情的纯洁与坚贞；而在我国则作为丧事的传统色，表示人们对死者的尊重、同情、哀悼与缅怀。

灰色作为中性色，既不炫目也不暗淡，给人以平静、温和、谦虚、含蓄等印象。同时，灰色也给人以平淡、乏味、单调、枯燥甚至沉闷、寂寞、颓废等感受，所以人们常常把丧失进取心和事业心的人生观说成是“灰色的”。

4.4.3 色彩心理学与视觉传达设计

顾名思义，视觉传达就是通过视觉来实现的一种信息传播，而这种视觉信息是凭借色彩构成所引起的视知觉形成的，因此，我们可以在视觉传达中通过对色彩心理学研究成果的具体应用，来增加视知觉的可视性与判读性，从而使这种信息传播变得更加清晰、明确。

一方面，从知觉心理学角度考虑，色彩的可视性与图形识别有着直接的联系。一切视觉信息传达的形式都只是一个符号体系，符号就是一种图形。要达到色彩的可视性，就必须客观地寻找醒目的色彩，从而最大限度地提高图形、背景的对比度，实现图形与背景的分化。如交通信号、仪表显示、色彩分类编码以及商业美术设计等都利用了图形与背景在色相、明度方面的对比，从而加深图形轮廓清晰、鲜明的程度，以达到易于识别的目的。例如瑞士设计大师尼古拉斯·卓思乐（Niklaus Troxler）设计的《爵士乐与印度，1983》海报（图 4-31），运用对比强烈的颜色，将色彩情感巧妙地融入海报设计之中，让人感受到一个快乐、愉悦的音乐节现场氛围。

另一方面，色彩信息传达的载体，承载了特

Q&A:

图 4-31 《爵士乐与印度，1983》海报设计

定的含义，这就是前面提到的色彩的情感与象征性。色彩的情感与象征性所产生的移情作用，通过激发受众的情感与情绪，能使信息内涵的传达得到强化。此外，色彩作为文化的载体，所承载的文化内涵与一个国家、民族的历史以及传统是息息相关的，在视觉传达设计中的艺术与审美方面有着举足轻重的作用。企业形象设计、广告设计以及商品包装设计等视觉传达设计领域都十分重视色彩在象征方面的应用，如可口可乐公司把红、白二色作为其公司的象征性色彩，蓝、黄、黑、绿、红是奥运会的象征性色彩。在食品包装设计中，设计师则必须重视色彩的自然联想和象征的作用，如黄色与香蕉、红色与苹果、紫色与葡萄、褐色与咖啡和巧克力等。这些与食物发生自然联想的色彩，便成了商品新鲜、口感纯正的象征。

5

人体工程学与产品设计

Ergonomics and Art Design

5.1 人体工程学与工业设计

工业设计所包括的内容，大至宇航系统、城市规划、机械设备、交通工具、建筑设施，小至服装、家具、文具以及锅、碗、瓢、盆之类的日用品，总之为人类各种生产与生活所创造的一切“物”，在设计和制造时，都必须把“人的因素”作为一个重要条件来考虑。显然，在设计中研究和运用人体工程学的理论和方法就成为工业设计师所面临的新课题。

5.1.1 工业设计与人体工程学的关系

工业设计与人体工程学的共同之处在于，二者都是以人为核心、以人类社会的健康发展为终极目的。前者的任务是创造符合人类社会健康发展所需要的产品和设施，而后者则着重研究人、机、环境三者之间的关系，为解决“人—机—环境”系统中人的效能、健康、安全和舒适问题提供理论和方法指导。人体工程学给工业设计提供了有关人和人机关系方面的理论知识和设计依据。通过对人体工程学的研究，设计师可以知道计算机键盘的布局和人体健康的关系，以及飞机仪表盘的形状、指针的设计等与飞行员安全之间的关系。

值得注意的是，工业设计要考虑的问题比人体工程学所包含的内容要更全面、更广泛一些。人体工程学要求产品满足人的生理和心理要求，使人能够舒适、有效地操控机器，但方便舒适以及便于操作并非人们选择和购买一件产品的决定性条件。身份、地位、权威、环境、流行趋势等众多因素都能对人们的决定产生影响。例如，对于使用奢侈品牌手表来体现自己身份、地位的人来说，普通手表外形、尺寸不管设计得多么完美也不是他所需要的。

此外，设计师在确定一件产品的尺寸和形状时，除了参考人体工程学的测量数据，还要考虑产品的使用场所，用户的审美情趣、经济条件、受教育程度、年龄、性别以及个人喜好等其他因素。例如，同样是桌子，在家里使用还是在办公室使用，是成人使用还是儿童使用，是工作桌还是餐桌，不同情况下桌子的尺寸和形状就不尽相同（图 5-1）。

因此，工业设计师应灵活运用人体工程学研究得出的大量图表、数据和调查结果。这些材料虽然是颇具价值的参考资料，但只能作为工业设计的基本依据而非最终定论，更不能作为一劳永逸、放之四海皆准的真理。无论多么详尽的数据库都不能代替设计师深入细致的调查分析和亲身体验所获得的感受。工业设计师要针对设计定位中各种复杂的制约因素权衡利弊，善于取舍，从而进行正确有效的人机分析。

5.1.2 工业设计对人体工程学的促进作用

虽然人体工程学给工业设计提供了有益的数据和广阔的设计思路，但同时，工业设计也反过来推动了人体工程学的发展。从 20 世纪 30 年代起，不少工业设计师就开始介入人体工程学领域的研究。他们把人体尺度、动作范围等作为设计日用品和家具的依据。美国著名工业设计师亨利 · 德雷夫斯堪称这方面的典范。他的设计事务所根据几十年的设计实践和研究成果而编制出的人体尺度数据卡（humanscale）是国际工业设计界应用得极为广泛的人体测量数据库之一。丹麦的著名设计师保罗 · 汉宁森（Poul Henningsen）毕生致力于灯具设计，他设计的 PH 系列灯具，其光线都是经过层层反射进入人的视野之中，将所营造的照明效果对视觉的伤害降低到了最低程度。时隔几十年，PH 灯具仍然广受市场欢迎，图 5-2 所示为 Louis Poulsen 公司发布的 PH 5 Mini 吊灯，这是汉宁森 1958 年设计的 PH 5 经典吊灯的改版，以迎合当代社会创意生活的需求。正是这些设计师在设计时对

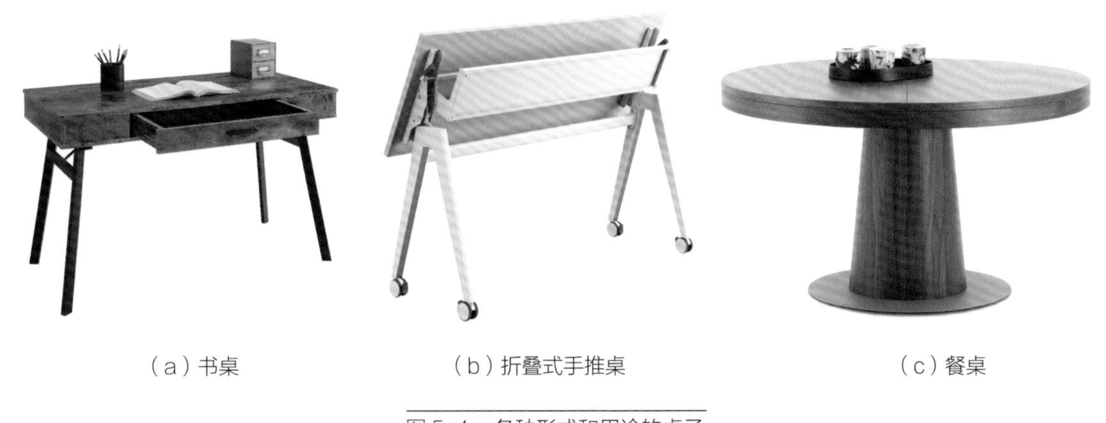

（a）书桌　（b）折叠式手推桌　（c）餐桌

图 5-1　各种形式和用途的桌子

图 5-2　PH 5 Mini 吊灯

人的关怀与关注，将“人的因素”这一概念恰到好处地与设计结合起来，才反过来推动了人体工程学的不断发展。

5.1.3　人体工程学在工业设计中的应用

人体工程学在工业设计中的应用可概括为以下几个方面。

（1）为工业设计中“人的因素”提供人体尺度参数

一切物品都是通过使用者的操作或使用来实现其特定功能的，因此工业设计需要紧紧围绕人对物品的使用方式来展开。人能否方便和舒适地操作或使用物品，在很大程度上取决于人的生理能力（如手的握力和出力范围、脚的踏力和用力方向、知觉和辨认速度等）。人在操作或使用物品时，都会受到自身生理条件的限制，而这些生理条件均是由人的基本身体尺度加以限定的。

人体工程学应用人体测量学、生物力学、生理学、心理学等学科的研究方法，对人体的结构和机能特征进行研究，提供了关于人体结构和机能的统计特征和参数，包括人体各部分的尺寸、重量、体表面积、比重、重心以及人体在活动时的相互关系和包络面范围等人体结构特征参数，人体各部分的出力范围、出力方向、活动范围、动作速度与频率、重心变化以及动作习惯等人体机能参数，人的视、听、触、嗅以及肤觉等感受器官的机能特征，人在各种工作和劳动中的生理变化、能量消耗、疲劳机制，对各种工作和劳动负荷的适应能力和承受能力，以及人在工作和劳动中的心理变化及其对工作效率的影响。这些都为工业设计中考虑人的因素从而优化使用者与物品的交互提供了依据。

例如，在设计针对儿童和成人使用者的物品时，由于儿童和成人之间的人体尺度存在巨大的差异，物品尺度也会有很大的差异，这是工业设计与人体工程设计面临的共同问题。图 5-3 所示的产品为儿童电子伙伴，该产品从形态、尺度到色彩都是以儿童的身体尺度和心理因素为设计依据，充分考虑了产品的操作方便性和宜人性、外观的亲和性以及色彩的悦目性和吸引性，这些都是人体工程设计的重要组成部分。

图 5-3　儿童电子伙伴

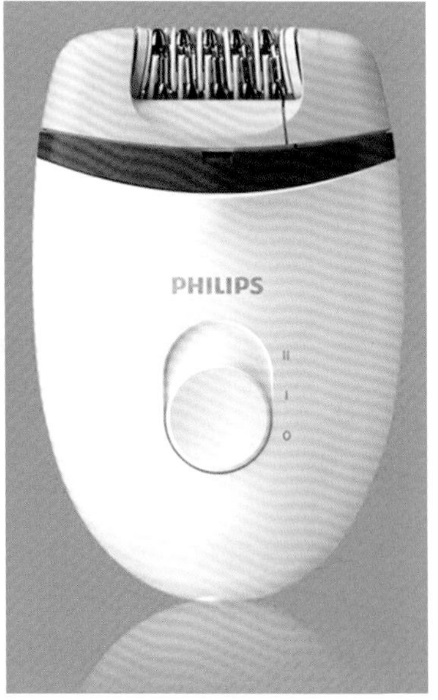

图 5-4　飞利浦 Satinelle 女性脱毛器

工业设计以人体尺度参数作为设计依据时，不仅体现在针对成人和儿童等年龄不同的使用群体，也体现在物品所针对的不同性别对象。图 5-4 所示就是飞利浦公司专为女士设计的紧凑型脱毛器，小巧、纤细的外形与女性相对较小的手部尺寸相匹配，圆润、可爱的外观形态以及柔和、淡雅的色彩则体现了女性的审美倾向，整个设计传达出一种柔美之感。

（2）为工业设计中“物”的功能合理性提供科学依据

工业设计的最终目的是在满足人类不断增长的物质和精神需要的基础上，为人类创造一个更为合理、健康、舒适的生活方式。所以工业设计首先要探讨人的生产方式和生活方式，这就具体地落实到探讨物品的使用功能如何适应人的行为需要以及如何影响和改变人的行为方式上，这也正是人体工程学应用研究的基本内容之一。

因此，在设计中，除了要充分考虑人的因素，“物”的功能合理、运作高效也是设计师要加以解决的主要问题。譬如，在考虑人机界面的功能问题时，显示器、控制器、工作台等部件的形状、大小、色彩、语义以及布局方面的设计基准，都是以人体工程学提供的参数和要求为设计依据。图 5-5 所示是专为发型师设计的吹风机，这款设计是吹风机与吸盘的结合，吹风机可以通过按键拆卸式的吸附式底盘贴在任何地方，并且可以 360° 旋转，解放了发型师的双手，基本不占据收纳空间。整个设计创意以充分研究使用者的需要为基础，将产品特有的功能和使用方式融入了紧凑的产品外形设计中。

（3）为工业设计中的“环境因素”提供设计准则

任何人都是在一定的环境中生存和工作的，任何机器也是在一定的环境中运转的。环境影响

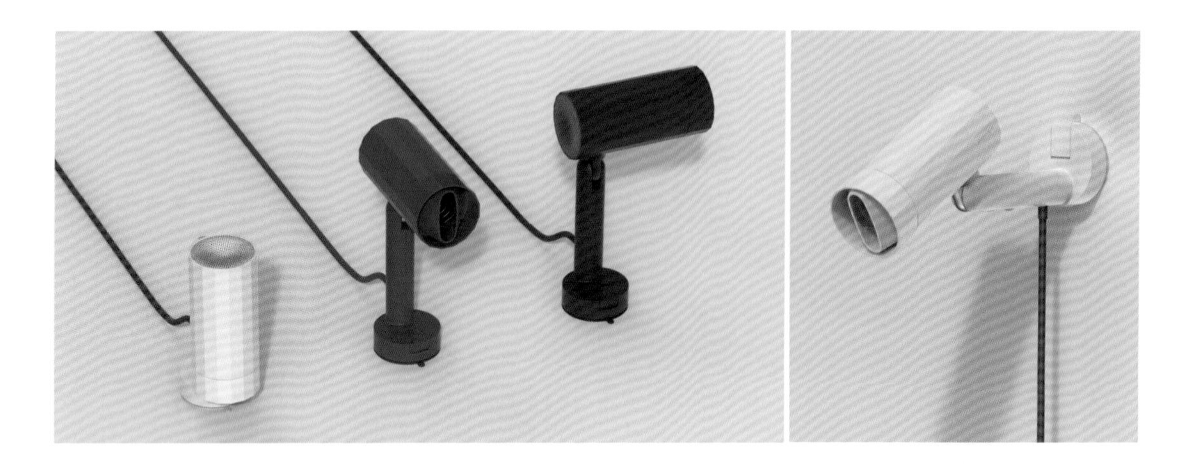

图 5-5　吹风机

人的生活、健康、安全，特别是影响其工作能力的发挥，也影响机器的正常运行和性能。人体工程学通过研究外界环境中各种物理的、化学的、生物的以及社会的因素对人的生理、心理以及工作效率的影响程度，从而确定人在生产、工作和生活中所处的各种环境的舒适程度和安全限度。从保证人的高效、安全、健康和舒适出发，人体工程学为工业设计中的“环境因素”提供了分析评价方法和设计准则。

（4）为工业设计中“人—机—环境”系统的协调提供理论依据

“人—机—环境”系统中人、机、环境三个要素之间相互作用、相互依存的关系的好坏决定着系统总体性能的优劣。系统设计通常就是在明确系统总体要求的前提下，着重分析和研究人、机、环境三个要素对系统总体性能的影响，系统中各个要素的功能及其相互关系，如人和机的职能如何分工与配合、环境如何适应人、机对人和环境又有什么样的影响等，经过不断修正和完善，最终确保系统最优组合方案的实现。这是人体工程学为工业设计开拓的新的设计思路，并为其提供了独特的设计方法和相关的理论依据。图 5-6 所示为 B&O 公司设计的音响设备——BeoSound Shape，这是一款以六边形模块为基础的壁挂式扬声器系统，能与环境自然地融为一体。追求设计感的音乐爱好者可充分发挥创造力和想象力，以各种尺寸和样式将其置于墙上，

图 5- 6　B&O 公司设计的音响设备——BeoSound Shape

享受 B&O 产品与室内设计相得益彰的视觉平衡呈现效果。在营造沉浸式音效体验的同时，其个性化设计和集成式吸声减震器也极好地提升了室内声音传播效果。

（5）为“以人为本”的设计思想提供工作程序

工业设计的对象是产品，但设计的最终目的并不是产品，而是满足人的需要，即设计是为人服务的设计。在工业设计中，人既是设计的主体，又是设计的服务对象，一切设计的活动和成果，归根结底都是以人为目的的。

工业设计运用科学技术创造人的生活和工作所需要的物与环境，设计的目的就是使人与物、人与环境、人与人、人与社会相互协调，其核心是“人”。从人体工程学和工业设计两学科的共同目标来评价，判断二者最佳平衡点的标准，就是在设计中坚持“以人为本”的思想。

“以人为本”的设计思想具体体现在工业设计中的各个阶段都是以人为主线，将人体工程学的各项原理和研究成果贯穿设计的全过程。

5.1.4 人体工程学与产品设计

产品设计可以说是工业设计的一个子集，与工业设计具有相同的目标——创造或改进产品。

从“以人为本”的设计思想来看，人体工程学是产品从设计概念的建立到生产、销售的理论基础和主导思想，尤其是产品的设计与生产朝个性化、小批量、网络化、娱乐性方向发展时，这种倾向更为突出。设计的对象是消费个体而非群体，大市场的设计概念随着设计走向多元化，市场逐渐多样化，将转变为个性市场的设计概念，产品对于使用者个体而言，会更舒适、更协调、更人性化。

（1）人体工程学在产品设计中的地位

许多产品在投入使用后达不到预期的效果，究其原因，不仅与产品的工艺、性能、材料等有关，更为重要的是与所设计的产品和人的特性不匹配有关。后一问题的产生，均可归结于在产品设计阶段未能进行人体工程设计所致。在产品设计阶段，如果不注意使用者的生理、心理特性，忽视人的因素，即使设计的产品本身具有很好的性能，投入使用后其功能也不可能得到充分发挥，甚至还可能导致事故的发生。表 5-1 列出了产品设计各个阶段需要考虑的人体工程学设计内容。

Q&A:

表 5-1　产品设计五个阶段需要考虑的人体工程学设计内容

设计阶段	人体工程学设计内容
概念设计	1.考虑产品、人、环境的相互联系，全面分析人在该系统中的具体作用 2.明确人与产品的关系，确定人与产品关系中各部分的特性及人体工程学要求设计的内容 3.根据人与产品不同的功能特性，确定人与产品的功能分配
方案设计	1.从人与产品、环境方面分析，把提出的众多设计方案按人体工程学原理进行比较分析 2.比较产品的功能特性、产品设计限度、人的能力限度、操作条件的可靠性以及效率预测，选出最佳设计方案 3.按最佳设计方案制作草模，进行模型测试，将测试结果与人体工程学要求进行比较，并提出修改意见 4.对最佳设计方案写出详细说明：方案测试结果、操作条件和内容、效率、维修的难易程度、经济效益、提出的修改意见
细节设计	1.从人的生理、心理特性方面考虑产品的外形 2.从人体尺寸、人的能力限度方面考虑确定产品的零部件尺寸 3.从人的信息传递能力方面考虑产品信息显示与信息处理 4.从人的操作能力方面考虑控制器的外形及其与信息显示的兼容性 5.根据以上确定的产品外形和零部件尺寸选定最佳设计方案，再次制作模型，进行检测 6.从操作者的人体尺度参数、操作难易程度等方面进行评价，预测可能出现的问题，进一步确定人机关系的可行性程度，再次提出修改意见
总体设计	用人体工程学原理对总体设计进行全面分析，反复论证产品的可用性，确保产品操作使用与维修保养方便、安全、高效，有利于创造良好的环境条件，满足人的生理、心理需求，并使经济效益、工作效率最优化
生产设计	1.检查与人有关的零部件尺寸、显示器与控制器的性能 2.对试制出的样机进行人体工程学总评价，提出修改意见，完善设计，正式投产 3.编写产品使用说明书

（2）产品设计中的人机分析

无论是开发性产品还是改良性产品的设计，人机分析都是整个设计过程中必不可少的一个环节。无论是在最初的概念设计阶段或者是最后的生产设计阶段，人的因素都已成为其中的主要因素甚至是决定性因素。譬如，同样是座椅的设计，工作椅与躺椅考虑的人机因素就有所不同（图 5-7）。前者要考虑到工作效率，因此其设计重点以提高系统工作效率为主，兼顾使用者的舒适度。而后者则主要用来休息，因此，舒适度就成为其设计重点。总之，设计师要善于抓住主要矛盾，为设计确定正确的方向。

产品设计中的人机分析，大致有以下几个方面。

①使用者的分析。任何设计都是以人为本的，而且任何设计都针对一定的目标用户，因此，在人机系统设计中先要对使用者进行分析，只有这样，才能使设计出的产品适合目标用户群使用。

a. 使用者的构成分析。任何产品的设计都是有针对性的。由于人与人之间在年龄、性别、

图 5-7　工作椅与躺椅的比较

图 5-8　年轻人使用的手机（小米 10 Pro）和老年人使用的手机（飞利浦 E171L）

国籍、地域、观念、文化程度、经济基础等方面均存在着明显的差异，不同的群体对产品就有不同的要求。一个好的设计师应该将使用者作为不同群体来对待、分析和研究，了解不同群体的共性与个性，以便有针对性地设计产品。譬如，同样是手机的设计，针对年轻人和老年人两个不同的消费群体，其人机因素的侧重点就大不一样（图 5-8）。对于年轻人而言，小巧、时髦、功能多样是设计的重点，因此设计师在考虑人机关系时就要很好地协调这些要素之间的矛盾与冲突。而对于老年人，由于受到视力下降、动作减慢、反应不灵敏等生理因素的影响，设计师在设计时，就要将按键和屏幕设计得适当大一些，将按键的功能尽量简化，使菜单的显示和变换尽量清晰明了。

b. 使用者的生理因素分析。设计师对使用者生理状态的了解可以来自直接经验、间接经验和书本知识。几十年来，生理学家、心理学家、人体测量学家、人体工程学家以及行为学家等都致力于对人体的研究，从而为设计师了解人类自身提供了丰富的资料，设计师据此可了解人类生理运行机制的原理和特点，不断地积累这方面的知识。除此之外，设计师通过亲身体验所获得的经验和感受也是不可或缺的。从某种意义上而言，这种亲身体验甚至比书本知识以及前人的经验更重要。当然，在直接经验不可能获得的情况下，譬如，一个健康的人要想了解残疾人的生理状况，就得借助观察、询问、调研等方法去间接体验。设计师由体验所获得的知识往往更真实、更生动、更直观，从而使设计出的产品更具有人性化的特点。

c. 使用者的行为方式分析。每个人在长期的生活、工作中，在特定的国家、地区，受其职业、种族、宗教信仰、受教育程度、年龄、性别等各种因素的影响，会形成某些固定的动作习惯、处世方式、办事方法等。一个人的行为方式会直接影响他对产品的操作使用，因此，设计师必须考虑或者利用这些因素。譬如，在设计电脑鼠标时，一般将左键与右键的功能区分开来，且常将右手为利手的使用者作为使用对象，但对于一些习惯使用左手的人，也就是我们常说的“左撇子”而言，这样的鼠标操作效率是可想而知的。如图 5-9 所示，Faber-Castell 剪刀是 2020 年德国 iF 设计大奖获奖作品，为人们——包括年龄在 3 至 8 岁的儿童以及发现使用这些产品较困难的人如“左撇子”或有残障的人——提

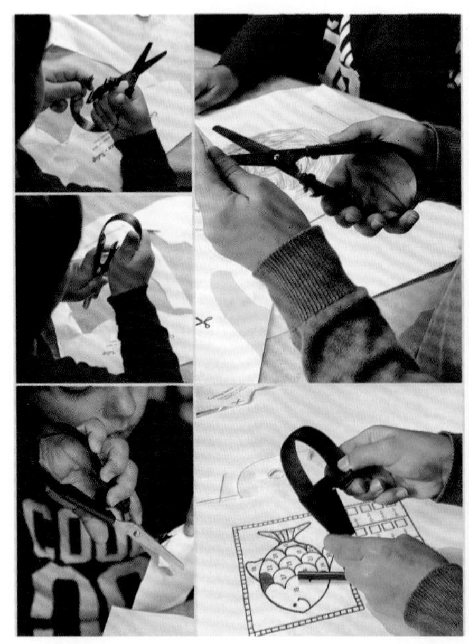

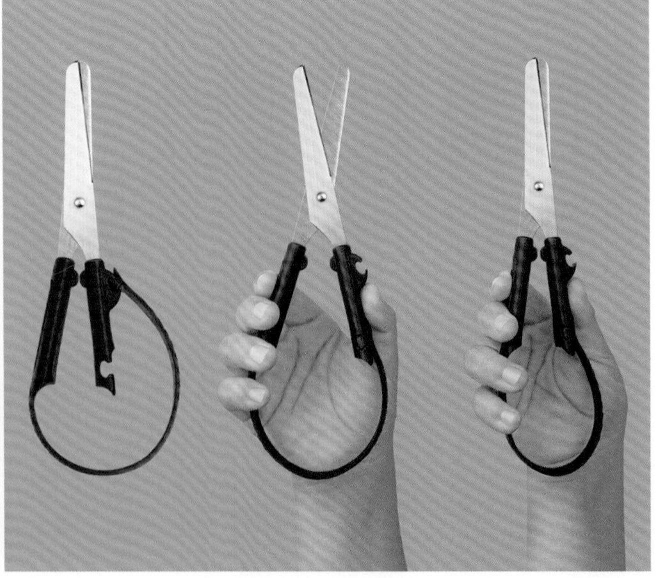

图 5-9　Faber-Castell 剪刀

供了便利的切割活动。除具有包容性之外，该剪刀还提供了更大的舒适度和活动自由度，因为没有单一的拾取方式，也没有针对手指的特定位置。该产品设计直观，使用起来只需要简单的运动。

②使用环境分析。这里所说的环境是指影响产品人机关系的外界的限制性因素，包括物理环境和社会环境，如产品使用的气候、季节、场所、时间、安全性等。因为使用环境不同，街头休息椅与家庭躺椅就会有不同的设计要求，其使用条件和使用目的也会有很大的不同。设计者应使自己设计的产品在各种条件下都美观大方、安全耐用、使用方便，保持良好的人机关系。例如，安放在露天环境的公共设施产品，其周围复杂的环境就是设计时必须加以考虑的因素。图 5-10 所示带装瓶器的立式管式饮水机是一款落地式钢制饮水机，采用 E-Coat 浸入式工艺在饮水机的外部和内部做好涂层，以提供最终的防腐蚀保护，可使其全年维护美观的成本降低。圆角边缘轮廓形成的不锈钢盆减少了水的飞溅，确保了适当的排水，并防止了废水的流失。这一设施适用范围很广，肢体不全和身体健全的人都可以轻松使用，非常适合安装在公共场所。

图 5-10　带装瓶器的立式管式饮水机

③使用过程分析。对使用过程进行分析需要深入、仔细、科学。一些产品中的人机不匹配问题，不是人们仅凭常识就可以发现的，有时甚至在短时间内使用产品也体会不到。然而，如果长期使用该产品，其影响与危害就会日积月累，最终导致对人体身心健康的伤害。这种问题尤其容易发生在工作场合，许多职业病如颈椎炎、肩周炎、腰肌劳损、静脉曲张、腕管综合征等以及其他一些疾病都与长期采用不合理的工作姿势有关。因此，在设计人们长时间、高频率使用的产品时，设计师要进行认真的使用过程分析。图 5-11 是有关人体坐姿的研究，可作为座椅的设计依据。

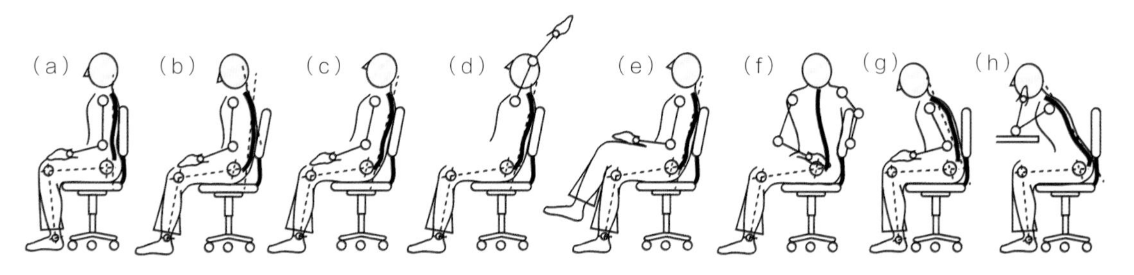

用户朝不同的方向倾斜以及基本的腿部变化：（a）直立（坐直）；（b）萎靡不振（无精打采，身体微微前倾）；（c）正常（放松）；（d）靠在椅背上（向后靠）；（e）右至左（或相反：左至右）；（f）扭左（或相反：扭右）；（g）头向前倾；（h）胳膊支撑

图 5-11　人体坐姿研究

5.2 工作台与工具设计

5.2.1 工作台设计

工作台的含义很广，凡是工作时用来支承对象物和手臂、放置物料的桌台，统称为工作台。其形式有桌式、面板式、框式、弯折式等几种。办公桌、课桌、检验桌、打字台等多采用桌式；控制台可用框式或面板式；商店的柜台等则多采用框式。

工作台设计的要点包括尺寸宜人、造型美观、方便使用并给人以舒适感。

（1）工作台面的布置

工作台面的大小与台面上布置的控制器、显示器的数量多少以及它们的尺寸大小有关，如果这些装置元件多且尺寸大的话，台面尺寸就大，反之要小些。图 5-12 和表 5-2 列出了各控制器和显示器在工作台面上的位置，这些位置与它们的重要性和使用频率有关。

表 5-2　工作台面的布置

控制器与显示器的使用情况		建议分布区
控制器	常用	4，A，D
	次常用	5，B，E
	不常用	6，C，F，G，H，I，J，K
	按显示直接操作	A，B，C
	精确度要求不高	A，B，C，I，J
	清晰度要求低	D，E，F，G，H，K
显示器	最常用、主要	1
	较常用、重要	2
	次常用、次重要	3

（2）工作台作业面高度

作业面高度同作业姿势有关，一般在立姿作业时，人的身体向前或向后倾斜以不超过 15° 为

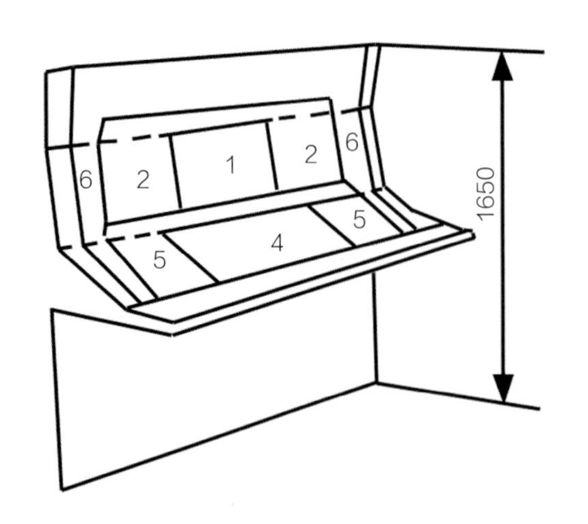

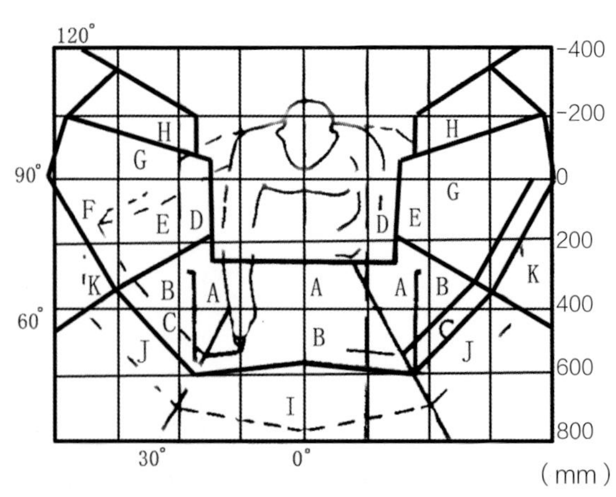

图 5-12　工作台面板布置分区图

表 5-3　工作台尺寸

范围		尺寸和角度
坐立交替作业	台面下的空间高度	800~900mm
	台面高度	900~1100mm
	地面到显示器最上端距离	1600~1800mm
	脚踏板高度	250~350mm
	脚踏板长度	250~300mm
	椅面高度	750~850mm
	正面水平视距	650~750mm
坐姿作业	台下空间高度	600~650mm
	台面高度	700~900mm
	台面至顶部距离	200~800mm
	伸脚掌的高度	90~110mm
	座椅高度	100~120mm
	正面水平视距	400~450mm
	台面倾角	15°~30°
	控制器安装板面倾角	30°~50°
	显示器安装板面倾角	0°~20°

宜，工作台高度一般为操作者身高的 60%左右。当台面高度为 900~1100mm 时，台面处于最佳作业区内。采用坐、立交替作业时的工作台尺寸见表 5-3，在这种情况下，须配用高座面椅和脚踏板，同时应考虑作业的性质和交替作业的变换频率。采用坐姿作业时，工作台高度须与座椅尺寸相配合，其尺寸亦可见表 5-3。

5.2.2　手握式工具设计

使用工具进行生产，是人类进化的主要标志。作业工具使人类生理能力得到极大扩展，使用工具使作业者扩大了动作范围，增强了力度，提高了工作效率。面对不同的作业要求和作业环境，作业者需要使用恰当的作业工具来完成特定的作业任务。

大多数作业都离不开手工作业，手握式工具是作业过程中使用最多的工具。人们使用手握式工具可以完成一些危险的、困难的工作，而且较少受环境、温度和其他因素的影响。大多数传统手握式工具的形态和尺寸不符合人体工程学原则，不能满足现代化生产的需要。如果长时期使用设计不佳的手握式工具和设备，不仅使人的工作效率低下，还会损伤人体。由此，对手握式工具进行设计、选择和测评是人体工程学中一项重要的内容。

手握式工具必须配合人手的轮廓形状，握持时必须保持适当的姿势，因此在设计时应该遵循解剖学原则和人体工程学原则。

（1）解剖学原则

手握式工具广泛用于生产系统中的操作、安装和维修等作业，如其选用或者设计时不注意人手的解剖学原则，将影响人的健康和作业效率。

①避免静态肌肉施力。在使用工具时，如抬高胳膊或将工具握持一段时间，人的肩、臂及手部肌肉会处于静态施力状态，这种静态负荷会使肌肉疲劳，降低人连续工作的能力，甚至产生肌肉疼痛，严重的会引起肌腱炎、腱鞘炎、腕管综合征等多种疾病。

改进的方法是：把工具的工作部分与把手部分做成弯曲式过渡形状，使人的手臂可以自然下垂；在工具手柄设计上，可采用凸边或滚花的设计方法，尽量减少握紧力，避免前臂肌肉疼痛；降低手柄对握紧程度的要求，防止出现打滑；尽量使用弹簧复位工具，从而减轻手或手指的负担。图 5-13 是将前端弯成 90° 的电烙铁，使

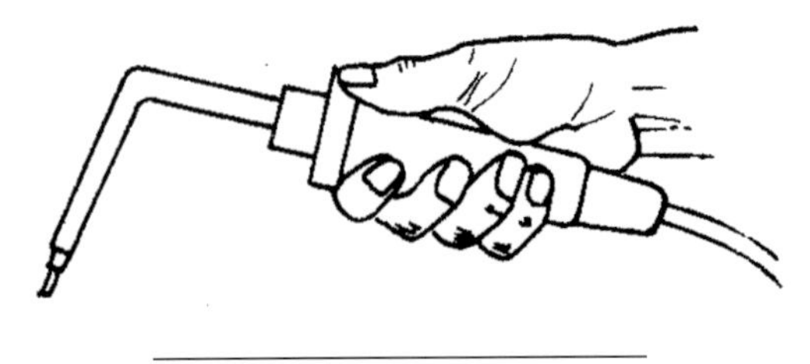

图 5-13　前端弯成 90° 的电烙铁

用者在操作时就可使手臂处于比较自然的水平状态，减少了抬臂产生的静态肌肉负荷。

②保持手腕处于顺直状态。手腕顺直操作时，手腕处于正中的放松状态，但当手腕偏离其中间位置，处于掌侧屈、背侧屈、尺侧偏、桡侧偏等别扭的状态时，腕部肌腱就会过度拉伸，可导致腕部酸痛、握力减小（图 5-14）。图 5-15 是钢丝钳传统设计与改进后设计的比较，传统设计的钢丝钳使用时会造成掌侧屈，改进设计使握把弯曲，操作时可以维持手腕的顺直状态。

③避免手掌所受压力过大。使用手握式工具时，特别是当用力较大时，压力能传入大拇指底部的手掌。如图 5-16 所示，这种钳子尽管小到能够伸到有限的空间去，但它没有超出掌心，把手处对应的手的位置正是血管和神经经过多的地方，这里反复受压，会妨碍血液在指动脉中的循环，引起局部缺血，产生肿胀和手疼，导致麻

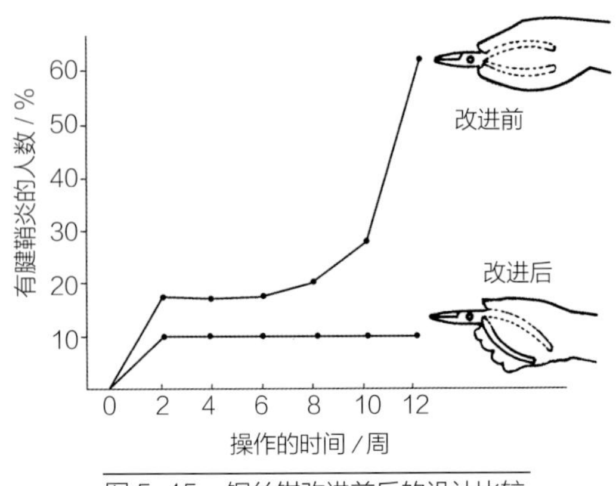

图 5-15　钢丝钳改进前后的设计比较

木、刺痛感等。好的把手设计应该具有较大的接触面，使压力能分布于较大的手掌面积上，减小局部压力；或者使压力作用于不太敏感的区域，如拇指和食指之间的虎口位；也可以将手柄长度设计至手掌之外。

④避免手指重复动作。如果反复用食指操作扳机式控制器，就会导致“扳机指”（狭窄性腱鞘炎），“扳机指”症状在使用气动工具或触发器式电动工具时常会出现。设计时应尽量避免食指做这类动作，而以拇指或指压板控制代替（图 5-17）。

（2）人体工程学原则

手握式工具在设计时，从人机关系的角度

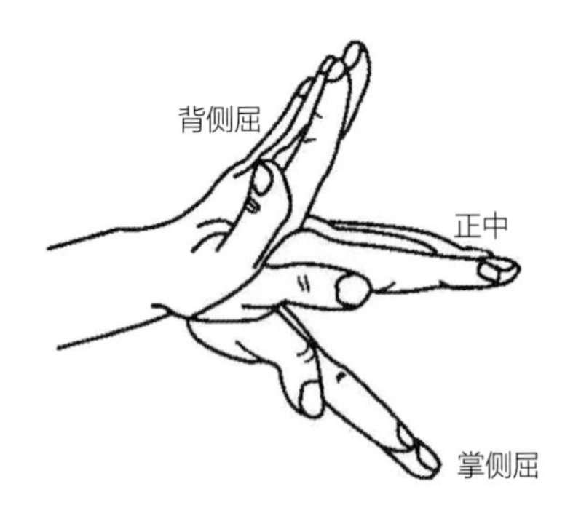

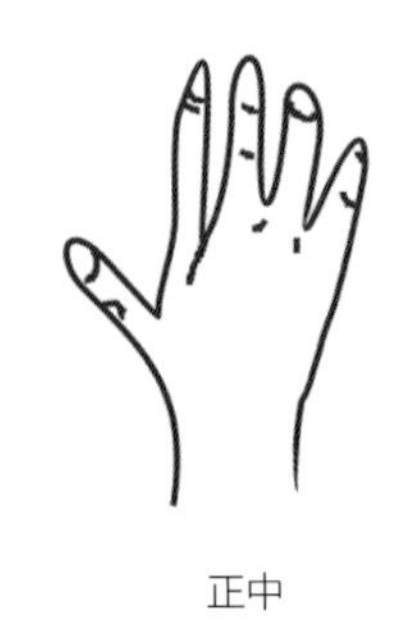

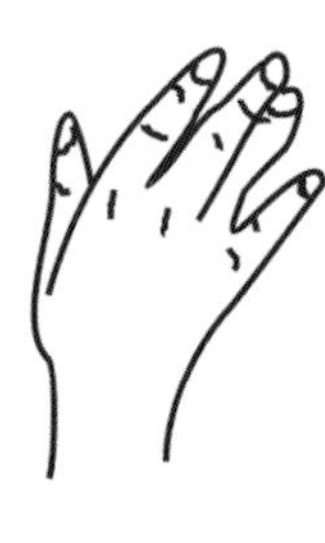

图 5-14　手腕的基本位置

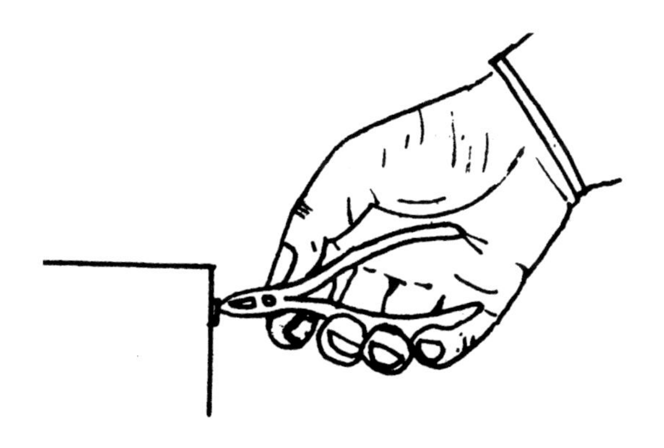

图 5-16　手掌受压点

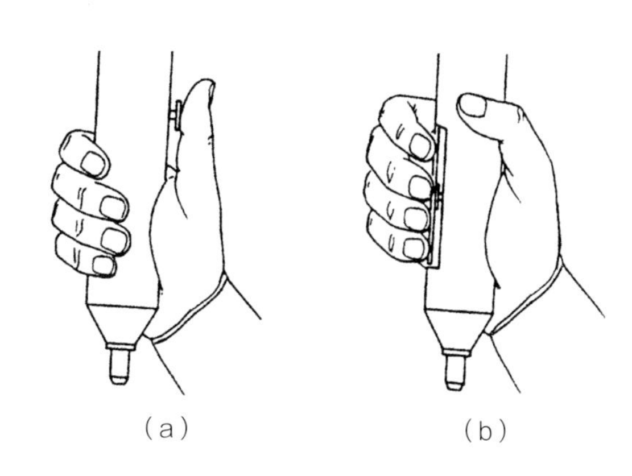

图 5-17　气动工具改进设计

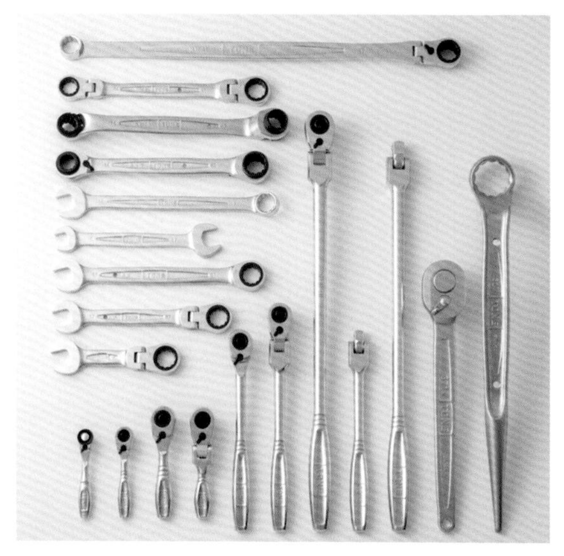

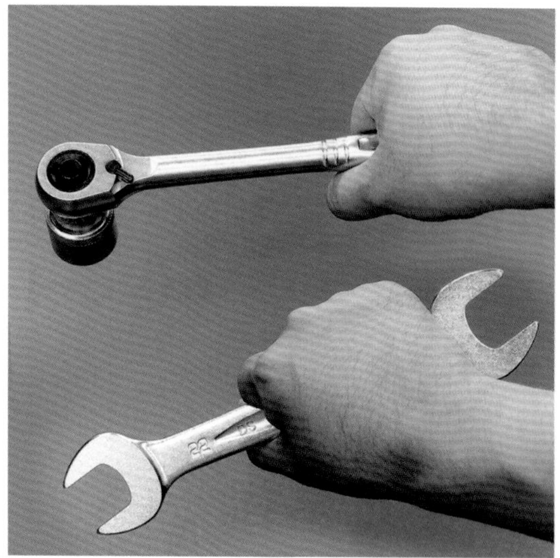

图 5-18　作业工具

出发，必须满足以下基本原则，才能保证其使用效率。

①有效地实现预定的功能。

②其尺寸与操作者身体尺寸成适当比例，使操作者发挥最大作业效率。

③按照作业者的力度和作业能力来设计。

④适当考虑作业者性别、训练程度和身体素质上的差异。

⑤工具要求的作业姿势不能引起过度疲劳。

图 5-18 所示是日本 TONE 株式会社设计的作业工具，是 2014 年 GOOD DESIGN 获奖作品。公司为专业人员和普通用户提供了多种工具，可以根据需要紧固和松开各种螺钉和螺栓。公司利用新生产工艺实现了防滑性强且复杂的光滑垫面设计，生产出紧凑、轻巧和坚固的高性能产品。除提高产品强度和生产率外，公司还通过改进的手柄和出色的公司徽标来扩大品牌形象的影响力。

5.3　动作分析与作业空间设计

5.3.1　动作分析

要想使人机系统高效、安全地运转，只谋求机器设备的自动化、高速化是不够的，还必须重视对人的操作动作的研究。动作分析就是剔除人的动作中不合理、无用的部分，设法寻求省时、省力、安全的操作动作。

（1）动作分类

最早对操作动作进行科学分析的是吉尔布雷斯夫妇，后人沿用他们的研究成果，把动作的基本要素（简称动素）确定为 18 种，这 18 种动素可归为三大类，具体见表 5-4。

从表 5-4 可以看出，第一类动素是完成作业所必需的，称为有效动素；第二类动素对操作成功有影响，但在操作中只起辅助作用，称为辅助性动素；第三类动素则是非操作所需要的多余动作，称为无效动素。进行动作分析的目的就是要去掉多余动作，精简辅助动作，通过工作场所和工作空间的重新布置改善必要动作，使之符合动作经济原则。

（2）动作经济原则

进行动作分析的目的是寻求经济合理的操作方法。吉尔布雷斯夫妇最早研究了这个问题，并提出了动作经济原则。R. M. 巴恩斯（Ralph M. Barnes）又总结出一系列使操作动作经济合理的原则，即一般常说的动作经济原则。动作经济原则包括三类内容：第一类是有关人的肢体动作本身潜力的运用与节省；第二类是关于物料、工具的布设应考虑使人的动作省力；第三类是有关工具设备设计应考虑人的操作方便与省力。

动作经济原则不仅可以用于生产管理，对改进产品的操作也具有同样的指导意义。结合产品设计的需要，我们可以把这些原则综述如下。

①有效利用肢体。人的四肢能力不一，下肢力量大，但只能完成简单动作。手指动作精细，但力量不大。要根据四肢的特点合理分配工作，尽可能地空出能力最强的右（或左）手完成重要工作（图 5-19）。

②节约动作。简化动作，缩短动作距离，减少动作数量。

表 5-4　动素名称及其分类

类别	动素名称						
第一类	伸手	抓握	搬运	组装	使用	拆卸	放开	检查
第二类	寻找	选择	计划	定位	预置	发现		
第三类	拿住	休息	不可避免的延迟		可避免的延迟			

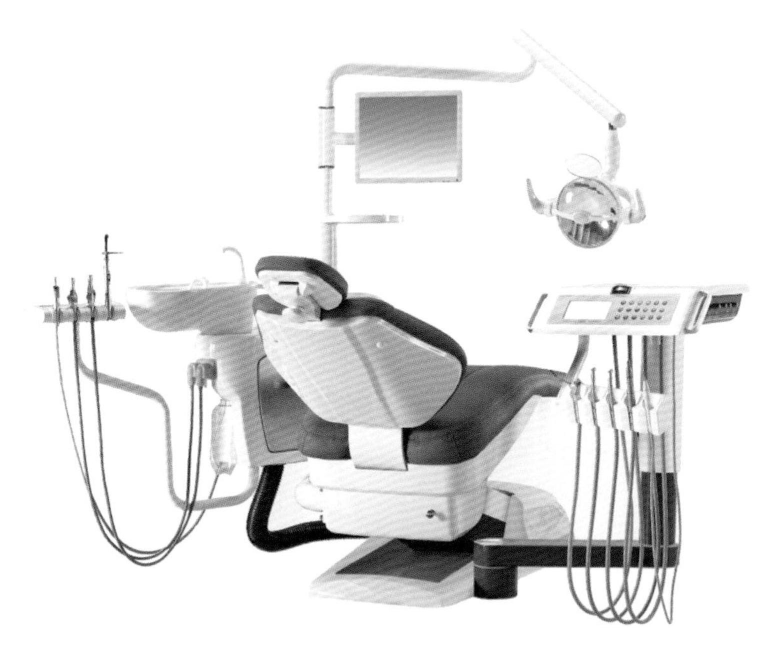

所有的功能控制都可以通过触摸屏或脚踩式鼠标来完成，从而腾出牙医的双手，提高了其工作效率

图 5-19　牙科治疗设备

③使动作符合人的本能和习惯。动作设计要连续有节奏，符合人固有的本能和习惯。四肢的动作要有助于保持重心的稳定。

④避免静态肌肉施力。

⑤尽可能设计和使用多功能产品。多功能产品具有一物多用的作用，它不仅节省制造材料，而且携带方便，普遍受到使用者欢迎（图 5-20）。

该套装备包含搅拌机、打蛋器、350mL切碎器、600mL搅拌杯

图 5-20　博朗 MQ 735 多功能料理棒

5.3.2　作业空间设计

人在操作机器时所需要的操作活动空间和机器、设备、工具、被加工对象所占有的空间的总和，称为作业空间。作业空间设计，是指根据人的操作活动要求，对机器、设备、工具、被加工对象等进行合理的布局与安排，以达到操作安全可靠、舒适方便从而提高工作效率的目的。作业空间设计要着眼于人，即在充分考虑操作者需要的基础上，为操作者创造既舒适又经济高效的作

业条件。

（1）作业空间设计原则

作业空间的布置应考虑人与空间以及空间内的设施之间的关系，最大可能地满足人对空间的需求。为此，作业空间设计需遵循以下原则。

①设备、显示和操纵装置等应从重要程度、使用频率、操作顺序以及功能等方面进行考虑，布置在最佳作业区域内，便于作业者观察和操作。

②设备、装置等的布置应考虑到安全及人流、物流的合理组织。

③要根据人的生理、心理特点等来布置设备、工具等，尽量减少人的疲劳感，提高工作效率。

④作业面的布置要考虑人的最佳作业姿势、操作动作及动作范围。图 5-21 所示为料理台作业面布置。

（2）作业空间设计

人们所从事的工作内容和性质可以有很大差别。性质和内容不同的工作，对作业空间的要求自然会有所不同。例如，车床操作所要求的作业空间应比汽车、飞机驾驶的作业空间大得多；高温作业的作业空间比常温作业的大；体力作业的作业空间比脑力作业的大；动态作业的作业空间比静态作业的大。总之，一个理想的作业空间，应使作业者可随时观察、操作和长时间维持某种作业姿势而能尽量减少不适和疲劳。

①坐姿作业空间设计。坐姿作业通常在作业面以上进行，其作业范围随作业面高度、手偏离身体中线的距离及手举高度的不同而发生变化。

图 5-21　料理台作业面布置

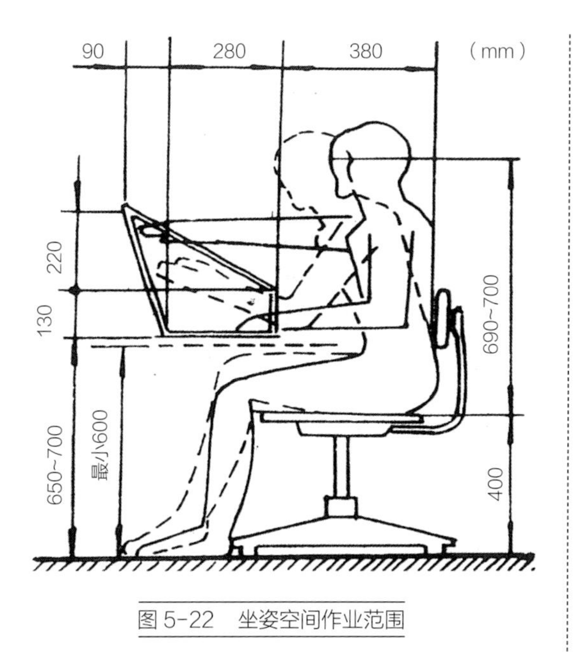

图 5-22　坐姿空间作业范围

舒适的坐姿作业空间范围一般在肩与肘的空间范围内，如图 5-22 所示。此时，手臂活动路线最短、最舒适，在此范围内作业者可迅速准确地进行操作。

②立姿作业空间设计。立姿作业一般允许作业者自由地移动身体，但其作业空间仍需受到一定的限制。例如，应避免伸臂过长的抓握、蹲身或屈膝、身体扭转及头部处于不自然的位置等。图 5-23 所示为立姿单臂近身作业空间，以第 5 百分位的男性为基准，当物体处于地面以上 1100~1650mm 高度，并且在身体中心左右各 460mm 范围内时，大部分人可以在直立状态下达到身体前侧 460mm 的舒适范围（手臂处于身体中心线处操作），最大操作弧半径为 540mm；对于双手操作的情形，由于身体部位相互约束，其舒适作业空间范围会有所减小（图 5-24），这时伸展空间为在距身体中线左右各 150mm 的区域内，最大操作弧半径为 510mm。

③坐立交替作业空间设计。为了克服坐姿、

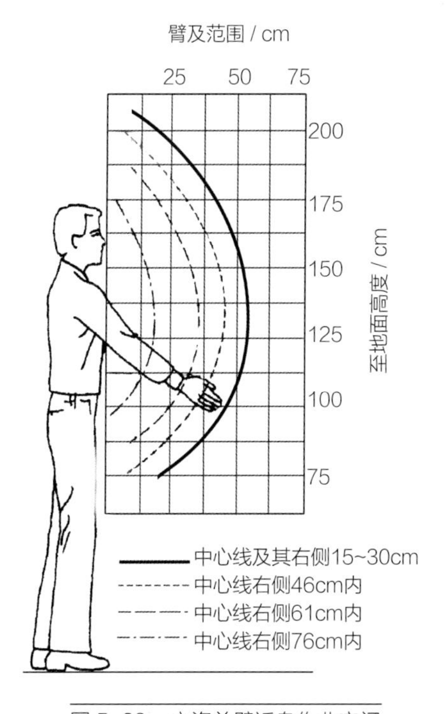

图 5-23　立姿单臂近身作业空间

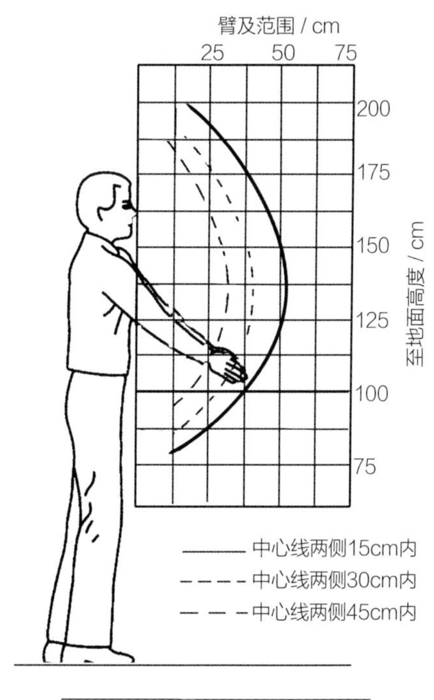

图 5-24　立姿双臂近身作业空间

立姿作业的缺点，人们在工作岗位上经常采用坐立交替作业方式，这样可方便作业者在工作中变换体位，从而避免身体长时间处于一种体位引起的肌肉疲劳。

坐立交替作业空间的设计特点是：工作台高度既适合立姿作业又适合坐姿作业，此时，工作台高度应按立姿作业设计，坐姿操作时，可通过提高座椅高度来实现。此外，由于坐立姿的频繁更换，座椅应设计成高度可调式，并可移动，从而能方便、容易地实现作业者姿势的改变。图 5-25（a）所示为“飞船”旋转扶手椅，该扶手椅包括可调控高度的扶手和座位，适用三种尺寸，基本能满足各类体型的需要，图 5-25（b）为该扶手椅的结构图。

④其他作业姿势的作业空间设计。采用蹲坐、屈膝、跪、爬、卧等姿势进行操作时，须占用的最小空间尺寸如图 5-26 和表 5-5 所示。

（a）

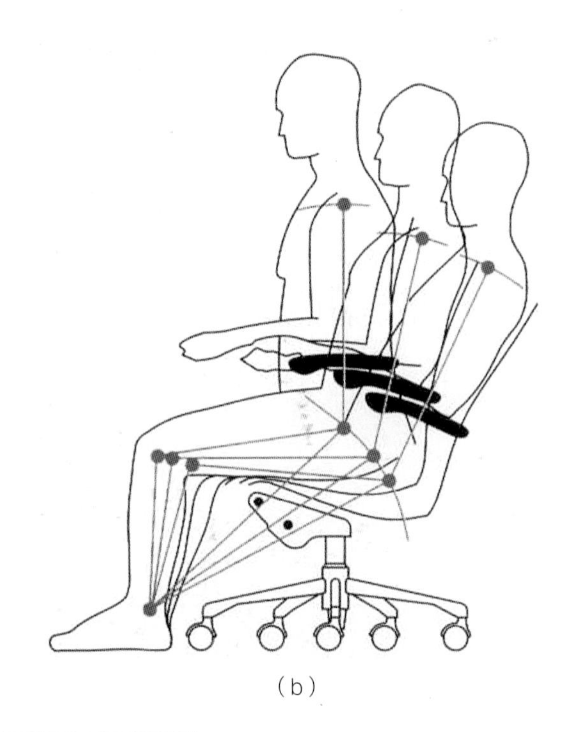

（b）

图 5-25　“飞船”旋转扶手椅及其结构图

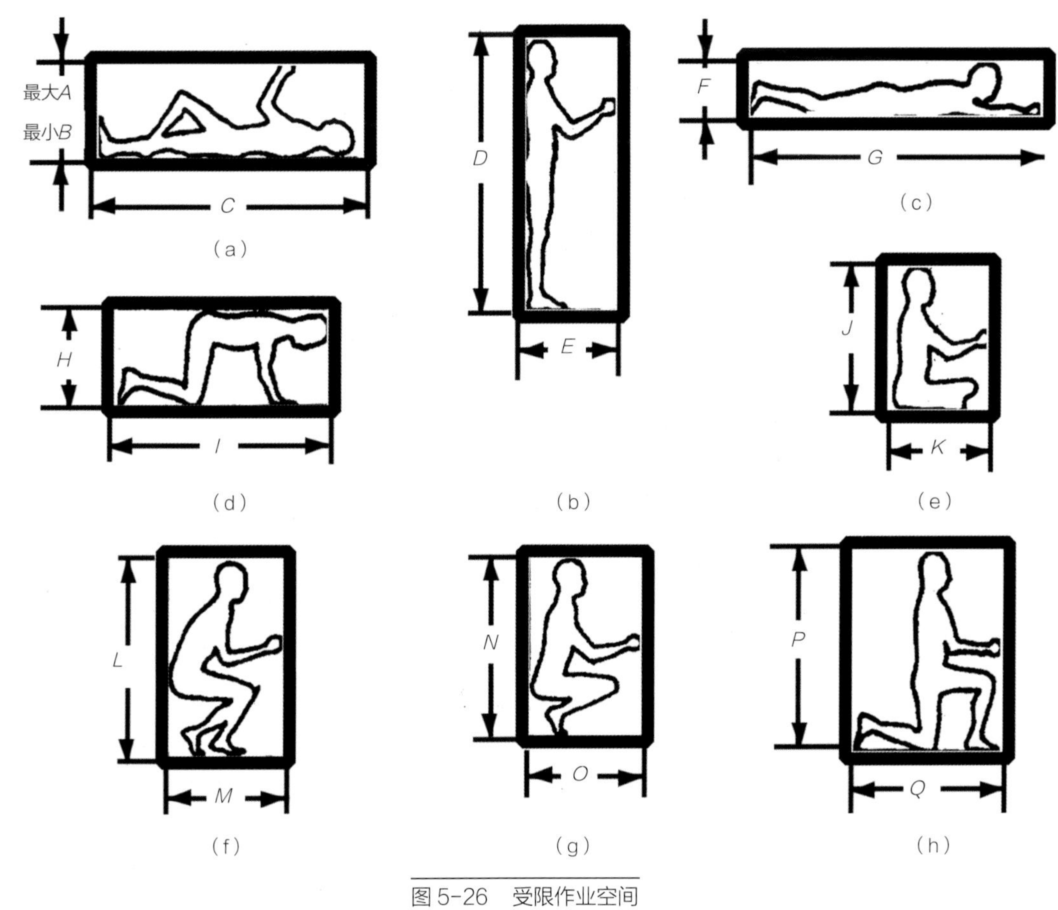

图 5-26　受限作业空间

表 5-5　几种受限作业空间尺寸　mm

尺寸	A	B	C	D	E	F	G	H	I	J	K	L	M	N	O	P	Q
高身高男性	640	430	1980	1980	690	510	2440	740	1520	1000	690	1450	1020	1220	790	1450	1220
中等身高男性及高身高女性	640	420	1830	1830	690	450	2290	710	1420	980	690	1350	910	1170	790	1350	1120

5.4 人机界面设计

在人机系统中，人与机器是相互作用和相互制约的两个部分。在人机交互过程中，人与机器只在人机界面部分发生关系。

如图 5-27 所示，人与机之间存在一个相互作用的“面”（图中虚线所示），所有的人机信息交流都发生在这个作用面上，它通常称为人机界面。显示器将机器工作的信息传递给人，人通过各种感觉（视觉、听觉、触觉等）器官接收信息，实现“机—人”信息传递。大脑对信息进行处理、加工、决策，然后通过器官作出反应，再通过控制器传递给机器，实现“人—机”信息传递。因此，人机界面的设计主要是指显示、控制以及它们之间的关系的设计，要使人机界面符合人机信息交流的规律和特性。

人机界面设计的目的是实现人机系统优化，即实现该系统的高效性、高可靠性、高质量，并使人感到安全、健康和舒适，设计的主要依据始终是人机系统中人的因素。

5.4.1 显示器设计

在人机系统中，通过人的感觉通道向人传递信息的机器装置称为显示器。根据人接收信息通道的不同，显示器可分为视觉显示器、听觉显示器、触觉显示器（图 5-28）和嗅觉显示器等。其中视觉显示器和听觉显示器应用较为广泛。

（1）视觉显示器的类型及设计原则

①视觉显示器的类型。视觉显示器是指依靠光波作用于人眼向人提供外界信息的装置。视觉显示器的形式多种多样，简单的如一束灯光、一张地图、一个路标等，复杂的如计算机屏幕、汽车驾驶仪表等。无论是何种形式的视觉显示器，都有一个共同点，即都必须通过可见光作用于人的眼睛才能达到信息传递的目的。

视觉显示器可以有不同的分类。

a. 按显示状态可分为静态显示器和动态显示器两种。静态显示器适用于显示长时间内稳定不变的信息，如传递人类的某种知识经验或显示机器物件的结构状态等，像我们常见的图表、指示牌、印刷品等就属于这类显示器（图 5-29）。动态显示器适用于显示信息的变化状态，如速度、高度、压力、时间等各种信息的动态参数，像钟表、荧光屏、雷达等都属于这类显示器（图 5-30）。

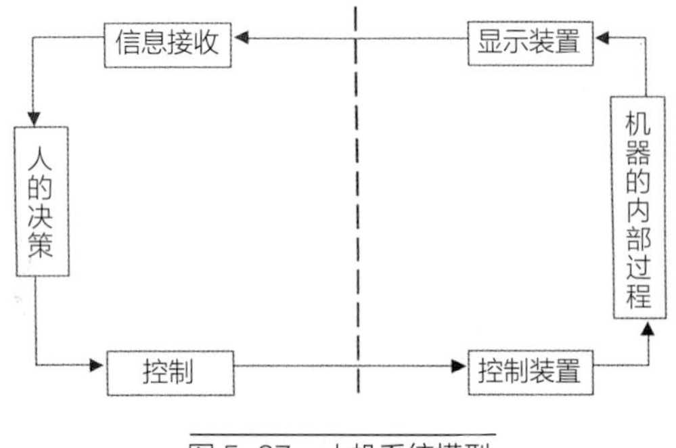

图 5-27　人机系统模型

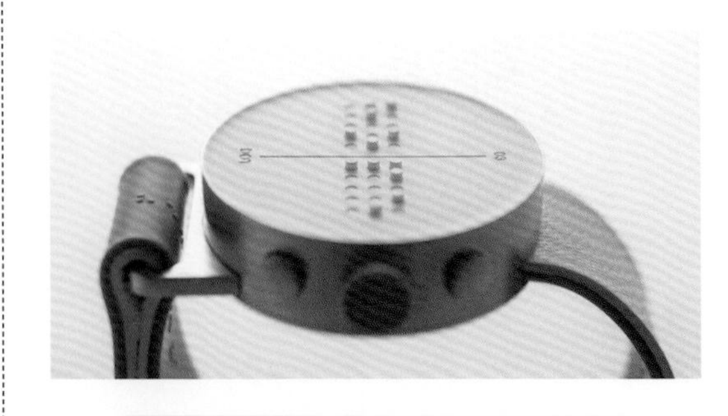

图 5-28　盲人手表（Dot Smartwatch）

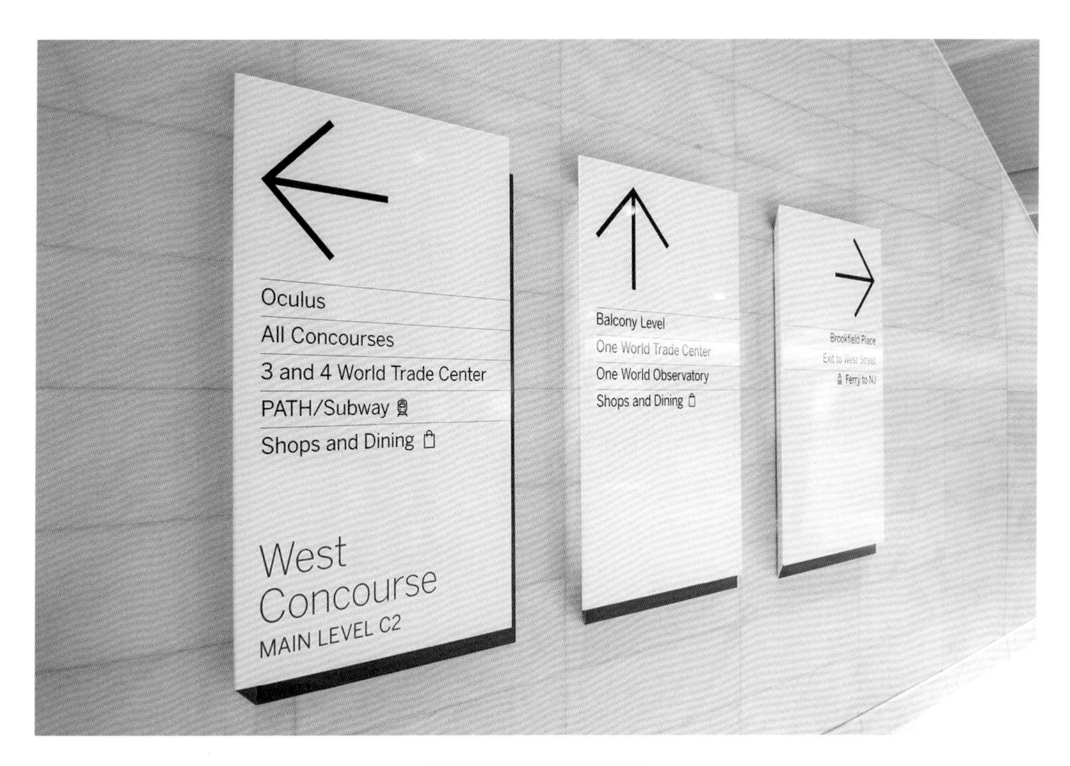

图 5-29　静态显示器

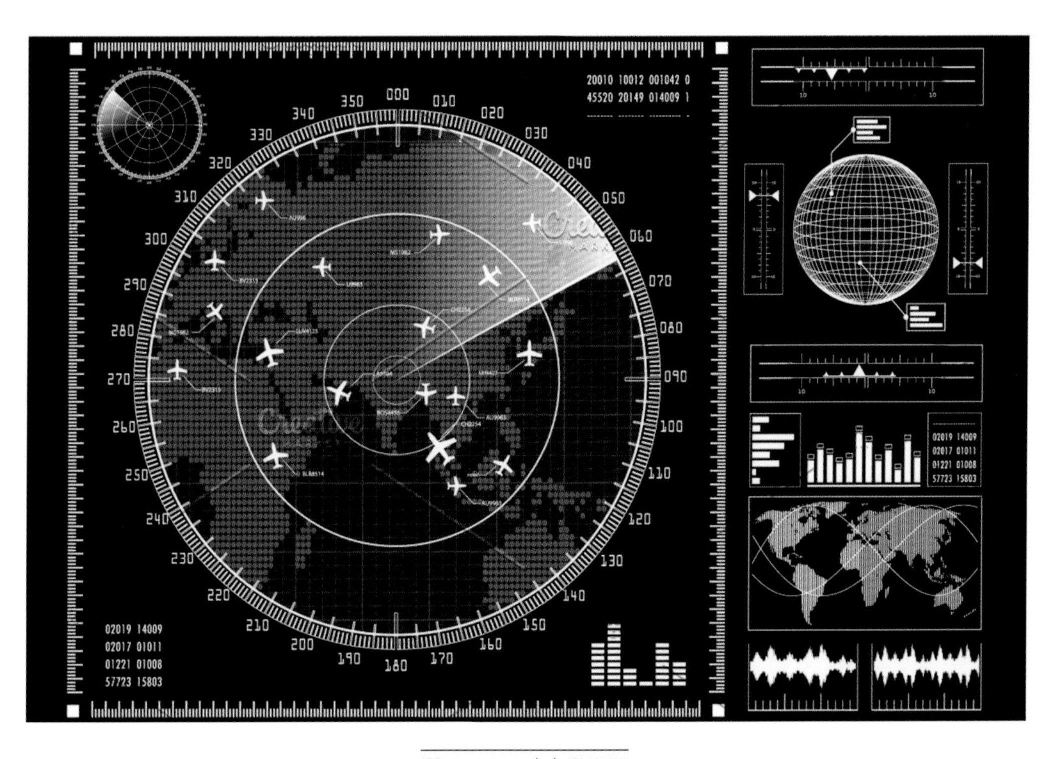

图 5-30　动态显示器

图 5-31　定量显示器

图 5-32　定性显示器

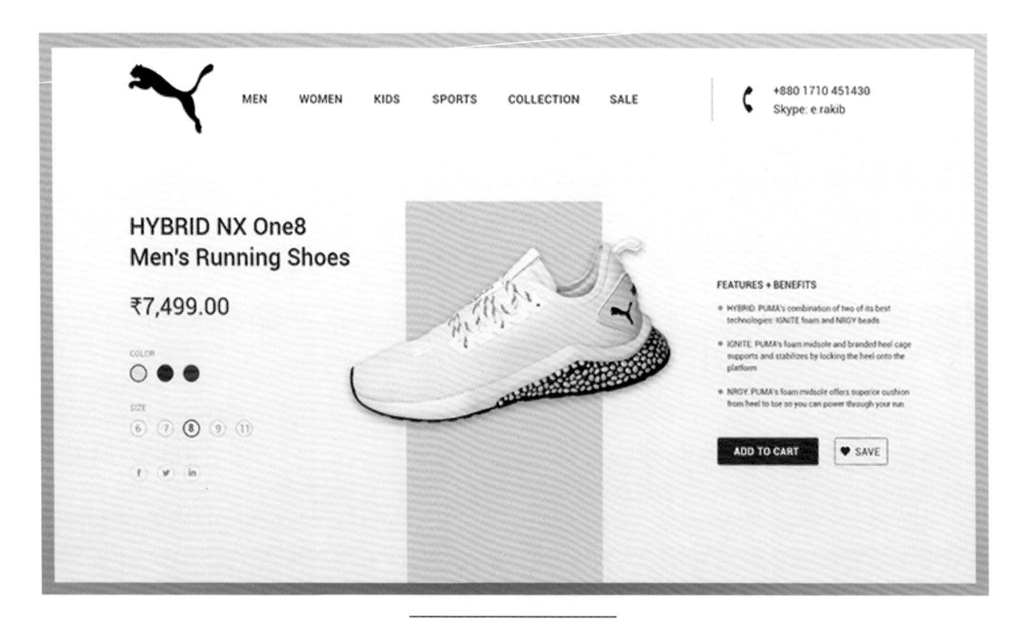

图 5-33　形象显示器

b. 按显示信息的量化可分为定量显示器和定性显示器两种。定量显示器用于显示信息之间的数量关系，如计数器、压力表、温度计等（图 5-31）。定性显示器用于显示信息的变化趋势或者有关性质和状态，如交通信号、安全标志、开关状态等（图 5-32）。

c. 按显示信息的表现方式可分为形象显示器和抽象显示器两种。形象显示器一般采用图形、实物传真等方式来显示信息，具有直观生动、易于理解、译码快捷等优点（图 5-33）。抽象显示器一般使用符号、代码、文字、数字等方式来显示信息，具有简洁明了、信息丰富、组合方便等优点（图 5-34）。

除以上几种常见的分类方式外，显示器还可

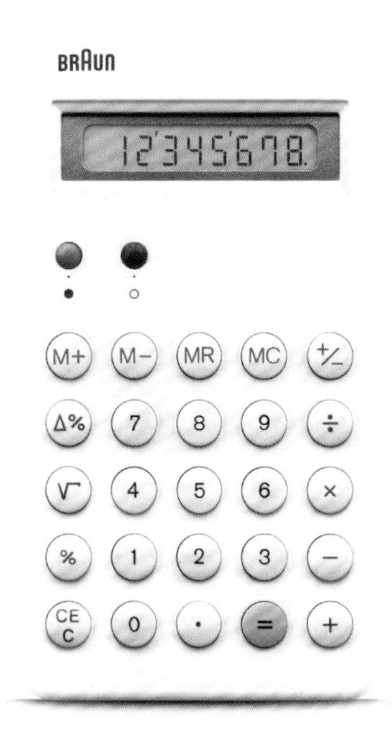

图 5-34　抽象显示器

简洁的表面、鲜明的黑白对比，使该表的形式和功能很好地融为一体

图 5-35　手表（UNIFORM WARES Watches）

根据其结构特点分为机电式显示器、光电式显示器、灯光显示器三类；按功用不同分为读数显示器、核查显示器、告警显示器、追踪显示器和调节显示器五类。

②视觉显示器的设计原则。视觉显示器的设计必须具备以下三个基本要求：鲜明醒目，即能使显示的对象引人注意，容易与干扰背景区分开来（图 5-35）；清晰可辨，即显示的目标信息彼此不易混淆；明确易懂，即显示目标具有明确的意义且易被接收者迅速理解。

要达到以上要求，设计师在设计显示器时就必须考虑到使用者的身心行为特点，使显示器在结构与性能上与使用者的视觉特点相匹配。

为了实现以上三个基本要求，视觉显示器设计必须遵循以下原则。

a. 要根据使用要求选择最适宜的视觉刺激维度作为信息代码，并将代码数目限制在人的绝对辨别能力允许的范围内。

b. 要使显示精度与人的视觉辨别能力相适应。显示精度过高，会增加认读难度和增大工作负荷，导致信息接收速度和准确性下降。

c. 要尽量采用形象直观且与人的认知特点相匹配的显示方式。显示方式越复杂、越抽象，人们认读和译码的时间就越长，也越容易发生差错。

d. 要尽量采用与所表示意义有内在逻辑关系的显示方式，避免使用与人们的习惯相冲突的显示方式。

e. 要对同时呈现的有关信息尽可能实现综合显示，以提高显示效率。

f. 要使显示的目标和背景之间在形状、亮度、颜色、运动方面具有适宜的对比关系。一般而言，目标要有明确的形状、较高的亮度和鲜明

图 5-36　数字式仪表

图 5-37　指针刻度式仪表

的色彩，必要时还要处于运动状态，而背景则尽量保持静止状态。

g. 要有良好的照明性质和适宜的照明水平，以保证颜色和细节容易辨认，并避免产生眩光。

h. 要根据任务的性质和使用条件来确定视觉显示器的尺寸和位置。

i. 要使显示器与系统中的其他显示器和相应的控制器在信息编码、空间关系和运动关系上尽可能相互兼容。

（2）仪表显示设计

①仪表类型的选用。仪表是应用最多的一种视觉显示器。仪表的类型很多，按照其认读特征可分为数字式仪表和指针刻度式仪表两类，图5-36、图 5-37 分别为数字式仪表和指针刻度式仪表。按照显示功能的不同，仪表又可分为读数用仪表、检查用仪表、警戒用仪表、追踪用仪表和调节用仪表五类。在选择和设计仪表时，我们必须明确仪表的功能，并分析哪些功能最实用，以此来确定合适的仪表指针方式，具体选用标准见表 5-6。

②仪表设计的人体工程学原则。

a. 准确性原则。仪表显示的目的是使人能准确地获得机器的信息，正确地控制机器设备，避免事故。因此，仪表显示设计应以人的视觉特征为依据，确保使用者迅速准确地获取所需信息，

表 5-6　不同类型仪表的功能比较

功能	数字式仪表	指针刻度式仪表	
		指针运动式	指针固定式
读数用	好	一般	一般
检查用	差	好	差
警戒用	差	一般	好
追踪用	差	好	一般
调节用	好	好	一般

尤其是读数用仪表的设计应尽量保证读数准确性。读数的准确性问题可通过仪表类型、形状、大小、颜色匹配、刻度标记等的设计加以解决。同时，显示的精确程度应与人的辨别能力、认读特征、舒适性和系统功能要求相适应。

b. 简洁性原则。仪表的显示格式应简洁明了，显示意义明确易懂，以利于使用者正确理解显示信息。因此，仪表显示的信息种类和数目不宜过多，同样的参数应尽可能采用同一种显示方式，以缩减译码的时间并减少错误。

c. 对比性原则。仪表的指针、刻度标记、字符等与刻度盘之间在形状、颜色、尺度等方面应保持适当的对比关系，以使目标清晰可辨。一般目标应有确定的形状、较强的亮度和鲜明的色彩，而背景相对于目标应采用较低亮度、较暗色彩。

d. 兼容性原则。应使仪表的指针运动方向与机器本身或者相应的控制器的运动方向相兼容。如仪表显示的数值增加，就表示机器作用力增加或者运转速度加快，仪表的指针旋转方向应与机器的旋转方向一致。此外，各个国家、地区行业所使用的信息编码应尽可能统一和标准化，做到相互兼容。

e. 排列性原则。同时使用多个仪表时，各仪表之间的排列应遵循以下原则。

· 重要性和使用频率原则。最主要的和最常用的仪表应尽可能安排在中央视野之内，因为在这一视线范围内，人的视觉效率最优（图5-38）。

· 功能性原则。仪表数量众多时，应当按照它们的功能分区排列，区与区之间应有明显的分别。

图 5-38　兰博基尼 Aventador 仪表盘

· 接近性原则。仪表应尽量靠近，以缩小视线范围。

· 一致性原则。仪表的空间排列顺序应与其在实际操作中的使用顺序相一致，功能上有相互联系的仪表应靠近排列。此外，排列仪表时应考虑彼此之间的内在逻辑关系。

· 适应性原则。仪表的排列应当适合人的视觉特征。例如，人眼的水平运动比垂直运动快而且范围广，因此，仪表的水平排列范围应比垂直方向大。另外，由于人眼的视觉机能不完全对称，在偏离中央凹同样距离的视野内，眼睛观察效率的顺序为左上、右上、左下、右下，在排列仪表时，应注意这一点。

③仪表的设计细则。在设计仪表时，主要是使刻度盘、指针、字符和色彩匹配并使它们之间相协调，以符合人对于信息的感受、辨别和理解等，使人能迅速而又准确地接收信息。仪表细部设计时所要考虑的人机要素主要有以下几点：使用者与仪表之间的观察距离；根据使用者所处的观察位置，尽可能将仪表布置在最佳视区内；选择有利于显示与认读的形式；考虑颜色和照明条件。

（3）听觉显示器

听觉显示器是利用声音向人传递信息的装置，一般可分为语音显示器和声音显示器两种。语音显示器有多种不同的形式，简单的如话筒、扬声器、耳机、电话、对讲机等，复杂的如收音机、多媒体语音设备等各种语音合成器；声音显示器也有多种不同的形式，简单的如哨子、汽笛、报时钟等，复杂的如各种乐器等。无论是语音显示器还是声音显示器，无论是简单的显示器还是复杂的显示器，在传递信息上都有各自不同的特点和作用，分别适用于不同的场合。

①听觉显示器的特点及功能。与视觉信号相比，听觉信号具有以下特点：引起人无意注意，感知信息的范围广，反应快，不受空间和照明条件的限制等。一般而言，听觉显示器特别适合以下场合使用。

a. 传递的信息本身具有声音特点的场合。例如机器在运转时会因振动和摩擦而发出声音，操作者可通过机器声音的变化而获取机器是否正常运转的信息。

b. 视觉显示无法胜任信息传递的场合。如在缺乏照明、视线受阻或者视觉通道不堪重负的场合，均可采用听觉显示器来传递信息或对信息传递进行分流。

c. 信息接收者需要在工作过程中不时移动工作位置的场合。视觉信号基本上是空间性质的，因此不适合需要操作者经常移动的场合，而听觉信号主要是时间性质的，有利于顺序呈现。

d. 需要紧急显示、及时处理信息的场合。视觉信号必须由人主动地去寻找，听觉信号则容易被察觉，而且不易使人产生疲劳，特别适合在紧急情况下使用。

与视觉信号相比，听觉信号可以采用语音显示，具有良好的表达效果，但是，听觉通道容量低于视觉通道容量，且不能长久保持，只能反复呈现。在多数情况下，听觉信号可以与视觉信号同时使用，以增加传递信息的冗余度，提高信息传递效率。表 5-7 所示为听觉显示和视觉显示传递的信息特征。

②听觉显示器设计的人体工程学原则。听觉显示器的设计要求是设法使显示器显示声音的特点与人的听觉通道的特点相匹配，只有做到优化匹配，才能高效率地传递信息。具体而言，其设计至少要满足以下原则。

表 5-7　听觉显示和视觉显示传递的信息特征

信息传递条件	听觉显示	视觉显示
1. 信息繁简	简单	复杂、抽象
2. 信息长短	较短，无须延迟	较长，可以延迟
3. 与后续信息关系	无关	有关
4. 信息特性	时间性	空间性
5. 信息传递速度	快速，适于紧急	较慢，不适于紧急
6. 对接收者要求	无特别要求	认真、注意
7. 适合信息形式	声响、言语	图形、文字
8. 接收者位置	可移动	应固定
9. 工作环境条件	视觉条件差，视觉通道负荷过重	听觉条件差，听觉通道负荷过重

a. 显示的声音要有足够的强度，且须具有足够的信噪比。

b. 尽量使用清晰、明确的声音，避免同时使用强度、频率或音色上相同或相近的信号。

c. 使用多个信号时，信号之间应有明显差别。

d. 听觉刺激所代表的意义一般应与使用者已形成的或熟悉的行为习惯和思维方式相一致，如用低频、高频声音分别表示“低速”与“高速”“向下”与“向上”的含义，尽量避免与熟悉的信号在意义上相矛盾。

e. 尽量使用间歇或可变的声音信号，避免使用稳定信号。

f. 显示复杂的信息时，可采用两级信号，第一级为引起注意的信号，第二级为精确指示的信号。

g. 尽量让不同场合使用的信号标准化。

5.4.2　控制器设计

控制器是人用以将控制信息传递给机器，使机器执行控制功能的装置。质量优良的控制器必须具有两方面的特点：一是材料质地优良，功能合适；二是适合操作者使用，使操作者能方便、安全、省力和有效地使用。要满足这些要求，就必须使控制器的大小、控制力量、位置安排、形状特点、操作方法等设计，与人的行为特点相适应。图 5-39 所示为罗技 MX Vertical 鼠标，其

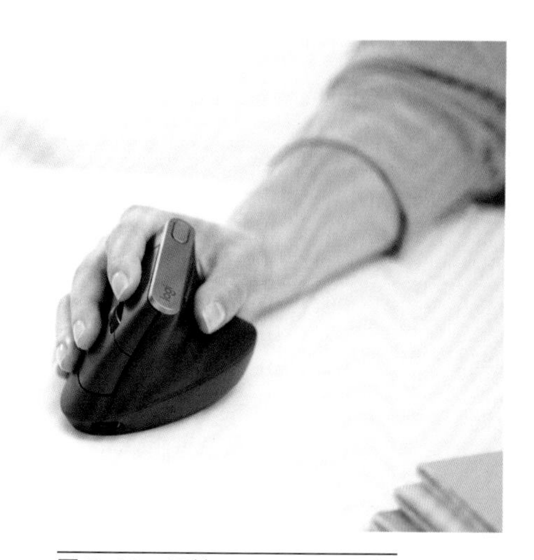

图 5-39　罗技 MX Vertical 鼠标

造型符合自然握姿，触感柔滑，遵从先进的人体工程学设计理念，可减少肌肉拉伸并降低手腕压力，防止“鼠标手”。

（1）控制器的类型

控制器的类型多种多样，可从不同角度对其进行分类。

①按运动方式分类。

a. 旋转式控制器。通过转动改变控制量的控制器，如手轮、旋钮、曲柄等，这类控制器可用来改变机器的工作状态，起调节或追踪的作用，也可将系统的工作状态保持在规定的工作参数上。

b. 平移式控制器。通过前后或左右移动改变控制量的控制器，如按钮、操纵杆、手柄等，可用于工作状态的切换，或作紧急制动之用，具有操作灵活、动作可靠的特点。

c. 按压式控制器。通过上下移动改变控制量的控制器，如按键、钢丝脱扣器等。这类控制器具有占地小、排列紧凑的特点，常用于机器的开关、制动，现在已普遍用于电子产品中。

②按信息特点分类。

a. 离散式控制器。这类控制器（如电源开关、波段开关、按键开关以及各种用于分挡分级调节的控制器）用于控制不连续的信息变化，只能用于分级调节，所控制对象的状态变化是跃进式的。

b. 连续式控制器。这类控制器（如旋钮、手轮、曲柄等）所控制的状态变化是连续的。连续式控制器可用于无级调节，它能使控制对象发生渐进的、平滑的变化。

③按人的操作器官分类。

a. 手控制器。手跟身体其他部位的器官相比，灵活、反应快、准确性高，因此，人机系统的大部分控制器都是用手操作的。手控制器种类很多，常见的有按键、旋钮、手轮、操纵杆、触摸屏等。

b. 足控制器。足的活动远不及手的灵巧多变，因此，足控制器的式样和功能都比较少，一般用于一些比较简单、精度要求不高的控制任务，常用的有脚踏器、刹车装置等。

c. 其他控制器。在某些情况下，人们可利用语音、眼动、头动及生物电等来操作控制器。这类控制器目前还只作为一种辅助性的仪器加以使用，但随着技术的进步，今后将会有快速的发展。

④按控制维度分类。

a. 单维控制器。如果显示信息用的是多个单维显示器，则通常选用相应的若干个单维控制器。

b. 多维控制器。通常如果各控制轴的控制阶相同，并且不存在交叉耦合的问题，则选用一个多维控制器比选用多个单维控制器效果好。

（2）控制器设计的人体工程学原则

控制器的形式和功能很多，每种控制器都要根据使用的具体要求加以设计。但不管何种控制器，设计时都应遵循一条基本原则：控制器的外形、结构和使用方法等必须和使用者的身心行为特点相适应，也就是说要根据人的特点去设计控制器。

①应根据人体测量数据、生物力学以及人体运动特征进行设计。控制器的外形尺寸要与使用者操作器官的形体尺寸相匹配。例如手握姿势呈椭圆形，因此一般将手控制器设计成椭圆形或圆柱状而非方形或其他形状（图 5-40）。足控制器则要设计成平板形而不是圆形，这也是由足的结构特点决定的（图 5-41）。

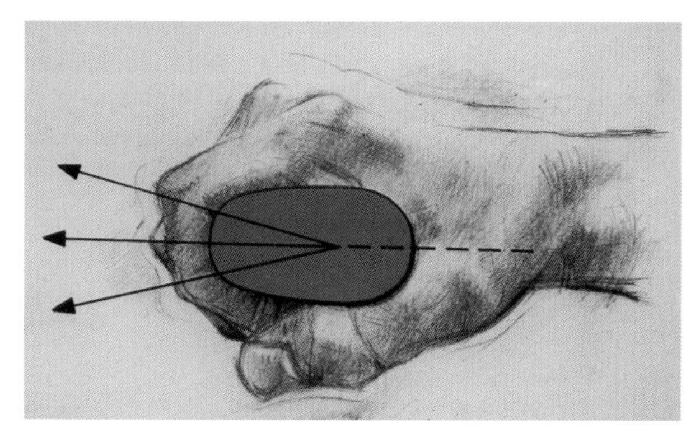

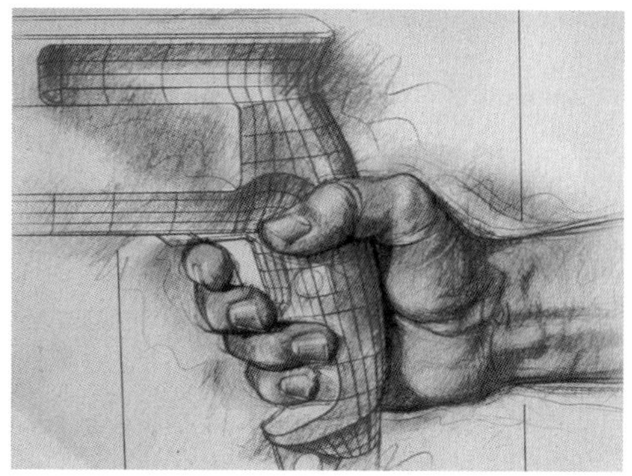

图 5-40　椭圆形的把手有助于手操作时把握方向

图 5-41　外科手术仪器中使用的脚踏板

图 5-42　汽车按键的标记编码

由于手的操作灵活，人们一般采用手控或指控控制器来进行迅速而精确的操作，如按按钮、按键和扳动开关等；而手臂或下肢操作的控制器则用来进行用力较大但不太精确的操作，如踩挡板、脚踏板等。

控制器的位置安排也要与使用者上、下肢的包络面范围相适应，最好把控制器放置在不需要操作者移动身体就能触及的空间范围内。

②采用适宜的控制器编码。为避免控制系统中的众多控制器相互混淆，提高操作效率，防止误操作，减少训练时间和反应时间，应以适当的刺激代码来标识控制器的功能特点，也就是说，要根据人的认知特点，对控制器进行编码。

对控制器进行编码时应注意以下几点：所用代码应是可觉察、可辨认的，重要的控制器应在编码上予以突出；所用代码应与相应的功能具有概念上的兼容性；应尽量采用标准化的代码。

常用的编码方式有颜色编码、标记编码、大小编码、形状编码、表纹编码、位置编码和操作方法编码七种。图 5-42、图 5-43 所示分别为控制器的标记编码和形状编码。

③保证控制器操作方式有一定的信息反馈。设计师设计控制器时，应考虑通过一定的操作信息反馈方式，使操作者获得关于操作控制器结果

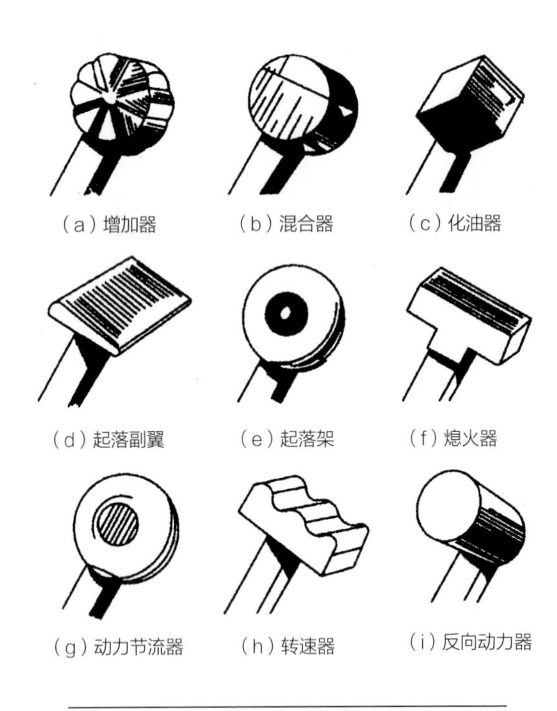

图 5-43　美国空军飞机所用控制器的形状编码

的信息。操作者可从反馈信息中判断自己操作的力度是否恰当，还可从反馈信息中发现操作上的无意差错而及时纠正。

④防止控制器的偶发启动。在操作过程中，操作者的无意碰撞或牵动控制器或外界振动等会引起控制器的偶发启动，有些重大事故就是由这类偶发启动造成的。因此，设计师在设计控制器时应考虑到这类偶发启动的可能性，并力求使这种可能性减到最小。

⑤其他原则。设计师在设计和选用控制器时，除按照上述原则外，还应注意以下几点。

a. 尽量利用控制器的结构特点（如利用弹簧、杠杆原理）进行控制或借助操作者身体部位的重力（如脚踏开关）进行控制。对重复性或连续性的控制操作，应尽量使身体用力均匀，以防操作者产生单调感和疲劳感。

b. 使操作者采用自然的姿势与动作就能完成控制任务。

c. 尽量设计和选用多功能控制器，如计算机的多功能鼠标和游戏方向盘（图 5-44、图 5-45），以节省空间、减少手的运动和操作的复杂性，提高视觉与触觉辨认效率。

d. 尽量使控制器的运动方向与预期的功能和产品的被控方向相一致，即实现控制与显示的相合性。

图 5-44　多功能鼠标

图 5-45　游戏方向盘

e. 同一系统内同一类型的控制器应规定统一的操作方法。凡是成批使用的同类控制器，都应统一使用方法，若操作方法不统一，操作时就容易混乱，会把关当作开，把开当作关，引发事故。

f. 具有危险性的控制器要用标记标出，并且提供较大的活动空间。

（3）控制器的排列

控制器应安放在最有利于操作的地方。复杂的机器一般有很多控制器，众多的控制器集中在一起，就要按照一定的原则排列。

①位置安排的优先权。当有许多控制器而它们不可能都被安排在最佳操作区时，应根据控制器的重要性和使用频率两条原则来确定它们的排列优先权。

a. 重要性原则。按照控制器对实现系统的重要程度来决定位置安排的优先权。控制器越重要，越要安排在最有利于操作的位置上（图5-46）。

b. 使用频率原则。按照控制器在完成任务中的使用次数决定其位置安排的优先权，把使用次数最多的控制器安置在最便于操作的位置上。

②功能分区与顺序排列。为了减少记忆控制器位置的负荷和搜索控制器的时间，控制器的位置可按功能分区或使用顺序排列。

a. 功能分区原则。功能分区包括两个方面：一是具有相同功能的控制器或者所有与某一子系统相联系的控制器，在位置上构成一个功能整体；二是所有同类设备上功能相近的控制器应安放在控制板相对一致的位置上（图5-47）。

b. 使用顺序原则。如果控制板上的控制器具有固定的操作顺序，那么它们的位置就可以按其操作顺序从左至右或从上而下排列。按功能分区排列的控制器，若同一功能的被控对象数量较多，也可按被控对象的位置序列排列。

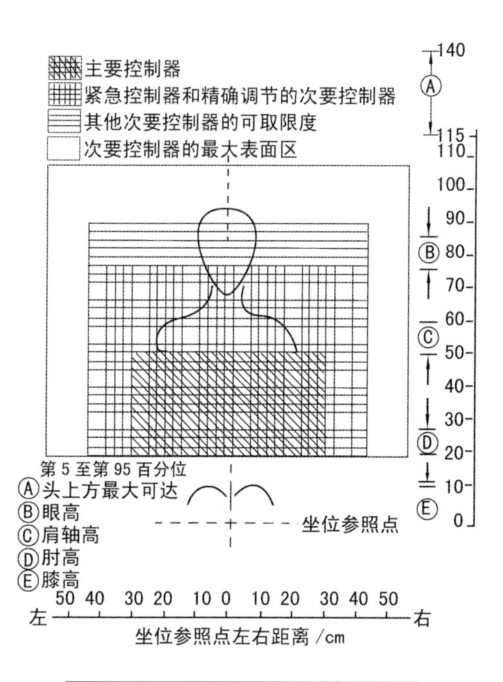

图5-46　按重要性排列的控制器区域

图5-47　遥控器上按键的功能分区

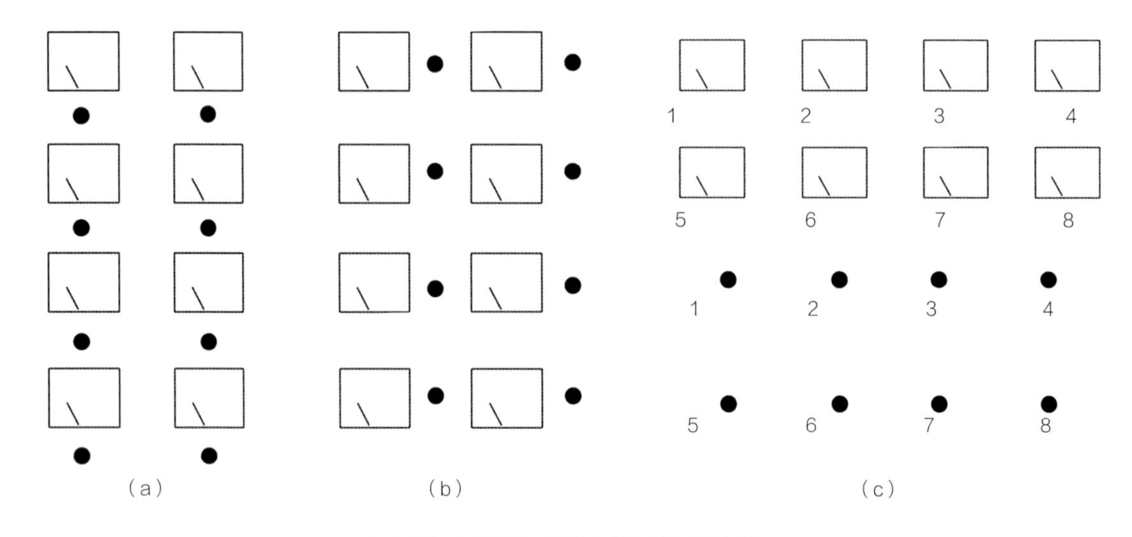

图 5-48　控制器与显示器的空间位置关系

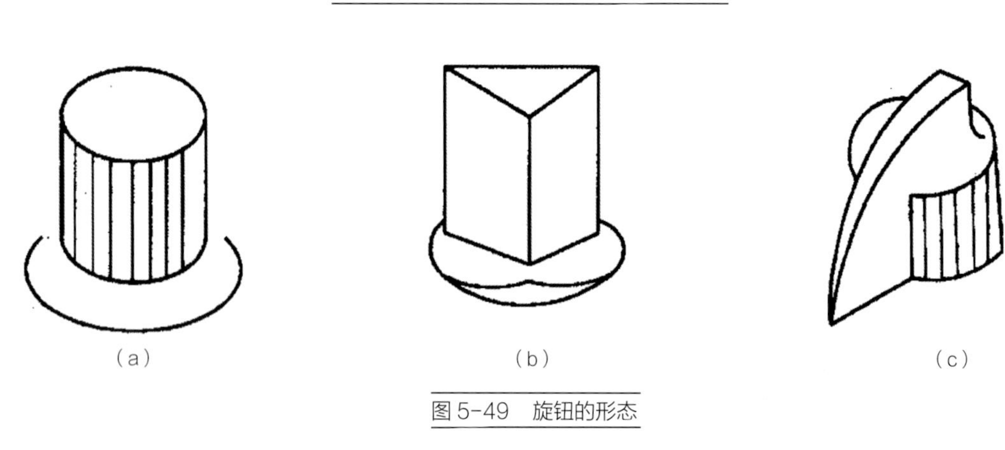

图 5-49　旋钮的形态

③与显示器的位置关系。在许多系统中，各控制器往往对应着不同的显示器，此时设计师就要考虑控制器与其相联系的显示器的位置关系。一般原则是：二者最好能紧密相邻；为便于右手操作而又不遮挡观看显示器的视线，一般控制器应位于相联系的显示器的正下方或者右侧，如图 5-48（a）、图 5-48（b）所示；若控制器不能与相联系的显示器紧密相邻，则控制器的排列应与显示器的排列相一致，或至少具有某种逻辑关系，如图 5-48（c）所示。

（4）旋钮的设计

旋钮是一种应用广泛的手控制器，它通过手指的拧转来达到控制目的。

①旋钮的形态。对于连续平稳旋转的操作，旋钮的形态应与运动要求在逻辑上达成一致（图 5-49）。例如，旋转角度超过 360° 的多倍旋转旋钮，其外形宜设计成圆柱形或锥台形；旋转角度小于 360° 的部分旋转旋钮，其外形宜设计成接近圆柱形的多边形；定位指示旋钮，则宜设计成简洁的指针形，以指明刻度位置或工作状态。

②旋钮的大小。旋钮的大小取决于它的功能

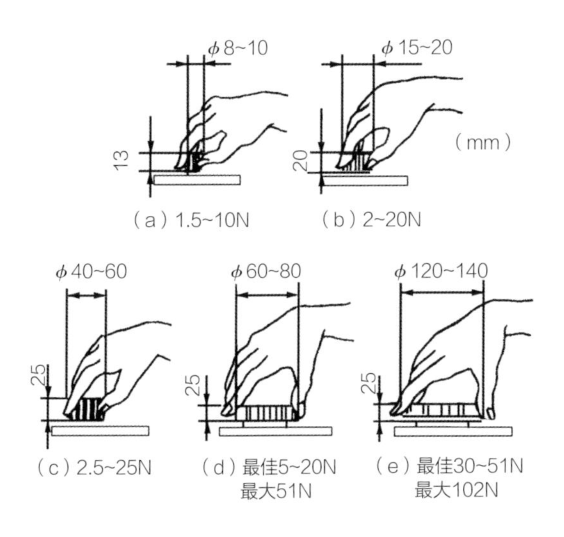

图 5-50　不同旋钮的适宜尺寸和操纵力大小

和转动力矩的大小，用于微调的旋钮或转动力矩小的旋钮应设计得小一些，用于粗调的旋钮或转动力矩大的旋钮应设计得大一些（图 5-50）。不管在何种情况下，设计旋钮的大小时都要使手指与旋钮轮缘有足够的接触面，便于手指施力以及保证操作的速度和准确性。在需要做精细调节并要求有一定的转动力矩的情形下，旋钮面应大到使五根手指都能够放在轮缘上。因此，旋钮的直径不宜太小，但也不宜太大。如果由于空间的限制，旋钮面较小，应适当增加旋钮高度，以增大手指与轮缘的接触面。

（5）按钮的设计

按钮属于按压式手控制器，一般只有两种工作状态，如“接通”与“断开”“开”与“关”“启动”与“停止”等。

①按钮的形状和尺寸。按钮通常用于产品或者系统的开启和关停，其外形一般为圆形和矩形，有的还带有信号灯，以便让使用者更清楚地了解显示状态。为使操作方便，按钮表面宜设计成凹形，以符合手指的表面形状。

按钮的尺寸应根据人的手指端的尺寸和操作要求而定。用食指按压的圆形按钮，直径以 8~18mm 为宜，矩形按钮则以 10mm × 10mm、10mm × 15mm 或 15mm × 20mm 为宜，压入深度为 5~20mm，压力为 5~15N；用拇指按压的圆形按钮，直径宜为 25~30mm，压力为 10~20N；用手掌按压的圆形按钮，直径为 30~50mm，压入深度为 10mm，压力为 100~150N。按钮应高出盘面 5 ~12mm，行程为 3~6mm，按钮间距为 12.5~25mm，最小不得小于 6mm。图 5-51、图 5-52 所示为不同形状和大小的按钮。

图 5-51　相机按钮

图 5-52　PSP 掌机按钮

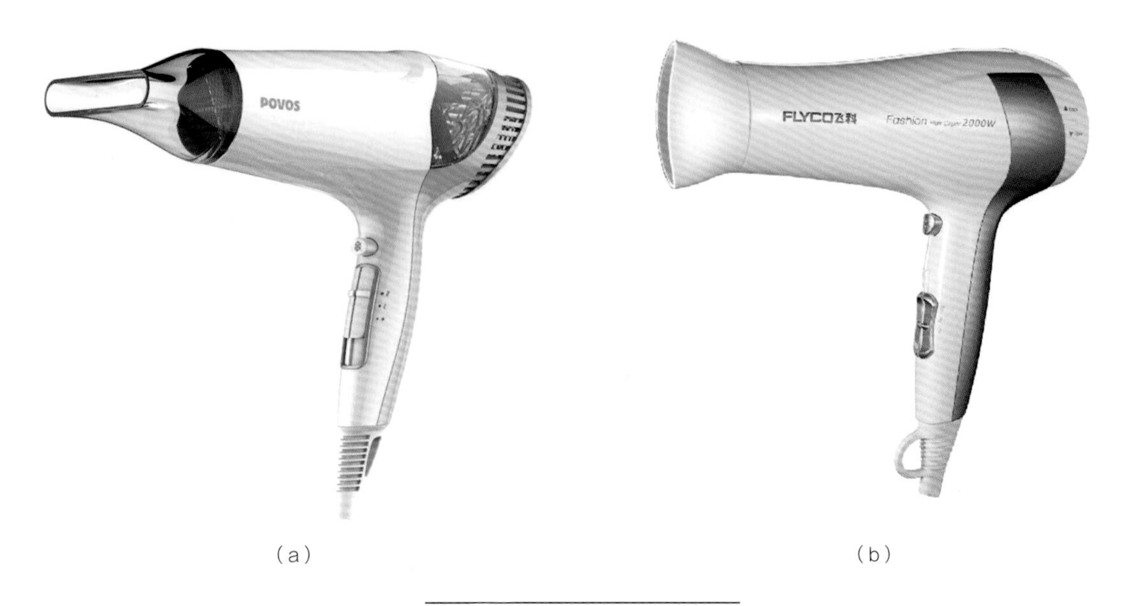

（a）　　（b）

图 5-53　电吹风按钮的颜色设计

②按钮的颜色。我们可根据按钮的使用功能对其进行颜色编码。如红色按钮表示“停止”“断电”“事故发生”。“启动”“通过”首选绿色按钮，也可使用白色、灰色或黑色按钮。对于连续按压后改变功能的按钮，如电吹风上的按钮，第一次按压为“冷风”，第二次按压为“热风”，则忌用红、绿色，宜采用黑色、白色或灰色，如图 5-53（a）所示，或与产品本身色彩相一致的颜色，如图 5-53（b）所示。按下为“开”、抬起为“停”的按钮，如电灯开关按钮，则宜采用白色、黑色，忌用红色，但可在按钮上标上红色或绿色标记。单一功能的复位按钮，可用蓝色、黑色、白色或灰色。对同时具有“停止”和“断电”功能的按钮，应采用红色。

5.4.3　控制器和显示器的相合性

一个复杂的人机系统，往往会在较小的空间内集中排列多个控制器和显示器。为了便于认读和操作，设计师在布置控制器和显示器时，不仅应使其各自的性能最优，而且应使它们之间的配合最优，从而减少信息加工和操作的复杂性，缩短反应时间，提高操作速度。因此，机器、设备的控制器与显示器在大多数情况下相互关联，这种控制与显示之间的相互关联称为控制—显示的相合性。

（1）运动相合性

控制器的运动方向与相应显示器的运动方向符合人的习惯模式时，对于提高操作质量、减轻人的疲劳感，尤其是对于防止人在紧急情况下的误操作，具有重要意义。控制器与显示器的运动方向一致，操作起来速度快、错误少；二者运动方向不一致，则容易发生差错。

控制器与显示器的运动相合性主要有以下几种情形。

①位于同一平面上的圆形显示器指针应与旋钮同方向旋转。指针从左至右以及旋钮顺时针旋

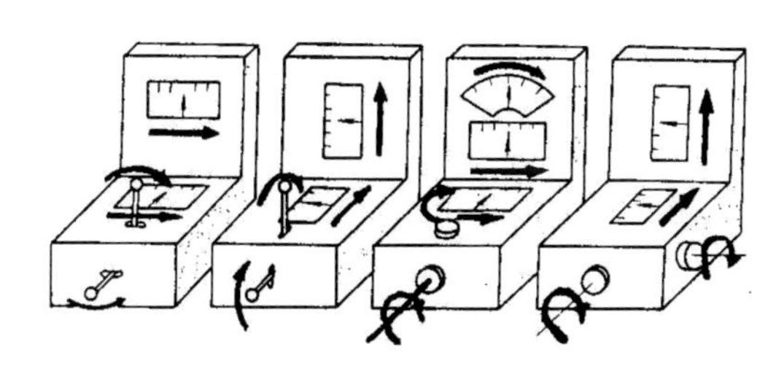

图 5-54　不同平面上的控制器与显示器的运动关系

转表示增加，反之表示减少。

②同一平面上的控制器，其顺时针运动方向应与直线型显示器的从左至右、从上至下、从前往后等运动方向相配合；而控制器的逆时针运动方向应与显示器的从右至左、从下至上、从后往前等运动方向相配合。

③不同平面上的控制器与显示器的运动方向关系如图 5-54 所示。

（2）空间相合性

控制器和显示器的空间相合性是指二者在空间排列上保持一致的关系。特别在控制器与显示器具有一一对应的关系时，若能使二者在空间排列上保持一致关系，操作起来就速度快、差错少（图 5-55）。

按照空间相合关系，控制器与相应的显示器最好靠近排列。用右手操作的人，控制器最好安置在相应的显示器下方或右边。若由于条件限制，二者不能靠近排列时，应使二者的排列在空间位置上具有尽可能一致的逻辑联系。如右上角的显示器由右下角的控制器去操作，中间的控制器对应中间的显示器等。

（3）习惯相合性

习惯相合性是指控制器的使用方法与人们已经形成的习惯相一致。如顺时针旋转或自上而下，人自然认为是增加的方向。如果反向设计，则让人操作起来感到非常别扭，而且总是出错。由此可见，控制器的设计应力求采用标准化设计，至少应保证在同一国家内或同一系统内使用操作方法统一的控制器。

（4）编码和编排相合性

控制和显示的编码和编排相合的目的主要是减少信息加工的复杂性，提高工作效率。在同一机器或系统中，对控制器与显示器进行编码时，所用代码应在含义上取得统一。如控制器与显示器都可用箭头表示方向，二者都应用“↑”和“↓”表示向上和向下，用“←”和“→”表示向左和向右。又如控制器和显示器若都采用颜色

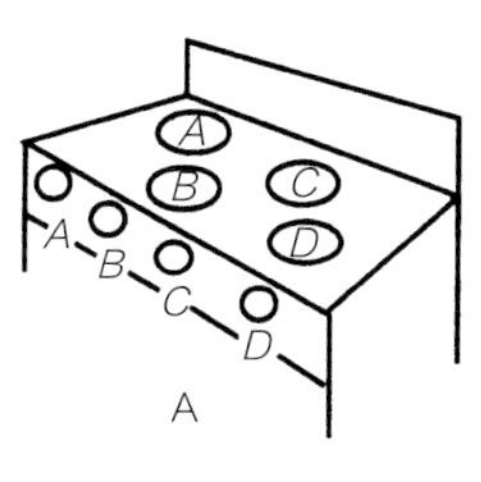

0 次错误 / 1200 次试用

（a）

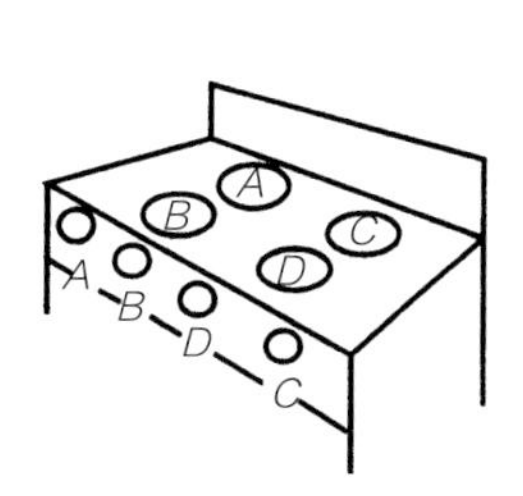

76 次错误 / 1200 次试用

（b）

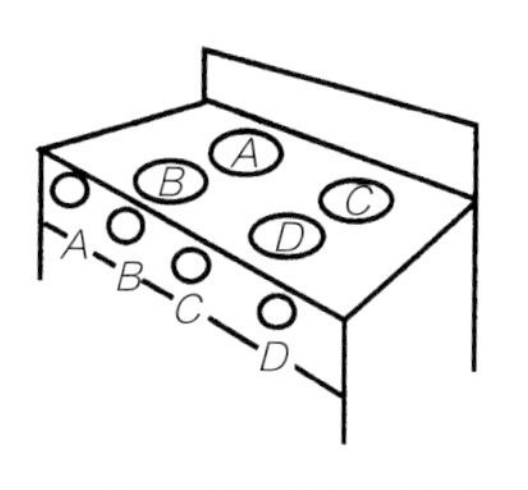

116 次错误 / 1200 次试用

（c）

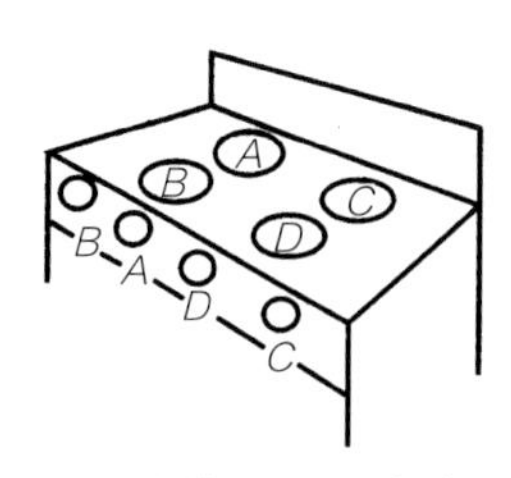

129 次错误 / 1200 次试用

（d）

图 5-55　燃气灶灶眼和开关位置的空间相合性

作为告警等级的编码方式，同一颜色所代表的告警等级在控制器和显示器中应该一致。

（5）控制—显示比

控制—显示比（control-display ratio，简称 C/D 比）又称控制—反应比（control-response ratio），是指控制器与显示器的移动量之比，是连续控制器的一个重要参数。控制—显示比大，表示控制器灵敏度低，即较大的控制运动只能引起较小的显示运动；控制—显示比小，表示控制器的灵敏度高，即较小的控制运动能引起较大的显示运动。

在控制—显示界面中，人们对于控制器的调节往往包含粗调和微调两种。在选择控制—显示比时，我们需根据实际情况考虑这两种调节方式。粗调要求快，需要控制器的灵敏度高，控制—显示比小；微调要求精确，需要控制器的灵敏度低，控制—显示比大。图 5-56 显示了使用不同控制—显示比与粗调、微调所需时间的关系。可见随着 C/D 比的减小，粗调所需时间减少而微调所需时间增加。两条曲线相交点所对应的 C/D 比称为最佳 C/D 比。在使用一个控制器兼做粗调与微调的设计中，采用最佳 C/D 比可使总的调节时间减至最少。

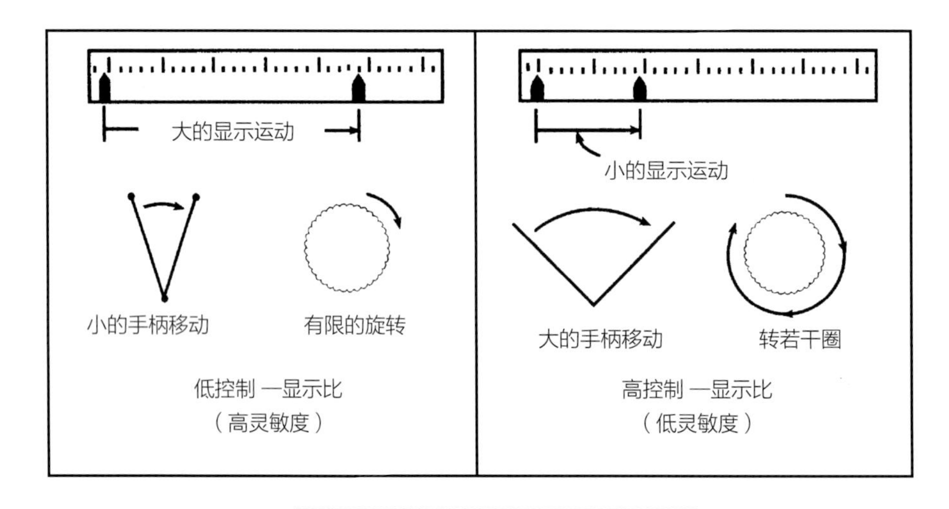

图 5-56　粗调和微调时间与 C/D 比的关系

人体工程学与室内空间设计

室内空间分类

室内空间设计中人体工程学的运用原则

人际行为与室内交往空间设计

室内空间环境中的色彩设计

工作和生活中的安全因素

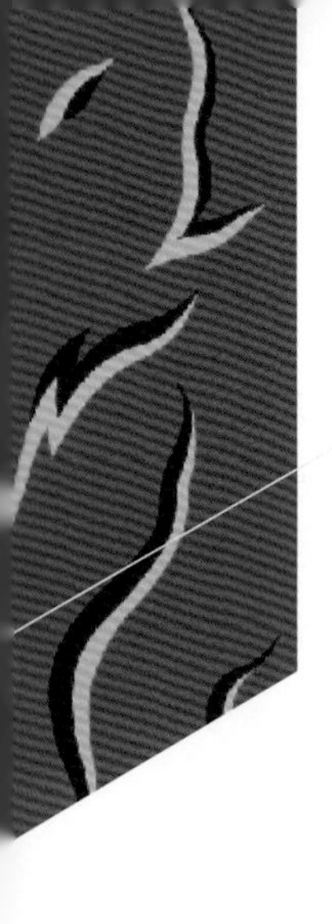

室内设计是建筑内部空间的环境设计。设计师根据空间使用性质和其所处环境，运用物质技术手段，创造出功能合理、舒适美观、符合人的生理和心理要求的理想场所。室内设计的实质，说到底就是空间设计。因此，建筑室内设计实际上可以说是空间尺度、布局的设计问题。了解人与空间的相互关系对于合理设计室内空间是非常必要的，否则设计出的空间会给用户带来使用不便和心理压抑等问题，影响用户的工作效率和休息质量。

从室内设计的角度来说，人体工程学的主要功用是研究人体活动与空间之间的正确合理关系，以获得最高的生活机能效率，图 6-1 列出了室内人体工程学的研究内容。从图中可以看出，室内人体工程学以“人”为中心，根据人的生理结构、心理特点和活动需要等综合因素，运用科学方法，一方面通过合理的空间计划和活动设备来取得充分的活动效率，另一方面通过合理的通风、采光、调温和隔音设施的设置来获取充分的生活要素。

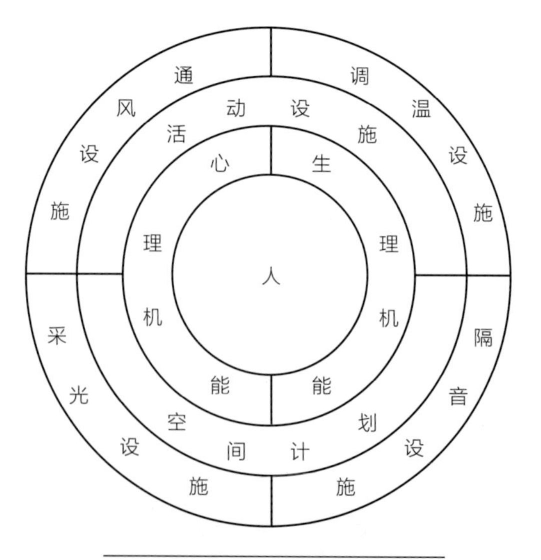

图 6-1　室内人体工程学的研究内容

从广泛的含义来讲，室内设计包含了人的生理、心理要素的人体工程学内容。从具体的设计含义来看，卧室、客厅、厨房、餐厅、卫生间、书房等特定场所的家具、灯具等的造型设计及布置，都需要设计师运用人体工程学的内容进行综合考虑。另外，由于室内空间的存在，室内设计除了要考虑静态的人体工程学内容，还要考虑动态的要素。可以说，人体工程学的应用在室内设计中占有重要的地位，它对工程师、建筑师、室内设计人员具有很大的参考价值。

6.1 室内空间分类

人们对室内生活空间的需要不是一个固定不变的尺度，特别是人们心理上所需空间的尺度受外界环境（包括物理环境和社会环境）因素的影响。从人们的需要出发，我们可把室内空间分为行动空间、心理空间和作业空间三类。

6.1.1 行动空间

行动空间是人在作业过程中，为保证信息交流通畅、便捷而需要的运动空间。在设计时应满足以下要求。

（1）行走通达顺利

作业空间设计，是按照作业者的操作范围、视觉范围和操作姿势等生理、心理因素对作业对象、机器、设备和工具进行合理空间布局，给人、物等确定最佳的流通路线和占有区域，以提升系统总体可靠性、舒适性和经济性的设计。合理的作业空间是室内设计的首要任务。而人在活动过程中所占有的空间是室内设计中的重要尺度，如供人穿行的通道，其宽度至少应等于人的肩宽，高度至少等于人的身高。如果考虑人的着衣类型和百分位分布，则过道的宽度至少为630mm，高度至少为1950mm（如允许弯腰，可为1600mm）。对于同时有多人通过的过道，每增加一人，应增加500mm的宽度。

（2）操作联系方便

操作者在联系方面的要求，包括操作者与设施之间的联系和操作者相互之间的联系两个方面。操作者与设施之间，应使操作者能通过其视觉、听觉、触觉与之发生联系。操作者相互之间，应使对方能听到自己的声音并能相互交谈。

（3）设施布置合理

人和设施安装位置的关系，应遵循便于人迅速而准确地使用设施的原则。最主要、最经常使用的设施，应安装在操作者最容易到达的位置。设施或作业区域应按其功能归纳分组。如有可能，操作者在设施间的运动应遵循某种使用顺序。

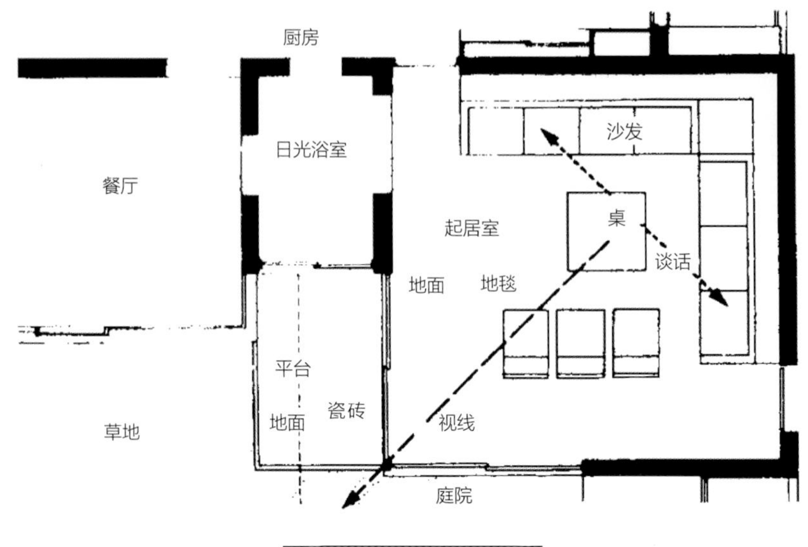

图 6-2　考虑视线的起居室

（4）信息交流畅通

①视觉方面的要求。作业空间设计应使操作者在操作过程中能够看得见自己所操纵的设施和必须与自己联系的其他操作者。为此，我们可画出操作者的视线图，即操作者的眼睛处和设施处的连线，如果连出的线为直线，则表明操作者的视线不为其他设备所遮挡。图 6-2 就是考虑视线而设计的起居室，从图中可以看出，视线的通畅，可以保证就座者彼此交谈方便。当然也有例外，如为了保密的需要，可以人为地设置视线障碍，如餐厅座位间设置的屏风（图 6-3）。

②听觉方面的要求。操作者与设施之间的信息联系通道主要是视觉通道，而操作者之间的联系通道则主要是听觉通道。因此，对环境噪声水平作出估计并设法降低或避免噪声，是非常重要的。通常可采用在噪声源处吸收噪声的方法，以便降低噪声。如在餐厅等噪声强、易引起个体不适的空间环境中，设计师在设计时应考虑在墙体中加入衬垫或使用吸音墙（图 6-4）、吸音地板等隔绝噪声的传播。

6.1.2　心理空间

心理空间又称知觉空间，是满足人的心理需要的空间，如无压迫感的顶棚、无不安感的办公空间等。心理空间设计可以从人身空间、领域以及周围环境的色彩、照明、通风换气等方面来考虑。实验证明，对人的身体空间和领域的侵扰，会使人产生不安感、不舒适感和紧张感，难以保持良好的心理状态，进而影响工作效率。

（1）个人心理空间

个人心理空间是指环绕一个人的、随人移动的、具有不可见边界线的封闭区域，其他人无故闯入该区域，则会引起人在行动上的反应，如转过身去或靠向一侧，企图躲避入侵者，有时甚至会与入侵者发生口角和争斗。

个人心理空间的大小，以人与人交往时彼此保持的物理距离的远近来衡量。该距离通常分

图 6-3　以屏风作为空间隔断的餐厅设计

图 6-4　室内吸音墙设计

表 6-1　个人心理空间的分区及说明

区域名称和状态			距离 / cm	说明
亲密距离	指与他人身体密切接近的距离	接近状态	0～15	指亲密者之间的爱抚、安慰、保护、接触等交流的距离
		正常状态	15～45	指头、脚部互不相触，但手能相握或抚触对方的距离
个人距离	指与熟人之间交往时所保持的距离	接近状态	45～75	指允许熟人进入而不为难、躲避的距离
		正常状态	75～120	指两人相对而立，指尖刚刚相接触的距离，即正常社交距离
社会距离	参与社会活动时所保持的距离	接近状态	120～210	一起工作时的距离，上级向下级或秘书说话时保持的距离
		正常状态	210～360	业务接触的通行距离，正式会谈、礼仪等多按此距离进行
公共距离	指在公共场合演说、演出等所保持的距离	接近状态	360～750	指须提高声音说话，能看清对方的活动的距离
		正常状态	750以上	指已分不清表情、声音的细微部分，要用夸张的手势、大声疾呼才能交流的距离

为亲密距离、个人距离、社会距离和公共距离四种。不同的距离（区域），允许进入的人的类别不同（表 6-1）。

个人心理空间领域的距离受性别、个性、年龄、民族、文化习俗、社会地位和熟悉程度等多种因素的影响。例如，研究表明，女性对身体间的接触比较有忍耐性，外向型的人比内向型的人对个人心理空间的要求小，社会地位高的人对个人心理空间要求较高等。

（2）领域

领域与个人心理空间相类似，而领域性是一种涉及人对社会空间要求的行为规则。领域与个人心理空间的区别在于，领域的位置是固定的，而不是随身携带的，其边界通常是可见的。

图 6-5　公共空间中的廊道及景观亭设计

图 6-6　用挡板及半封闭式结构分隔的公共空间

领域可分为私有领域和公有领域两种。私有领域（例如房产）可由一个人占有，占有者有权决定准许或不准许他人进入。公有领域（例如大街、商场、电影院、地铁、餐厅等）不能由一人占有，任何人都可以合理进入。设计师应当解决如何在公有领域建立半私有领域的问题，如在公园等公共空间中设置廊道、景观亭等，以满足个体的私有领域性需求（图 6-5）。

一般地说，满足人的社会空间要求，可通过增加个人的可用空间、降低人的密度加以解决。但是，在很多情况下，上述办法行不通。此时，可通过设置固定标志的办法来满足人的领域要求。例如，可运用挡板、屏风或半封闭式结构在公共空间中提供个人私密性空间（图 6-6）；也可利用内景设计手段，如颜色、阴影、水平条纹等增加表观空间，使人从心理上感到自己的个人心理空间或者私有领域并未受到侵扰。

6.1.3　作业空间

作业空间也叫动作空间，指人从事各种作业所需要的足够的操作活动空间。它包含人及其活动范围占用的空间，如人立、坐、跪、卧等各

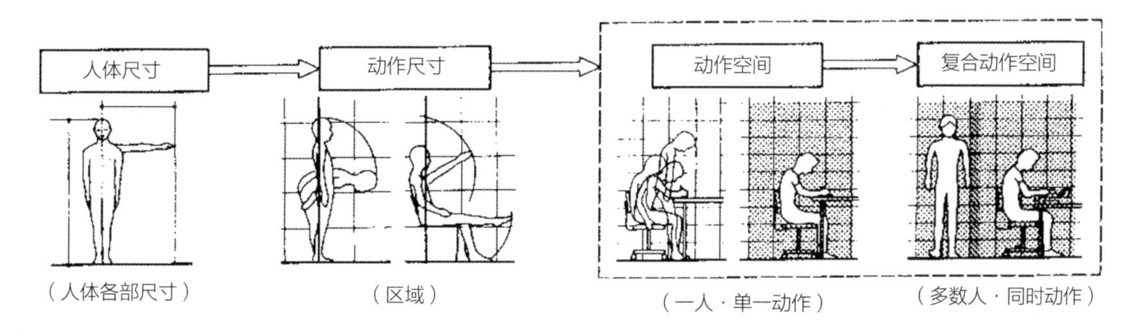

图 6-7　作业空间的划分

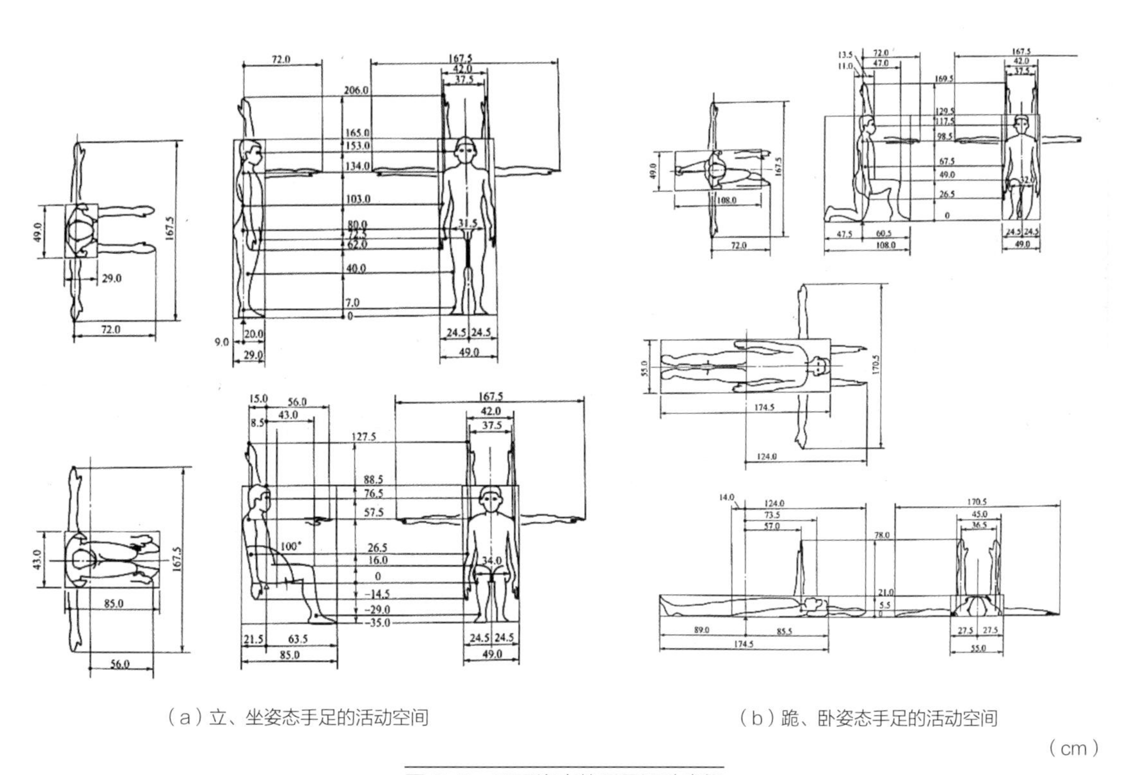

图 6-8　不同姿态的手足活动空间

种姿势所占有的空间。作业空间应以动作尺寸为主，再加上人体尺寸以及与用具、设备、建筑构件等直接有关的活动尺寸，即“人体尺寸以及动作尺寸”＋“物体的功能尺寸”＋“最小富余量”就构成了作业空间，例如坐椅子时要考虑站立时的尺寸。还有，多数人同时在进行动作时，或一个人在进行连续动作时，就形成了复合动作空间。图 6-7 所示为作业空间的划分。

作业空间受工作过程、工作设备、作业姿势以及在各种作业姿势下工作持续时间等因素的影响。空间作业中常采用的姿势有立姿、坐姿、单腿跪姿以及仰卧姿等（图 6-8）。

6.2　室内空间设计中人体工程学的运用原则

6.2.1　空间布置的舒适性

布置空间就像在纸上画画一样，力求画面效果给人带来视觉上的美感和心理上的舒适感。设计师要根据使用性质与使用对象创造适宜的空间形象，使其切实符合人们的生活规律与生理机能，使占有空间与活动空间形成一定规律的划分比例，从而使空间得到充分的利用，避免造成人为的缺陷与障碍。设计师要根据人体工程学中的有关数据，从人的尺度、动作域、心理空间以及人际交往空间等方面来确定空间范围。

6.2.2　尺度选择的合理性与均衡性

在设计布置空间及设施时，设计师一定要先了解人们在活动范围内对尺度的要求。因为人体各种动作部位直接与周围的家具、设备及各种器皿等接触，当人们站立、伸展、抚摸、俯身、坐卧、行走时，已经形成了一定的习惯并具有规范的尺度规律，所以，在确定空间的布置后，设计师必须明确这个空间物体之间的比例尺度以及一定限制的合理标准尺度。

此外，由于人种、地域、性别、职业、年龄上的差别，人体尺度选择很难有明确的统一标准。因此，在选择设计尺寸时，设计师要充分考虑普遍规律及大多数人的习惯。通常，我们可以按三种情况来选择人体尺寸。

（1）以较高人体尺寸为参照设计室内空间尺度上限

考虑室内空间尺度上限时，应以较高人体尺度为参照。如在设计楼梯顶高、栏杆高度、阁楼以及地下室净高、门洞高度、淋浴喷头高度、床的长度等时，应以男子第 95 百分位的人体身高（1775mm）为上限，另加鞋的厚度 20mm，得出室内空间尺度上限。

（2）以较低人体尺寸为参照设计室内空间尺度下限

考虑室内空间尺度下限时，应以较低人体尺度为参照。如在设计楼梯踏步、吊柜搁板、挂衣钩、清洗台、操作台、案板高度以及其他空间设施的高度时，应以女子第 5 百分位的人体身高（1484mm）为依据，另加鞋的厚度 20mm，得出室内空间尺度下限。

（3）以平均人体尺寸为参照设计一般的室内空间尺度

一般室内空间的尺度应根据我国成年人平均人体尺度（即第 50 百分位的人体尺度）来设计，如展览空间、影剧院、餐厅、百货商场等公共空间以及办公家具等公用设施的设计。

6.2.3　室内环境参数确定的科学性

室内环境主要包括室内热环境、光环境、声环境、振动环境、辐射环境、重力环境等。在进行室内设计时，必须对各种环境进行严格测量与计算，得出科学的参数（表 6-2、表 6-3）。这样，设计师在设计时才可能作出正确的决策。

表 6-2　室内热环境的主要参数

	允许值	最佳值
室内温度 / ℃	12 ~ 32	20 ~ 22（冬季）；22 ~ 25（夏季）
相对湿度	15 ~ 80	30 ~ 45（冬季）；30 ~ 60（夏季）
气流速度 /（m / s）	0.05 ~ 0.2（冬季）；0.15 ~ 0.9（夏季）	0.1
室温与墙面温差 / ℃	6 ~ 7	<2.5（冬季）
室温与地面温差 / ℃	3 ~ 4	<1.5（冬季）
室温与顶棚温差 / ℃	4.5 ~ 5.5	<2.0（冬季）

表 6-3　不同室内环境的噪声允许极限值

dB

室内环境	噪声允许极限值	室内环境	噪声允许极限值
电台播音室、音乐厅	28	零售商店	47
歌剧院（500座位，不用扩音设备）	33	工矿业的办公室	48
音乐室、安静的办公室、大会议室	35	秘书室	50
公寓、旅馆	38	餐馆	55
住宅、电影院、医院、教室、图书馆	40	打字室	63
接待室、小会议室	43	人声喧杂的办公室	65
多功能厅	45		

6.3　人际行为与室内交往空间设计

6.3.1　人际行为与人际距离

（1）人的需要与人际交往

人的需要是多种多样的。美国著名的人本主义心理学家 A. H. 马斯洛（Abraham H. Maslow）把人的需要按由低到高的顺序分为五个层次：生理需要、安全需要、社交需要、自尊需要和自我实现的需要，按各类需要的相互关系，各个不同的社会团体或处于社会不同发展阶段的人都会表现出不同类型的需要结构。在各个类型中，总有一种需要对于人的行为占优势地位。一般来说，当一种需要得到满足后，人

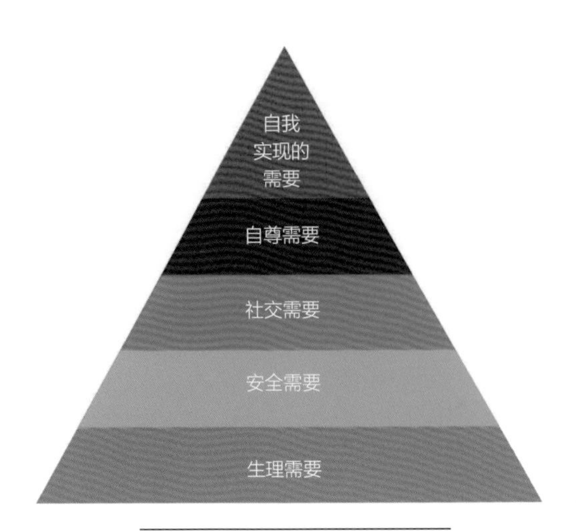

图6-9　马斯洛的需要层次结构

就会进一步追求更高层次的需要。图6-9所示为马斯洛的需要层次结构，从图中可以看出，交往是人的需要之一，人既是自然的人，又是社会的人。缺少必要的人际交往，人会容易感到孤独甚至抑郁；相反，交往过于频繁，则容易使人疲劳或兴奋过度。

心理学家W. 舒茨（W. Schutz）把人际关系的需求分为以下三类。

①包容的需求，即希望与他人交往并建立和维持和谐的人际关系。

②控制的需求，即希望通过权力或权威的建立，与他人维持良好的人际关系。

③情感的需求，即希望在情感方面与他人建立并维持良好的关系。

室内设计则必须通过创造良好的人际交往空间，以实现和保证人们在情感方面的交流，维持良好的人际交往关系，满足交往双方的社交需求。

（2）人际行为

人际行为是指具有一定人际关系的各方表现出来的相互作用的行为。日常生活中的人际交往是非常广泛、非常复杂的，而接待空间中的人际关系主要有会议室（厅）里的人群关系、接待室（厅）里的宾主关系、洽谈室里的讨论关系、休息室里的社交关系、起居室里的交往关系。

以上关系表现出的人际行为，因双方各自的目的和地位不同，对交往环境也有各自不同的要求，在室内空间设计时要充分考虑这一因素。

（3）人际距离

人际距离是指人们在相互交往过程中，人与人之间所保持的空间距离。根据人的感觉器官的不同，人际距离可分为以下几种。

①视觉距离。视觉具有相当大的知觉范围：500~1000m，根据背景、照明和动感可分辨出人群；70~100m，可分辨出一个人的性别、大概年龄和行为内容（球场最远的观众席离球场中心的距离不宜超过70m）；<30m，可看清楚一个人的面部特征、发型和年龄；<20m，可看清楚一个人的面部表情（剧场最远的观众席距舞台中心不宜超过20m）；1~3m，可进行一般交谈（洽谈室中常采用的座椅布置距离）。随着人际空间距离的缩小，人际情感交流程度也在增强。

②听觉距离。听觉具有较大的知觉范围：>35m，能听见叫喊，但很难听清楚具体内容，<30m，可听清楚演讲；<7m，可进行一般交谈。因此，设计师应根据不同的使用目的布置接待空间，如果接待厅的大厅深度超过30m，就要使用扬声器，而且也只能采取一问一答的交流方式。

③嗅觉距离。嗅觉的知觉范围相当有限：>3m，人只能闻到很浓烈的气味；2~3m，能闻到香水或者别的较浓的气味；<1m，能闻到别人衣服、头发和皮肤上散发出的较弱的气味。因

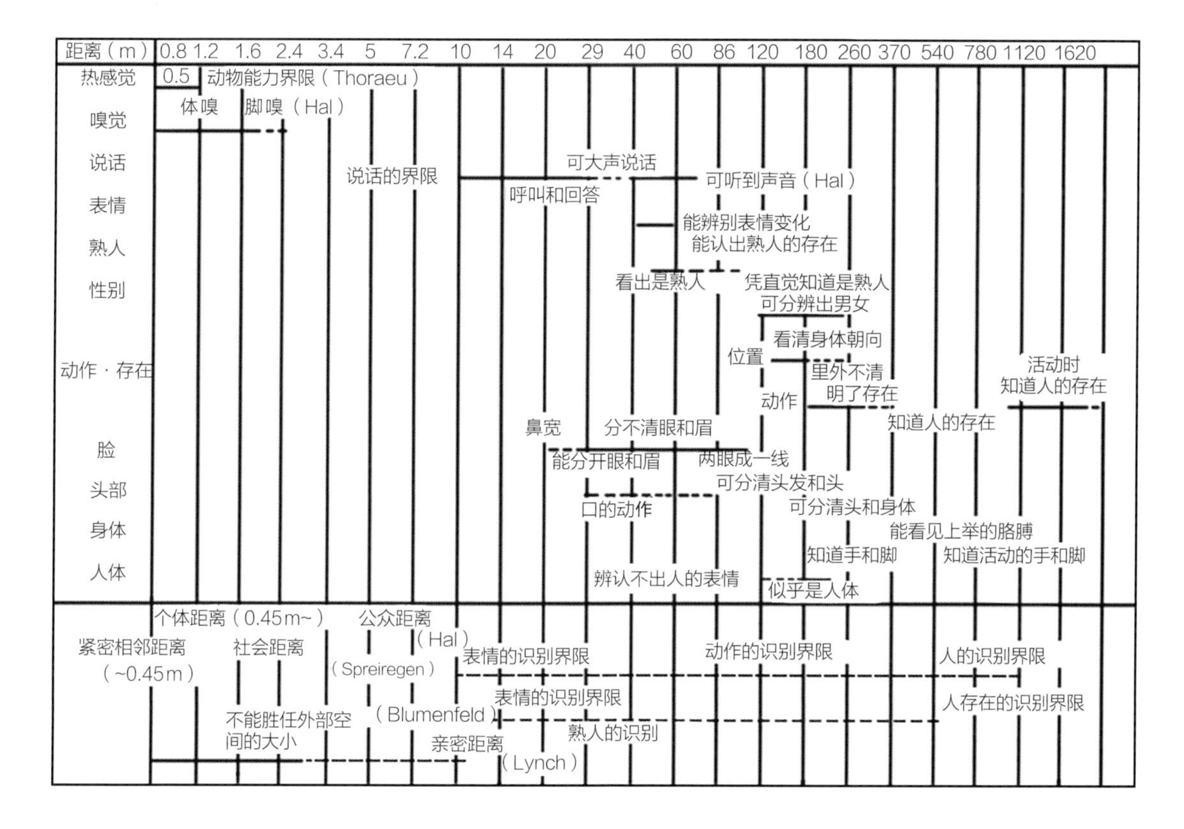

图 6-10 人的知觉和距离

此，在设计交往空间时，其中的座椅等家具布置要留有适当的距离，以免造成尴尬或者不愉快。

图 6-10 中的距离都是根据人际关系和行为来设置的，根据人们相互的距离，就可确定在这个范围内可能发生的行为。

6.3.2 人际行为与交往空间设计

人际关系决定人际行为，人际行为决定交往空间。

（1）起居行为与交往空间设计

起居室是家庭居室中重要的空间，人的一生有 10%以上的时间在起居室中度过，它是会客、娱乐和学习的重要场所。在这里交往的人一般都是朋友、亲戚和家庭人员，交往距离一般不超过 4m，距离太大则会缺乏亲切感。因此，一间起居室面积一般在 16~20m^2（图 6-11）。

（2）服务行为与交往空间设计

服务行为是顾客与服务员之间的一种交往行为。按交往方式的不同，服务行为可分为以下几种。

①通信式服务行为。即顾客和服务员之间有很大的空间距离，通过通信工具实现的一种交往行为。如顾客采用电话订票、订货，然后由服务员送票、送货给顾客等。这种行为表现没有交往空间的要求，只有对通信手段和技术条件的要求。

图6-11　起居室空间设计

②近前式服务行为。即服务员主动到达顾客跟前提供服务的行为，如去餐馆就餐时、乘车船旅行时发生的服务行为等。这种交往空间主要取决于顾客所占有的空间，其距离一般为0.45~1.3m。

③间隔式服务行为。即顾客与服务员之间有一个不大的隔离空间，如宾馆的服务台、银行和邮局营业厅中的营业柜台、酒吧间的吧台以及商店的柜台等。这种交往空间是有形而且固定的，其空间大小能满足两个个体之间的交互作用，这样的距离属于个人距离，一般为0.45~1.3m。

④接触式服务行为。即顾客与服务员之间没有隔离的一种服务行为，如理发店的理发行为、医院的诊疗行为、浴室的助浴行为等。这种行为产生的人际距离属于亲密距离，在0.45m之内。

设计师应了解各类服务行为与交往空间的关系，以便进一步提高服务质量，创造既符合顾客需要又利于服务人员使用的空间环境。

（3）商业行为与交往空间设计

从视觉信息的交互作用来看，商业行为所反映的人际交往空间，具体表现在以下几个方面。

①公共距离的交往。顾客和商家的距离大于4m时，只有视线的交换，因此，商家应该加强店内大堂的休闲环境设计，促使顾客逗留。

②社会距离的交往。即顾客和商家的距离在1.3~4m，这个距离是人与人之间应有的交往距离，此时商家应该加强商品的展示，以便吸引更多的顾客。

③个人距离的交往。即顾客与商家的距离在1.3m之内，此时的人际关系是一种服务行为关系，因此，商家应该加强为顾客服务的手段和方法。

6.4　室内空间环境中的色彩设计

室内空间，是一个多空间、多物体的构成，因此其涉及的色彩设计也较复杂。受光线、材料颜色、物体的固有色、人等诸多要素的影响，室内空间环境中的各部分色彩关系复杂，既相互联系又相互制约。因此，这些色彩如何构成协调，既有对比变化，又有协调统一，以构成一个有机的色彩空间，是室内空间环境色彩设计的关键所在。

6.4.1　室内色彩设计的方法

（1）色彩设计的基本要求

在进行室内色彩设计时，应首先明确和室内色彩有密切关系的问题。

①空间的使用目的。不同使用目的的空间，如会议室、病房、起居室等，显然在色彩的要求上不一样，有时甚至是截然不同的。

②空间的大小、朝向和设计形式。设计师可以通过不同的色调选择和配色方案来强调或削弱整体空间关系。

③室内空间的主要使用者。如不同性别、不同年龄的人对色彩的要求有很大区别，不同民族、文化层次和职业的人对色彩的要求也有很大区别，室内色彩的设计应适合居住者的爱好和欣赏习惯。

室内色彩设计的基本要求，实际上就是按照不同的设计对象，有针对性地进行色彩配置。

（2）室内色调

室内色彩设计的根本目的是创造适合人们需要的室内环境气氛，而室内色调又因人、功能、时间、地点等的不同而不同。

①色调与人。人是使用室内环境的主体，不同民族、性别、年龄、职业、爱好、气质的人对色调的要求也不同。如图 6-12 所示，不同性别的人的色调倾向有较大差别，男性偏好的室内空间色调通常以冷灰色或无彩色为主，而女性偏好的则多以高明度的暖色调为主。因此，室内空间的色调必须将个体差异性作为设计参照的重要条件。

②色调与功能。室内环境所提供的功能不同，对色彩的要求也不同。不同功能的房间（客

Q&A:

图 6-12　不同性别在空间色调选择中的差异性

厅、卧室、餐厅、厨房、卫生间等），以及同一房间室内空间的不同部位（地板、天花板、墙面以及门、窗等），都有各自的色彩标准和要求，因此，空间的色调搭配应尽可能辅助空间功能的实现。如图 6-13 所示，与空间功能不符的卧室配色设计中，大面积互补色并置形成的空间色调使卧室空间产生烦躁不安之感，影响到了人起居生活的舒适感。

③色调与时间。在不同时间，人对色彩的要求也不尽相同。如冬季可采用暖色调，夏季可采用冷色调，以适应不同季节人们对室内色调的需求。不同时代也会出现不同的“流行色”，特别是室内家具陈设的“流行色”，这些都会影响室内色彩环境。

④色调与地点。这里的地点，就是指客观环境。室内空间大小、比例和形态，房间朝向、位置，室外景观和自然环境等的不同，造成室内的色彩环境也不同。如对于面积较大的室内空间，为了避免造成空旷感，在色彩搭配上不建议使用冷色系或无彩色搭配；而对于面积较小的空间，为了避免造成拥挤压抑的感觉，在色彩选择上数量不应过多，并通常以冷色系搭配为主。另外，室内物品的数量、装饰材料的选择等均会影响室内色彩。

图 6-13　与空间功能不符的卧室配色设计

（3）室内配色

室内色彩设计就是在确定色彩基调（即色调）后，设计师利用色彩的物理性能及其对人的生理和心理的影响进行配色，以充分发挥色彩的调节作用。配色的过程就是统一地组织各种色彩的色相、明度和纯度的过程。良好的室内环境色调，是根据一定的秩序来组织各种色彩的结果。这些秩序遵循同一性原则、连续性原则和对比性原则。

①同一性原则。根据同一性原则进行配色，就是使组成色调的各种颜色或具有相同的色相，或具有相同的明度，或具有相同的纯度。在实际设计过程中，以相同的色彩来组织室内环境色调的方法应用较多，如图 6-14 所示，办公室采用同一色调，可衬托出办公空间的简洁有序。

②连续性原则。色彩的色相、明度或纯度

图 6-14　同色调的办公空间设计

图 6-15　连续性色彩在室内空间中的应用

图 6-16　对比性色彩在室内空间中的应用

依照光谱的顺序形成连续的变化关系，根据这种变化关系选配室内色彩的方法，即连续的配色方法。采用这种方法，可达到在统一中求得变化的目的。但在实际运用中须谨慎行事，否则易陷入混乱而不可收拾。图 6-15 所示为暖色调休息区空间设计，空间中的墙体及软装选用由黄色到橙色延展的连续性色彩，富有变化，极具个性，但又无混乱之感。

③对比性原则。为了突出重点或为了打破沉郁的气氛，我们可以在室内空间的局部运用与整体色调对比较大的颜色。此时的色彩在色相、明度和纯度方面应与背景有适当的差别。实际运用中，突出色彩在明度上的对比易于获得更好的效果。图 6-16 所示为办公空间的配色。大面积白色使得空间氛围干净明快，蓝色线条在空间中形成一定的秩序感和速度感，突出空间功能的同时又达到了活跃空间氛围的设计目的。

在选配室内色彩的全过程中，上述三个原则构成了三个步骤。同一性原则是配色设计的起点，设计师根据这一原则确定室内环境色调。室内配色一般多采用同色调和类似色调，前者给人以亲切感，后者给人以融合感。采用对比性配色，易于给人强烈的刺激感，但须控制好各种色彩的比例。

6.4.2　室内色彩设计的具体问题

室内空间的构成元素，也就是室内色彩设计的对象。陈列在室内空间中的家具、饰物、织品以及房间各界面的色彩选择，都是室内色彩设计的内容。

（1）家具色彩

在室内环境中，家具兼有实用和装饰的双重功能。在中古和近代的室内环境设计中，由于房间的尺度较大，家具更多地被看作“空间中”的陈设品，在造型上作为三维的要素，并具有较大的独立性。因此，旧式家具多半采用浓重的色调，并且带有雕刻和彩绘。工业革命之后，现代生产的快节奏和高效率使室内环境设计也演变为“居住机器”。人们开始讲究室内空间的实用性，房间的尺度比以前更小，因此家具占据了室内大部分空间，其在室内环境设计中的地位也有所变化。在现代室内环境设计中，家具常常被处理为室内空间中的界面，在造型上更多地作为二维要素。从家具与室内其他物品的关系上来看，它更多的是作为室内空间环境的背景，用以衬托其他尺度更小的陈设物。因此，现代室内家具的色彩选择多倾向于浅色或者灰色，在整体上色彩的品种和变化不多，以求统一。在现代室内空间中，家具是陈设中的大件，其色彩往往成为整个室内环境中的色彩基调，所以，室内家具的颜色选择，要以室内总的色彩格调为依据。

一定的室内色调对应一定的室内环境气氛。设计师应根据所设计的室内空间的性质来决定其色调，再根据这种色调来选择家具的色彩。一般说来，浅色调的家具富有朝气，深色调的庄重，灰色调的典雅，多种颜色恰当组合则显得生动活泼。而在实际运用中，以浅灰色调最为常见（图6-17）。室内空间较大时，可精心设置少量的深

图6-17　以浅灰色调为主的家具

图6-18　儿童娱乐空间设计

色调家具。深色的家具色彩运用得当，能够有效地创造出一种庄重的氛围，充分体现空间的色彩格调，比如在一些重要的办公室和豪华的起居室中，可以选用深色调的家具系列。而在儿童用房中，人们常常采用活泼的家具色彩，以有益于儿童个性的发展（图6-18）。

（2）墙面色彩

墙面在室内环境中起着衬托家具及其他器物的功能。在配色上应着重考虑其与家具色彩的协调及反衬。对于浅色的家具，墙面宜采用与家具近似的调子或颜色；对于深色的家具，墙面宜用浅的灰色调。在大空间中，我们也可将一个墙面颜色处理为彩色，但要保证该墙面的整体性。此时，该墙面的视觉效果更接近于一幅壁画。另外，墙面颜色的选定，还要考虑到环境色调的影响。例如，朝南面的房间，由于阳光的作用，其墙面宜用中性偏冷的颜色才不会使人感到“热”，这类颜色有绿灰、浅蓝灰、浅绿等；同理，朝北面的房间墙面则应当选用偏暖的颜色，如奶黄、米黄等。

墙面的色彩一般避免用环境色调的对比色，以免产生过强的对比，破坏了室内整体的效果。若室外有大片的红墙，室内墙面就不宜用绿色和蓝色；若室外有大片绿色植物，室内要避免用红色或橙色；如若必须用，也要控制好比例。在这种情况下，中性色是最常见的墙面颜色，如米色、乳白等。

（3）地面色彩

地面通常采用与家具或墙面颜色相近而明度较低的颜色，以获得一种稳定感。但在面积狭小的室内，深色的地面反而会使房间显得更狭小。在这种情况下，要注意使整个室内的色彩具有较高的明度。室内地面的色彩应与室内空间的大小、地面材料的质感结合起来考虑。大尺度的室内空间可用颜色较深的硬质磨光地面，如深色的花岗石或美术水磨石，比如大型宾馆或演出类公共建筑的门厅常采取这样的地面处理手法。而小到如卧室、家庭起居室这样的室内空间，宜用浅色而柔软的地面材料，如木板、地毯等。

（4）其他物品色彩

窗帘、门帘、床罩、沙发、台布等室内纺织品的色彩也是室内整体色调的组成部分，应与室内的整体色调相一致，大面积使用的材料更应如此。室内陈设中的纺织品所占比重较大，通常的建议是选择相同的颜色和质地，并以淡雅的中性色为上策。轻薄挺括的面料，其颜色可以鲜艳些，用料少一些也无妨；但厚实的面料宜采用中性的灰色调，而且尺寸应做得大一些，这样，布料自然下垂而形成的褶皱会产生一种华贵的效果（图6-19）。

图6-19　室内环境中的纺织品

对于玩具、酒具及其他陈设品，其色彩的选择可以多样化，但也要注意与整体气氛的协调问题。不过，更多的时候，人们会利用色彩鲜艳的小物件来打破整体色调的单调沉闷感，起到画龙点睛的效果。室内的各种陈设品面广量大，很大程度上可以起到调节室内色彩环境的作用。根据这些陈设物易于更换的特点，我们可以备上几组配套的物品，在不同的季节做不同的布置，使室内环境总是充满生机。

创造有个性的室内空间环境，是室内色彩设计的最终目标，而个性来自整体中的变化。也就是说，整体性是一切个性的基础。所以，色彩设计的根本点还是如何获得室内色彩的整体性，即室内色彩环境的均衡与统一。从设计的程序上看，设计师应从整体色调着手，由大到小，由统一而求变化，最终达到满意的效果。

6.5 工作和生活中的安全因素

6.5.1 楼梯

楼梯既是建筑中垂直交通联系的重要元素，又是消防设计中重要的疏散通道，我们应重视其设计的科学性。

楼梯的设计应遵循以下原则。

①楼梯的坡度。楼梯的坡度是指楼梯段的坡度，有两种表示方法：一种可用楼梯斜面与水平面的夹角来表示，如 30°、45°等；另一种可用楼梯斜面的垂直投影高度与斜面的水平投影长度之比来表示，如 1：12、1：8 等。楼梯常见坡度为 20°～45°，其中 30° 左右较为通用。当坡度小于 20° 时，采用坡道；当坡度大于 45° 时，由于较陡，需要借助扶手的助力扶持，此时则采用爬梯。

②楼梯的宽度和长度。楼梯段的宽度必须满足上下人流及搬运物品的需要，应根据紧急疏散时要求通过的人流股数确定，人流应不少于两股。每股人流按 0.55+（0~0.15）m 宽度考虑，其中 0~0.15m 为人流在行进中的摆幅，人流较多的公共建筑应取上限值。楼梯段的长度 L 是每一梯段的水平投影长度，其值为 $L=b\times(N-1)$，其中 b 为踏步的宽度，N 为每一梯段踏步数。

③踏步的高度与宽度。踏步高度与踏步宽度之和与人行步距有关。通常按下列公式计算踏步尺寸：

$2h+b=600\sim620$（mm）

或 $h+b=450$（mm）

式中，h 为踏步高度；b 为踏步宽度。

不同性质的建筑对楼梯踏步最大尺寸和最小尺寸的要求不同。例如住宅空间的踏步高为 150~175mm，踏步宽为 250~300mm；学校、办公空间的踏步高为 140~160mm，踏步宽为 280~340mm。当楼梯间深度受到限制，致使踏面尺寸较小时，可以采取加做踏口（或突缘）或做成踢面倾斜的方式加宽踏面。一般踏口（或突缘）的挑出尺寸为 20~25mm，最大可至 40mm（图 6-20）。

④栏杆和扶手高度。栏杆是布置在楼梯段

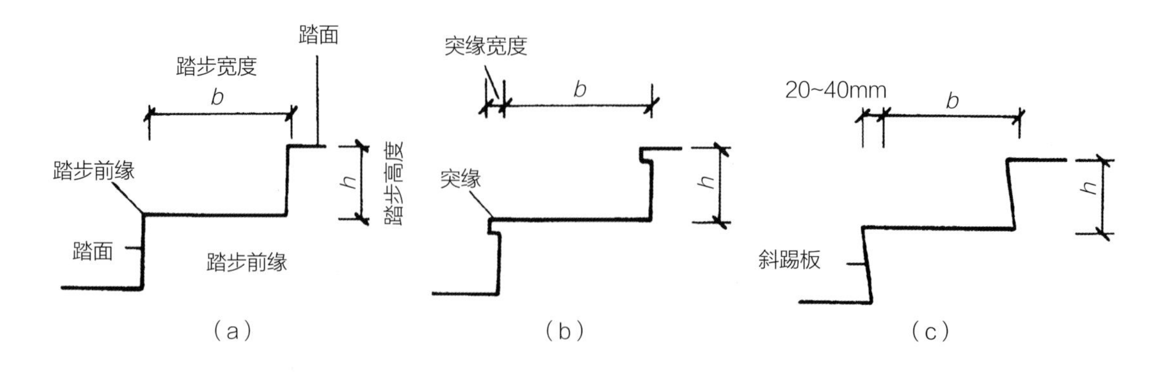

图 6-20　踏步示意

和平台边缘处具有一定安全保障度的围护构件。栏杆或栏板顶部供人们行走倚扶用的连续构件，称为扶手。扶手高度是指踏面宽度中点至扶手面的竖向高度，一般为 900mm。供儿童使用的扶手高度为 600mm，室外楼梯扶手高度应不小于 1100mm。栏杆、扶手在设计、施工时应考虑坚固、安全、适用、美观。

⑤楼梯阶数。每一段台阶数不宜超过 6 级，最好每隔 8 级台阶设置一个休息平台。

⑥楼梯踏面材质。在进行楼梯设计时要避免踏面太过光滑，可在踏面铺上地毯或其他摩擦力较大的材料，以增加摩擦力。

6.5.2 卫生间

卫生间的设计应遵循以下原则。

①浴缸和淋浴地面宜使用防滑材料，卫生间所有的门应使用安全玻璃。

②若洗手台前方为走道，至少应留有 600mm 以上的距离。若是一人在盥洗，一人要从后方经过，一般需留出 800mm 以上的距离。

③应在沐浴区域设置安全把手，把手高度设置在距地面 1010~1220mm 处。安全把手应采用舒适、防滑的材料，避免尖锐的部分。

④花洒开关距地面 1010~1270mm，花洒高度为 1820mm。除固定花洒之外，手持花洒的高度可以根据业主的身高进行调节。

⑤毛巾架（包括毛巾环、毛巾杆）的安装高度：毛巾环距地面 900~1400mm；毛巾杆距地面 1100~1200mm。

⑥卫生间内的窗台至少距地面 1220mm。

⑦应在浴室内安装防蒸汽灯，并将其固定在浴室中心。

6.5.3 窗户

窗户的设计应遵循以下原则。

①窗台高度。一般住宅建筑中，要求窗台高度不小于 900mm，当窗台高度低于 800mm 时，应采取防护措施。在公共建筑中，窗台高度为 1000~1800mm 不等，开向公共走道的窗扇，其底面高度不应低于 2000mm。

②窗户高度。一般住宅建筑中，窗的高度为 1500mm，加上窗台高 900mm，则窗顶距地板面 2400m。

③窗户宽度。根据建筑标准洞口规范中的规定，一般建筑洞口的宽度模数是 300mm，即一般宽度为 600mm、900mm、1200mm、1500mm 等，以此类推。需注意的是，当窗洞过宽时，应加设竖向龙骨或“拼樘”，否则容易出现窗户的刚度问题。

④窗户的安全性。在设计中出于安全考虑，应使用安全玻璃。使用花窗时，必须采用耐冲击的高强度玻璃。

6.5.4 门

门的设计应遵循以下原则。

①门的宽度。一般住宅分户门宽 900~1000mm，分室门宽 800~900mm，厨房门宽 800mm 左右，卫生间门宽 700~800mm，由于考虑现代家具的搬入，现今多取上限尺寸。

②门的安全性。住宅内不应使用双向弹簧门，且要避免两门相撞。此外，门的边缘最好没有尖角，而且避免使用玻璃或陶瓷做的门把手，在把手和门之间应给手留出足够的空间。

③门的开合度。在进行门的开合设计时，应保证其能够完全打开，开门时不应碰到墙壁及任

何障碍物，尺度上应至少打开 90°。

6.5.5 厨房

厨房在布局时需要满足有足够的操作空间、储物空间等条件，要满足这些条件，则需要根据人在厨房中的活动来进行规划。

厨房的设计应遵循以下原则。

①厨房的安全性。在厨房中所有的台面边缘不应有尖角，要注意灶具与电器、橱柜不要离得太近，放置冰箱时要远离清洗区，避免因溅出来的水导致冰箱漏电的现象。

②厨房布局。厨房布局是按食品的贮存、准备、清洗和烹饪的顺序安排的，应沿着三项主要设备即冰箱、洗涤池和炉灶组成一个三角形，这三边之和以 3600~6000mm 为宜，过长和过短都会影响操作。

③案台操作面尺寸。案台的操作面尺寸应根据使用者活动范围及其就餐习惯来确定，如操作者前臂平抬，从手肘向下 100~150mm 的高度为厨房台面的最佳高度。

④吊柜尺寸。通常吊柜深度为 330mm 或者 350mm，特殊结构的吊柜如转角吊柜深度基本取 650~750mm。

6.5.6 地面

地面是室内空间中人们直接接触最多的部分，所以设计师在进行室内设计时，必须要做好地面的装饰设计，特别是在地面材料的选择上要保证地面的舒适性。另外，还应特别重视地面材料的安全性，例如要选择防滑性能好的材料。

在地面上铺地毯可增加安全性，地毯应铺在防滑材料表面。也可以考虑使用防滑垫、防滑地砖等，以减少因滑倒而发生的意外。

7

建筑家具与人体家具

家具与尺度

人体工程学与建筑类家具设计

人体工程学与人体类家具设计

Ergonomics and Art Design

7.1 家具与尺度

家具是室内空间构成的重要元素。在诸多家具中，椅子与人体接触最多。椅子的设计，包括汽车驾驶室、坐姿操作系统等的高度的确定都应以坐骨结节为基准点。按照习惯，椅子的设计一般从地面计算高度、标注尺寸。这是因为人们不清楚这种功能尺寸的基准点是在坐骨结节上，所以设计的办公桌、课桌等普遍过高。根据室内家具种类的不同，我们应该区别立姿和坐姿两个不同姿势的基准点。

在建筑上，设计尺寸以地面为基准点，这是因为人取立姿，足跟在地面上。因此，橱柜之类的建筑家具的基准点，自然在地面上。但是，人体家具的基准点必须在人的坐骨结节上。这是因为人坐在椅子上，其身体各部尺寸，如眼高、肘高等都是由坐骨结节来确定的，与足跟无关。介于立姿与坐姿之间的姿势的基准点亦在人体上，其计算方法应以从坐骨结节向上的量值与向下的量值之和来表示，如台类家具的设计等应考虑以上数据。

我们如何去确定家具的尺寸呢？一般来说，我们可以通过查找人体工程学类的书籍来确定具体的设计参数，但这些数据不可能直接用于设计本身，我们要深层次地设计的话还要进一步了解人与家具相关的生理学依据和心理学依据，对使用这些家具可能产生的问题进行深入调查，并在设计中解决这些问题，这才是真正的“以人为本”的设计。例如我们制定工作椅的人体参数时，就是通过调查适用人群及其人体参数、人的坐姿、使用方式、使用场合、肌肉和脊椎的压力分布与坐姿的关系，以及使用的时候出现的常见问题等，综合方方面面，才能够得到在设计中有用的数据。假若只照本宣科，死抄书本数据，那么做出来的东西不过就是假人机，并非我们所追求的“以人为本”。

下面我们提供一些不同作业方式的人体数据，仅供参考。

7.1.1 人体及其作业面空间尺寸群

（1）立姿作业面 100cm 高空间

例如，面对讲台、高柜台等的作业方式（图7-1）。

空间尺寸群如下。

长度：55cm；

宽度：60cm；

高度：170cm；

作业面高：100cm。

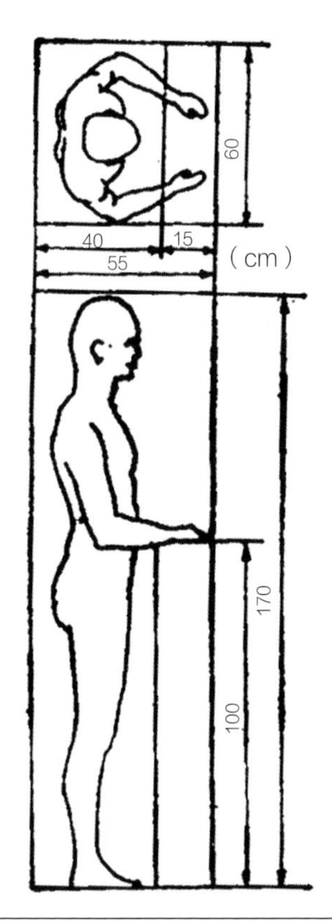

图7-1 立姿作业面 100cm 高空间

（2）立姿作业面 80cm 高空间

例如，站立面对低台或烹饪台（图7-2）。

空间尺寸群如下。

长度：60cm；

宽度：55cm；

高度：170cm；

作业面高：80cm。

（3）坐姿作业面 70cm 高空间

例如，面对桌子工作（图7-3）。

空间尺寸群如下。

长度：85cm；

宽度：55cm；

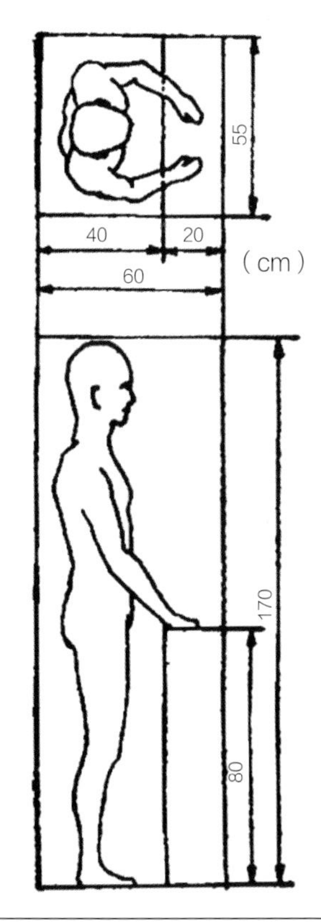

图7-2 立姿作业面 80cm 高空间

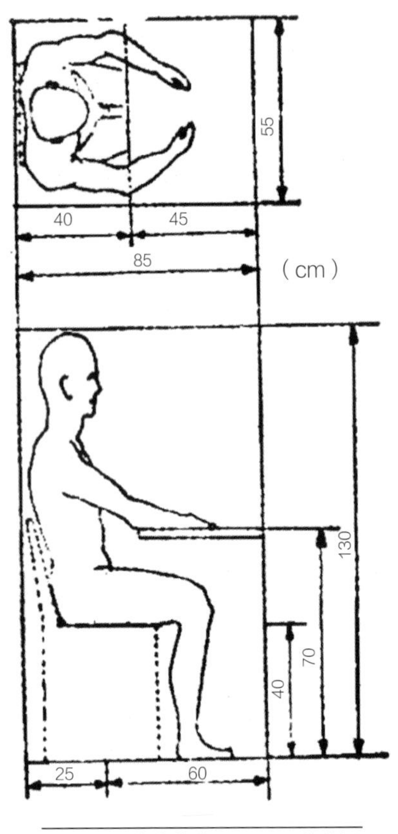

图 7-3　坐姿作业面 70cm 高空间

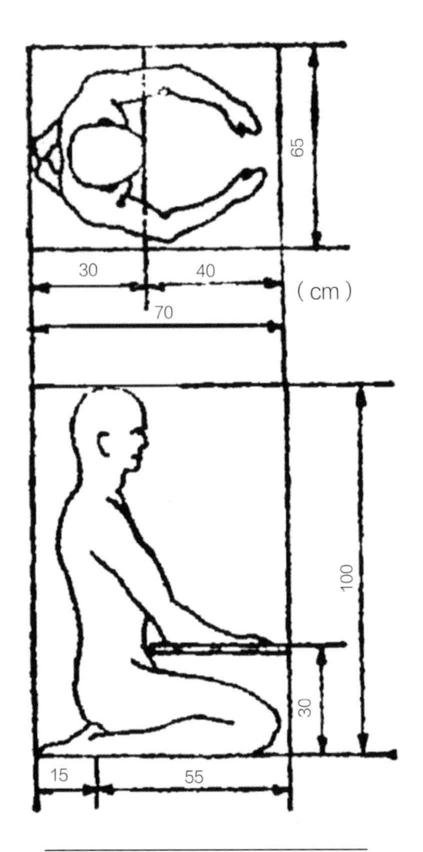

图 7-4　跪坐作业面 30cm 高空间

高度：130cm；

椅面高度：40cm；

作业面高：70cm。

（4）跪坐作业面 30cm 高空间

例如，面对低矮桌进行工作（图 7-4）。

空间尺寸群如下。

长度：70cm；

宽度：65cm；

高度：100cm；

作业面高：30cm。

（5）盘坐作业面 30cm 高空间

例如，在盘坐时面对低矮桌进行工作（图 7-5）。

空间尺寸群如下。

长度：70cm；

宽度：70cm；

高度：90cm；

作业面高：30cm。

（6）跪坐于地板作业空间

例如，在地板上写字或进行某些劳动（图 7-6）。

空间尺寸群如下。

长度：80cm；

宽度：50cm；

高度：100cm。

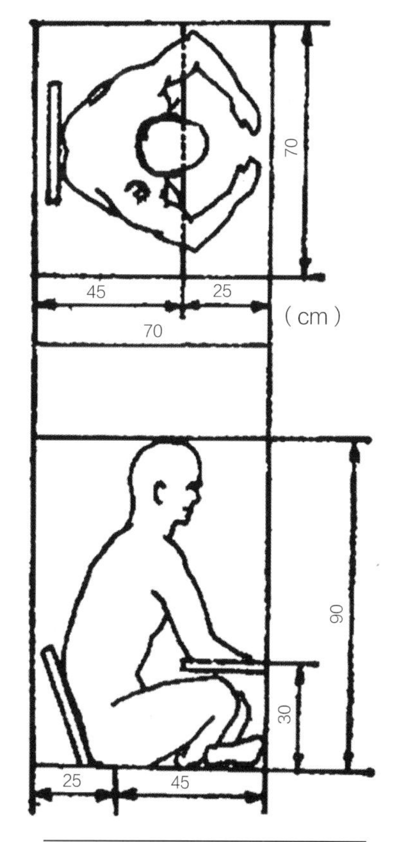

图 7-5　盘坐作业面 30cm 高空间

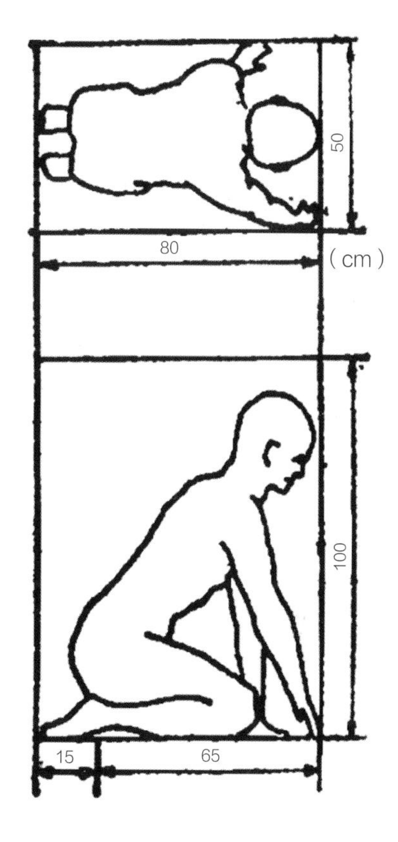

图 7-6　跪坐于地板作业空间

7.1.2　人体及贮存柜空间尺寸群

（1）站立提踵体姿空间

例如，在贮存柜前提踵取物（图 7-7）。

空间尺寸群如下。

长度：100cm；

宽度：180cm；

高度：220cm。

物高：90~190cm。

（2）立位体并且前屈体姿空间

例如，在矮贮存柜前躬腰取物（图 7-8）。

空间尺寸群如下。

长度：140cm；

宽度：180cm；

高度：170cm；

物高：50~70cm。

（3）全蹲体姿空间

例如，在矮贮存柜前蹲取物品（图 7-9）。

空间尺寸群如下。

长度：120cm；

宽度：180cm；

高度：140cm；

物高：50~90cm。

（4）单膝跪姿空间

例如，在贮存柜前单膝跪姿拿取物品（图 7-10）。

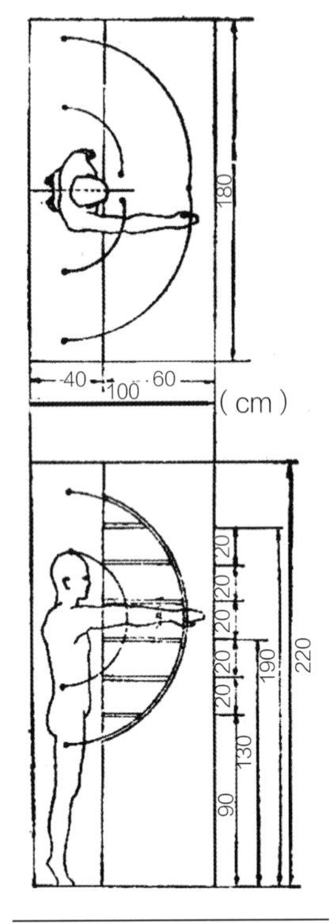

图 7-7　站立提踵体姿空间

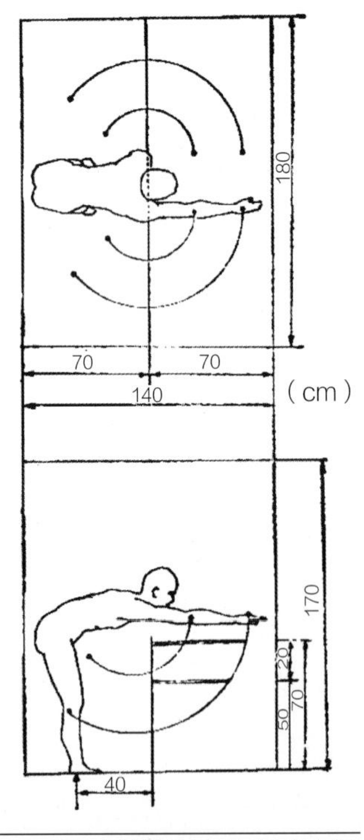

图 7-8　立位体并且前屈体姿空间

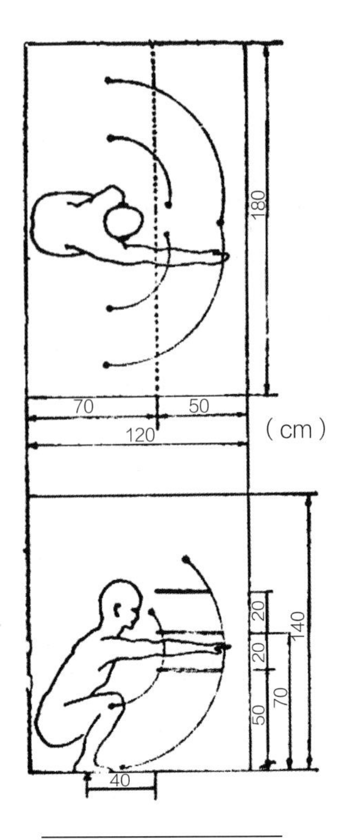

图 7-9　全蹲体姿空间

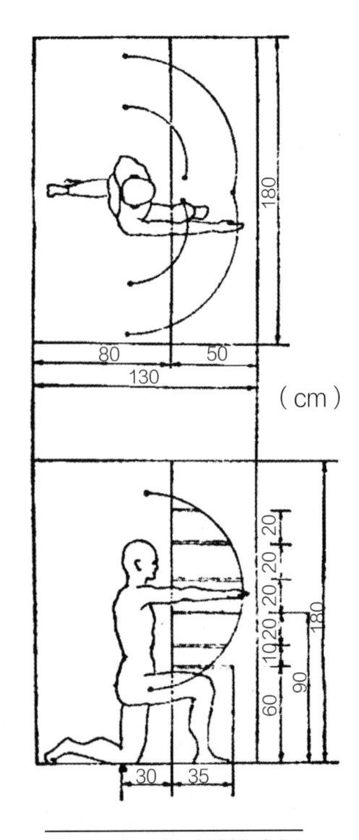

图 7-10　单膝跪姿空间

空间尺寸群如下。

长度：130cm；

宽度：180cm；

高度：180cm；

物高：60~150cm。

（5）双膝跪姿空间

例如，在贮存柜前双膝跪姿拿取物品（图7-11）。

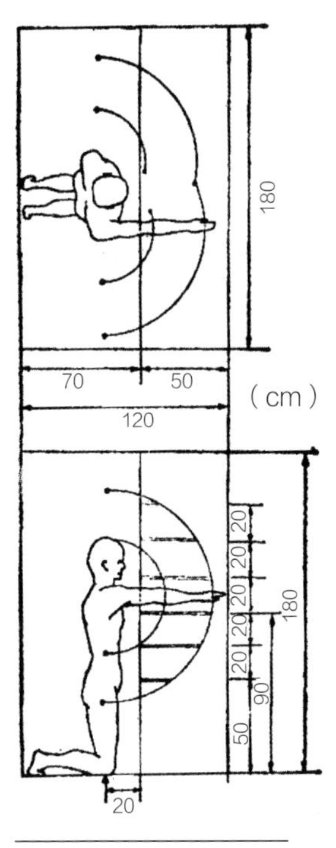

图7-11　双膝跪姿空间

空间尺寸群如下。

长度：120cm；

宽度：180cm；

高度：180cm；

物高：50~150cm。

（6）伏跪体姿空间

例如，在贮存柜前伏跪拿取物品（图7-12）。

空间尺寸群如下。

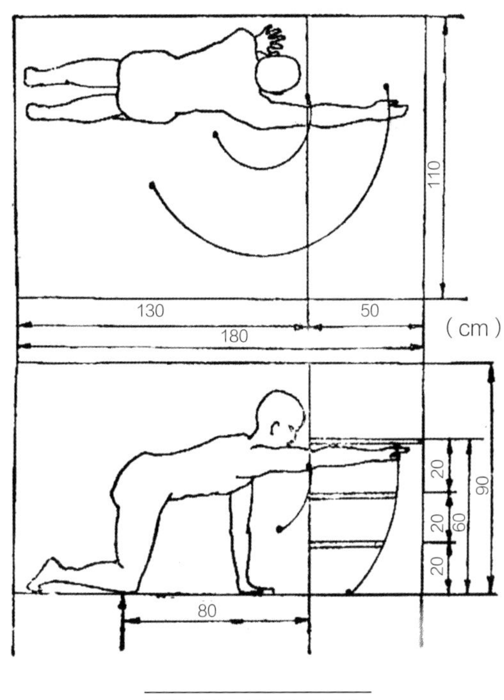

图7-12　伏跪体姿空间

Q&A:

长度：180cm；

宽度：110cm；

高度：90cm；

物高：20~60 cm。

7.1.3 人体及门户空间尺寸群

（1）站立体姿空间

例如，站立关开各种门户（图 7-13）。

空间尺寸群如下。

长度：100cm；

宽度：180cm；

高度：210cm；

物高：0~180 cm。

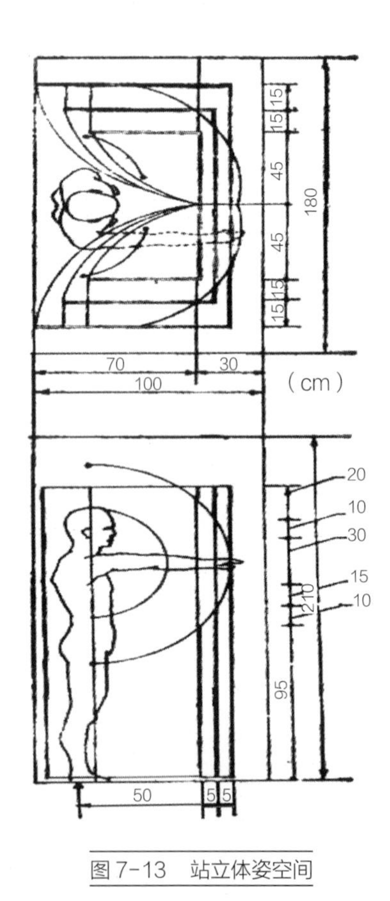

图 7-13 站立体姿空间

（2）屈膝跪姿空间

例如，屈膝跪姿关开门（图 7-14）。

空间尺寸群如下。

长度：100 cm；

宽度：180cm；

高度：160 cm；

物高：0~115 cm。

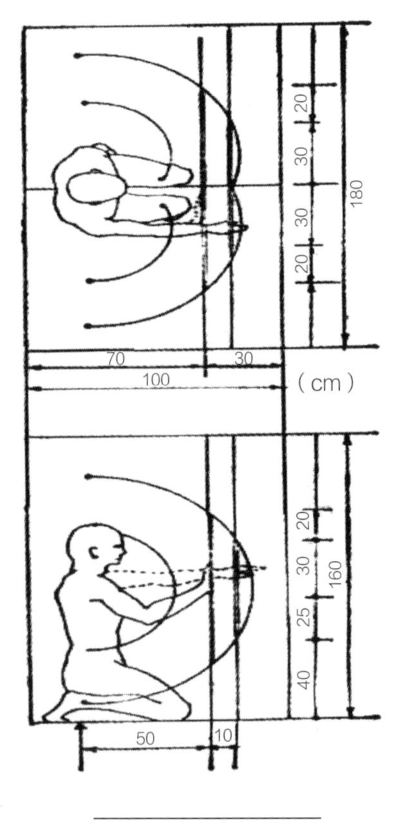

图 7-14 屈膝跪姿空间

7.2 人体工程学与建筑类家具设计

建筑类家具从常规来讲包括橱柜、书柜、壁柜、办公系统家具等。正如我们所了解的，这些家具都跟我们密切相关，设计得好的橱柜不但能保证我们的使用安全，还能减轻我们的劳动强度，提供舒适、愉快的工作环境，这就是人体工程学在建筑类家具设计中的真正意义。

我们把建筑类家具的界面看作一个区域，也就是作业区。作业区设计主要依据人体尺寸的测量数据，而作业性质、人的生理和心理诸因素也会影响工作区的设计。

7.2.1 工作面的高度设计

工作面的高度是决定人体姿势的重要因素。工作面的高度设计按基本作业姿势可分为三类：站立作业、坐姿作业、坐立交替式作业。

（1）站立作业

工作面是指作业时手的活动面。工作面可以是工作台的台面，也可以是主要作业区域。工作面的高度取决于作业时手的活动面的高度，例如绣花时绣面的高度。

站立工作时，工作面的高度决定了人的作业姿势。工作面过高，人不得不抬肩作业，从而可能引起肩胛、颈部等部位疼痛性肌肉痉挛。工作面太低，迫使人作业时弯腰驼背，引起腰酸背痛。因此，作业面的高度对于作业效率及肩、颈、背和臂部的疲劳度影响很大。但需明确的是，工作面的高度不等于桌面高度，因为工作物件本身是有高度的，例如，电脑的键盘高，一般为 25~50mm。

站立作业的最佳工作面高度为肘高以下 5~10cm。男性的平均肘高约为 105cm，女性约为 98cm，因此，按人体尺寸考虑，男性的最佳作业面高度为 95~100cm，女性的最佳作业面高度为 88~93cm。

另外，作业的性质也会影响作业面高度的设计。

Q&A:

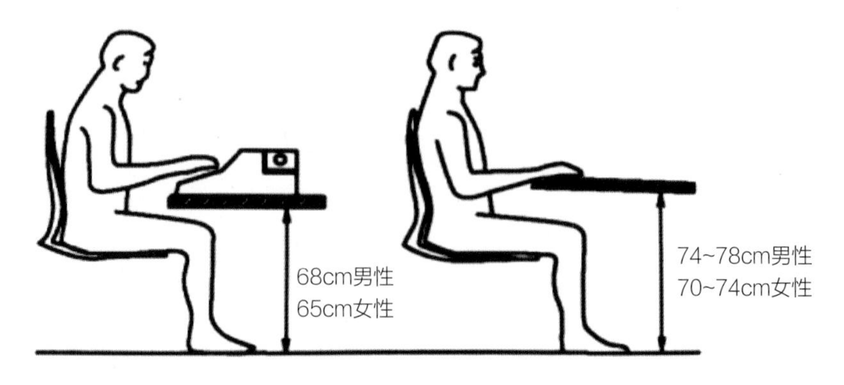

图 7-15　打字时的作业面高度参考示意

对于不同的作业性质，设计者必须具体分析其特点，以确定最佳作业面高度。

①对于精密作业（例如绘图），作业面应上升到肘高以上 5~10cm，以适应眼睛的观察距离。同时，给肘关节部位一定的支承，以减轻背部肌肉的静态负荷。

②对于工作台，如果台面还要放置工具、材料等，台面高度应降到肘高以下 10~15cm。

③若工作者（如木工、装配工）工作时的体力强度要求高，例如需要借助身体的重量，作业面应降到肘高以下 15~40cm。

④可调工作台。从适应性而言，可调工作台是理想的人体工程学设计。

有些情况下作业面根本无法调节（比如机床）。此时，作业面的高度应按身高较高的人的尺寸进行设计，身高较矮的人可使用垫脚台。

（2）坐姿作业

对于一般的坐姿作业，作业面的高度仍在肘高（坐姿）以下 5~10cm 比较合适。同样，在精密作业时，作业面的高度必须增加，这是由于精密作业要求手眼之间的配合，在精密作业中，视觉距离决定了人的作业姿势。

①打字。随着计算机的发展，打字工作越来越多。打字时的作业面高度决定于打字机的键盘高度和工作台高度（图 7-15）。然而，工作台的高度受到腿所必需的空间的限制。最低的工作台高度可由以下公式求得：

$$LH=K+R+T$$

式中：LH 为最低工作台高度；K 为髌骨上缘高（坐姿）；R 为活动空隙，男性为 5cm，女性为 7cm；T 为工作台面厚度。

②办公室其他工作。由于受到视觉距离和手的较精密工作（如书写）的要求，一般办公桌的高度都应在肘高以上。办公桌的高度还取决于另外两个因素：椅面与桌面的距离和桌下腿的活动空间。前者影响人的腰部姿势，后者决定腿的舒适度。

一般而言，办公桌应按体型较大的人的人体尺寸设计，这是因为体型小的人可以通过加高椅面或使用垫脚台提高舒适度。而体型较大的人使用低办公桌就会导致腰腿疲劳和不舒服。

设计办公桌时应保证办公人员有足够的腿的活动空间。因为，腿能适当移动或交叉时对血液循环是有利的。抽屉应设在办公人员两边，而不应设在桌子中间，以免影响腿的活动。

（3）坐立交替式作业

这是指工作者在作业区内既可坐也可站，可坐立交替地工作。这种工作方式很符合生理学和矫形学（研究人体，尤其是儿童骨骼系统变形的学科）的观点。坐姿消除了站立时人下肢的肌肉负荷，而站立时可以放松坐姿引起的肌肉紧张。坐与站都会导致不同肌肉的疲劳和疼痛，所以坐立交替的工作方式既可以消除部分肌肉的负荷，还可使脊柱的椎间盘获得休息。

图 7-16 所示是一个坐立交替式作业的机床设计。有关尺寸如下。

作业面：105~115 cm；

座椅可调范围：80~100 cm。

另外，坐立交替式设计还很适合需频繁坐立的工作。例如美国 UPS 邮政车司机的座椅就比一般汽车司机的座椅高，它可以实现坐立交替，从而大大减轻了频繁坐立的劳动强度。

①头的姿势。作业时，人的视觉注意的区域决定了头的姿势。为了头的姿势舒服，设计师需要重点考虑座椅的不同倾斜角度，从而避免由于头的姿势不自然而引起的颈部肌肉疼痛（图 7-17）。同时，也需要保证人的视线与水平线的夹角在一定范围内，这样才能提供合理的视觉工作任务范围。

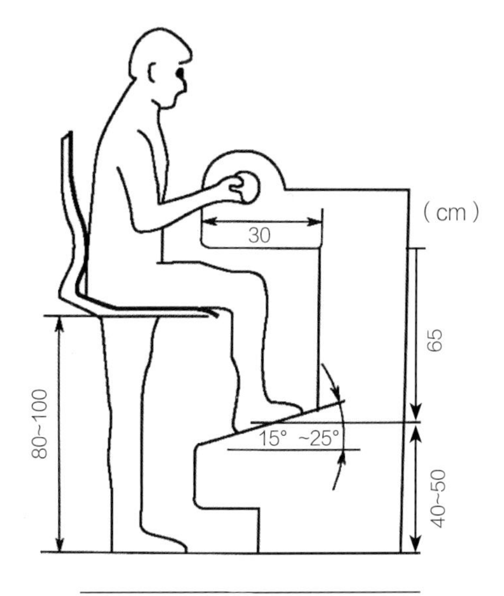

图 7-16　坐立交替式作业面的设计

②斜作业面。实际工作中，头的姿势很难维持在舒服的范围内，如最常见的在写字台上读写，头的倾角就超过了舒服的范围（即 8° ~22°），因此，出现了桌面或者作业面倾斜的设计（图 7-18）。在使用倾斜桌面时，人的头和躯体的姿势受作业面高度和倾斜角度两个因素的影响。图

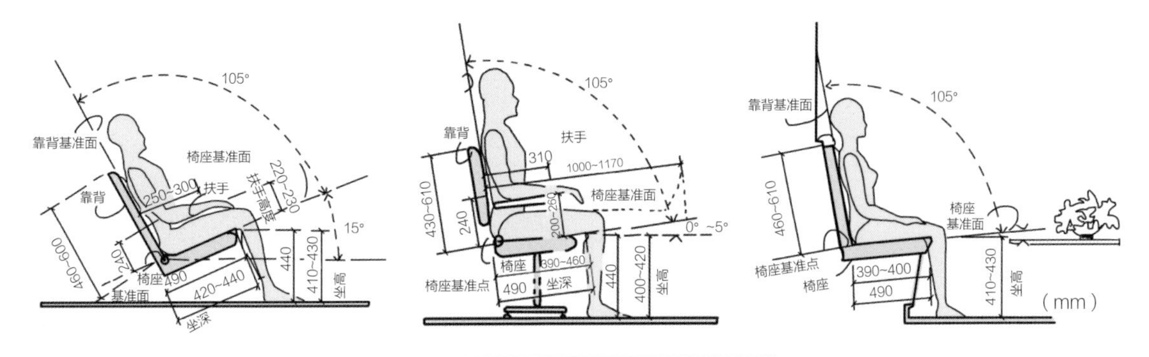

图 7-17　头的姿势示意与各类座椅尺寸参数

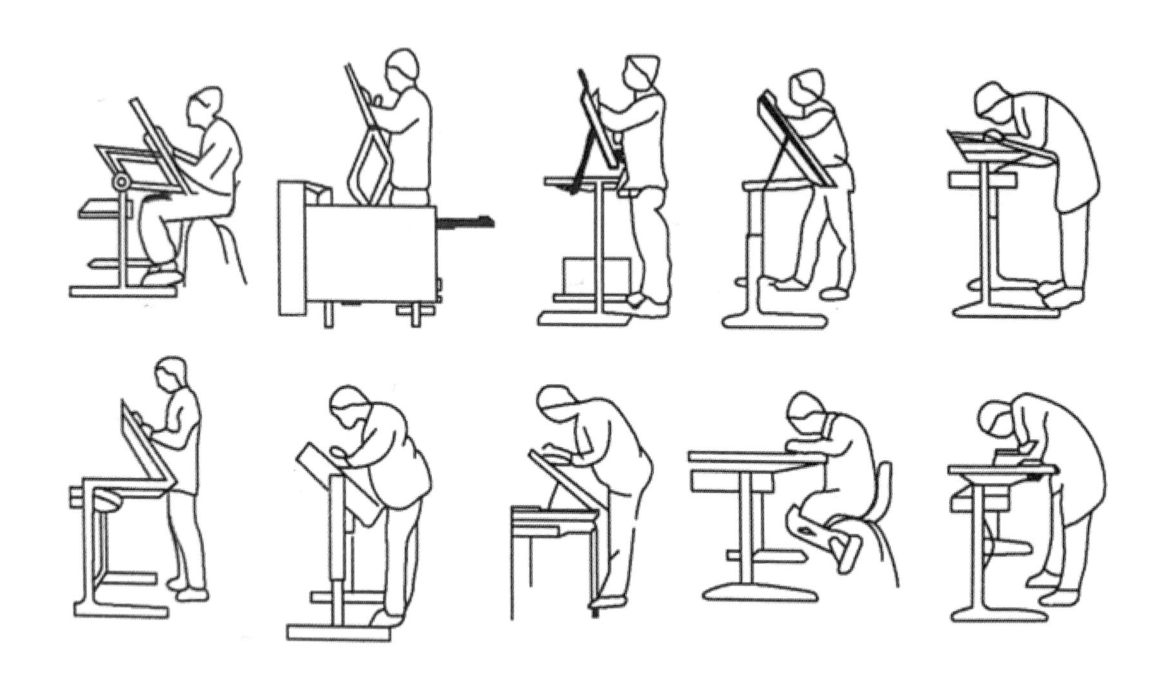

图 7-18　桌面角度与人体姿态的关系

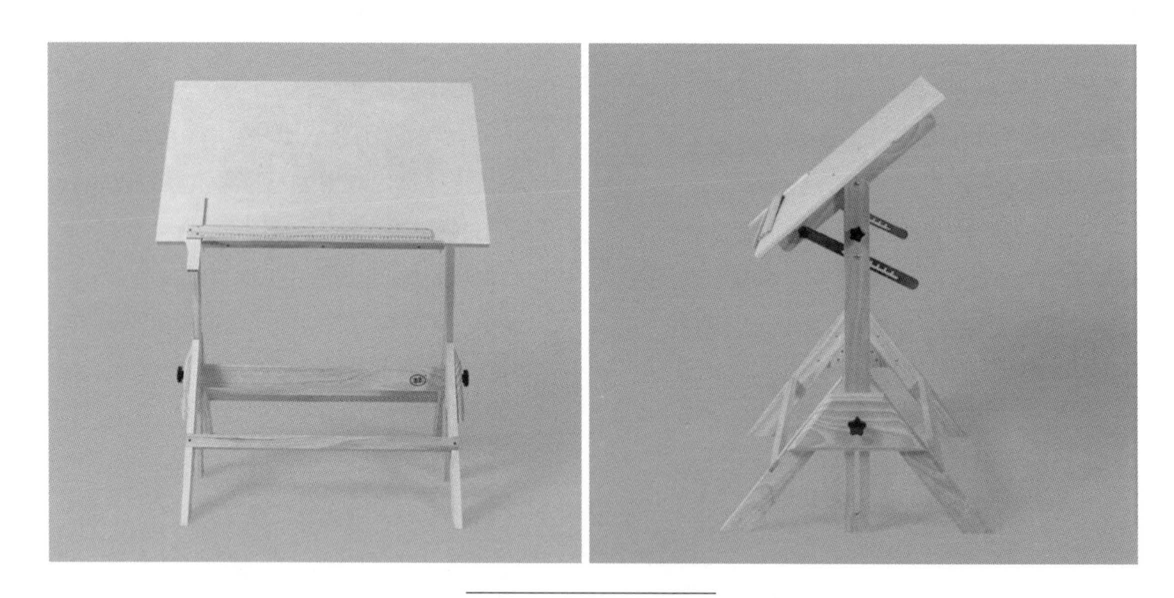

图 7-19　倾斜绘图桌设计

7-19 中的绘图桌是已经批量生产的产品。研究者根据人的作业姿势，选出四张设计得好的和四张设计得差的绘图桌进行比较，通过测量发现如下结果：使用设计得好的绘图桌，躯体弯曲角度为 7° ~9° ；使用设计得差的绘图桌，躯体弯曲角度为 19° ~42° ；使用设计得好的绘图桌，头的倾角为 29° ~33° ；使用设计得差的绘图桌，头的倾角为 30° ~36° 。

特别是当水平作业面过低时，由于头的倾角最多不超过 30°，工作者不得不增加躯体的弯曲程度。因此绘图桌的设计应注意一点：高度和倾斜度都可调。桌面前缘的高度应在 65~130cm 可调，桌面倾斜度应在 0° ~75° 可调。

对学生使用课桌时姿势的研究已经发现，躯体倾斜程度与桌面倾斜度有关系。与水平工作面相比，工作面倾斜 15° 后，头颈的弯曲度减少，躯干更挺直，躯干的弯曲度也减少了（图 7-20）。

可见，倾斜桌面有利于保持躯体姿势自然，避免弯曲过度。另外，肌电图和个体主观感觉测量都证明了倾斜桌面的优越性，倾斜桌面同时还有利于视觉活动。但桌面斜了，放东西就困难，这一点在设计时亦应予以考虑。

7.2.2　手和脚的作业域

无论是机器设备还是日用品都需要手或者脚来操作使用，所形成的包括左右水平面和上下垂直面的动作域，叫作手和脚的作业域（图 7-21）。手和脚的作业域若设计不合理，不仅会引起躯体的弯曲扭动，而且将降低人的操作精度。

（1）直臂抓握

它是指手臂外展伸直时，握住的手的活动半径。直臂抓握的活动范围取决于两个因素：肩关节转轴高度和该转轴到手心（手握住）的距离。设计直臂抓握作业区时，应以身材小的人为依据，以满足大多数人的人体尺寸要求。现以第 5

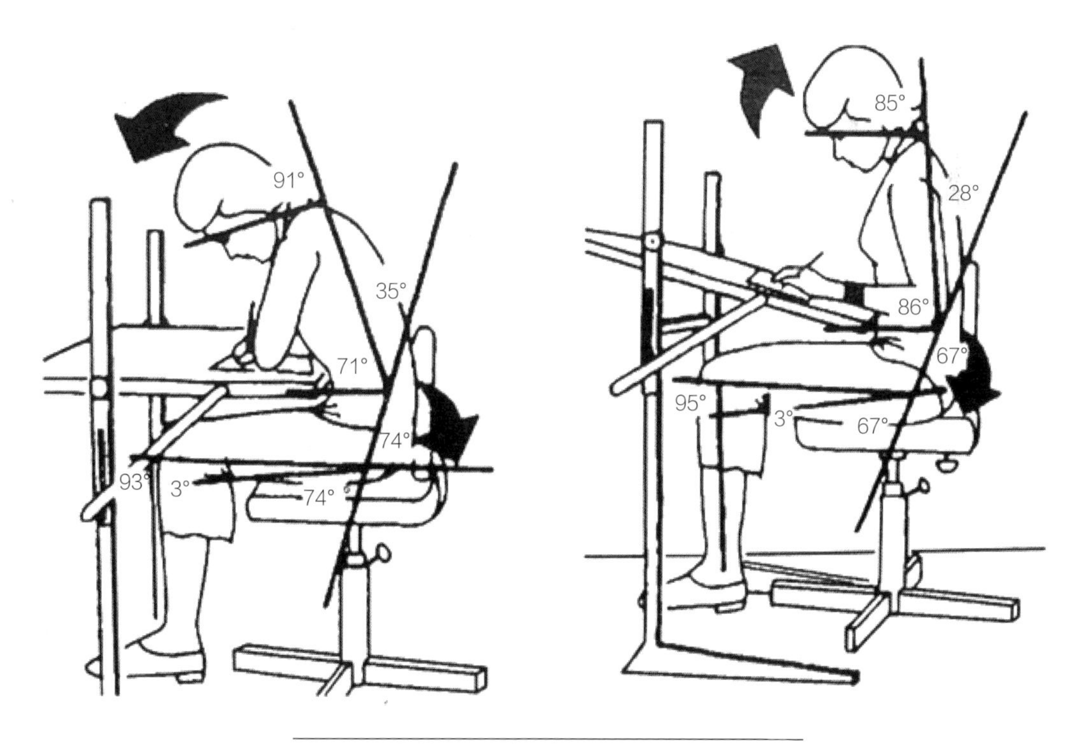

图 7-20　倾斜 15° 工作面与水平工作面对身体的影响

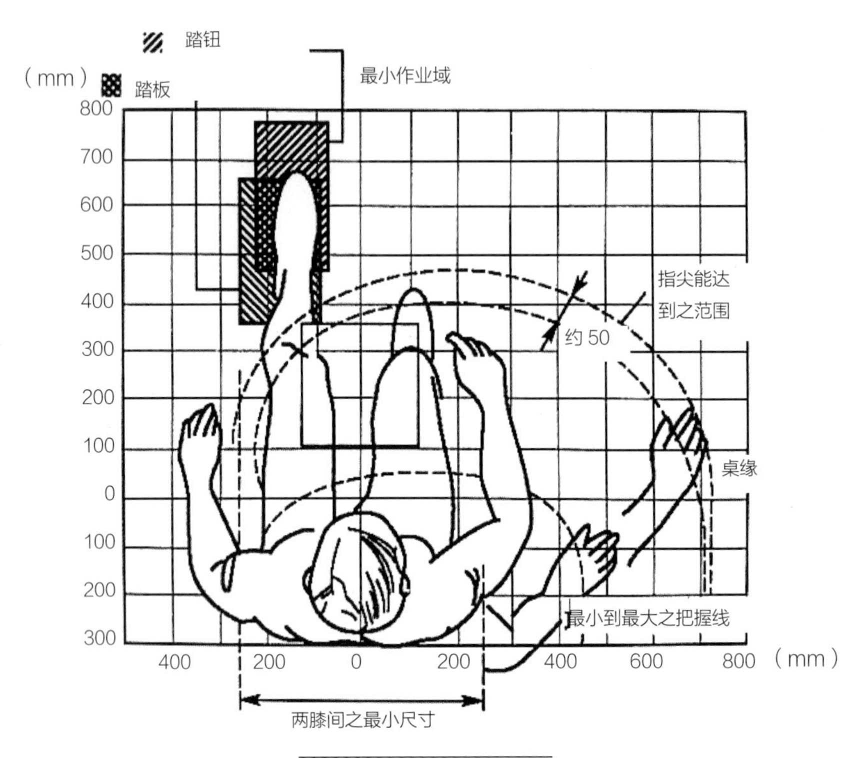

图 7-21　手和脚的作业域

百分位数为例，尺寸如下。

①站立肩高：男性为 130cm；女性为 120cm。

②肩高（坐姿）：男性为 54cm；女性为 49cm。

③手臂长（手握住）：男性为 65cm；女性为 58cm。

④以肩关节为圆心的直臂抓握弧的半径：男性为 65cm；女性为 58cm。若短时间内超过直臂抓握弧 15cm，即短时超出抓握弧的范围，仍然是设计所允许的。

（2）手的摸高

手的摸高是指手举起时达到的高度。手的最大摸高是设计书架、货架、扶手和各种控制装置的主要依据。身高和摸高之间的关系可以用一条回归直线来表示。

身高与摸高的回归直线的函数表达式为：

$$MR=1.24\times BL$$

式中：MR 为最大摸高；BL 为身高。

用手拿东西或者操作器具时，通常需要视觉的导向，要求能看到整个架面，例如拿容器、监管仪表等。设计这类物架的高度时，注意不得超出如下高度：男性为 160cm；女性为 150cm。

满足上述高度要求的物架，其架面深度可达 60cm。

（3）桌面水平抓握

桌面水平抓握的区域，较大的半径为 55~65cm，这是手到肩的距离；较小区域为桌面作业区域，半径为 34~45cm，这是手与肘关节的距离。这两个区域都是按身材较小的人体尺寸

（第 5 百分位数）来确定的。

设计时应当使所有的工具、材料、容器都在抓握区以内。当然，偶尔的抓握距离也可达到 70~80 cm，但主要的作业应在水平抓握区内完成。

（4）脚的作业区

研究脚的作业区是以设计脚踏控制装置为目的，主要为了脚的舒服而设计必要的活动空间。如图 7-22 所示，阴影部分表示脚的作业区，其中的黑影部分表示脚的精密作业范围，在此范围内，作业时施力一般较小。

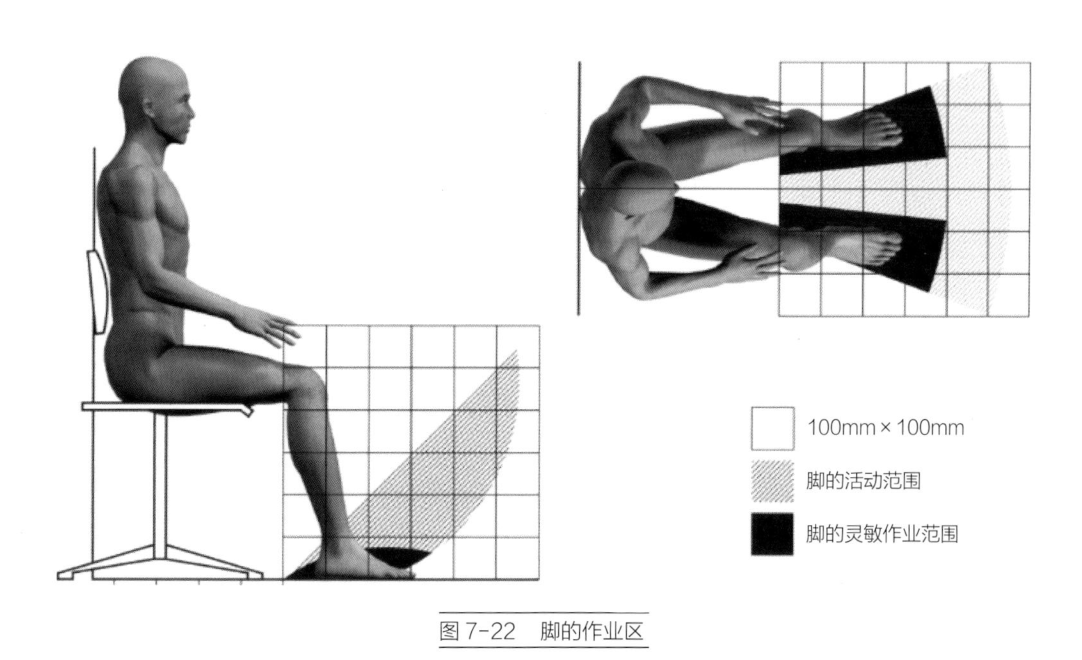

图 7-22　脚的作业区

7.3　人体工程学与人体类家具设计

人体类家具与建筑类家具共同构筑了常见的家具体系。从家具本身来讲，其实人们很难给其一个严格的界定，因此我们所谈到的分类实际上是在功能上的一些区别。总的来讲，人体类家具的独立性较建筑类家具强，依附性则没有建筑类家具明显，因此在功能范畴上二者存在一个比较大的差别。如果说人体类家具与室内空间发生的关系不如建筑类家具紧密，那么建筑类家具在品种和实际使用效率上则大大低于人体类家具。举个简单的例子，沙发是最为常见的人体类家具，对一个室内空间来讲，不同风格形式的沙发对室内空间的划分其实并没有太直接的影响，更多的方面表现在此类家具在具体使用方式和整体审美风格上的主导地位，它所决定的是产品的具体使用效率以及整个建筑内部使用环境的感受，对空间的分隔则不会带来大的影响。

正是此类家具的相对独立性质，决定了人体类家具丰富的品种。由此可见，只要是我们生活和生产过程中与身体发生关系的家具，绝大部分都是人体类家具。在这里我们主要来谈一下人体类家具与人体工程学之间的联系以及人体工程学在人体类家具上的应用。

下面将提供一些常用人体类家具的人机参数及使用方式。

7.3.1　人体与座椅的设计

座椅的主要几何参数有座面高、座面深、座面宽、座靠背、座面与靠背夹角等（图 7-23）。

①座面高。座面高是座面至地面的垂直距离。座面高一般相当于胫骨点的高度（约为人体总身高的 1/4），或略低于腿长 1cm。人类功效学实际测量座椅的高度应比小腿低 2~3cm。但是将工作椅高减去 1cm，是为了使小腿略高于座面，使下肢重力落于前脚掌上，同时也利于双脚的移动。参数在 40~45cm 的座面高，较符合我国人体尺度。休息椅参数要低于上述值。实验得

Q&A:

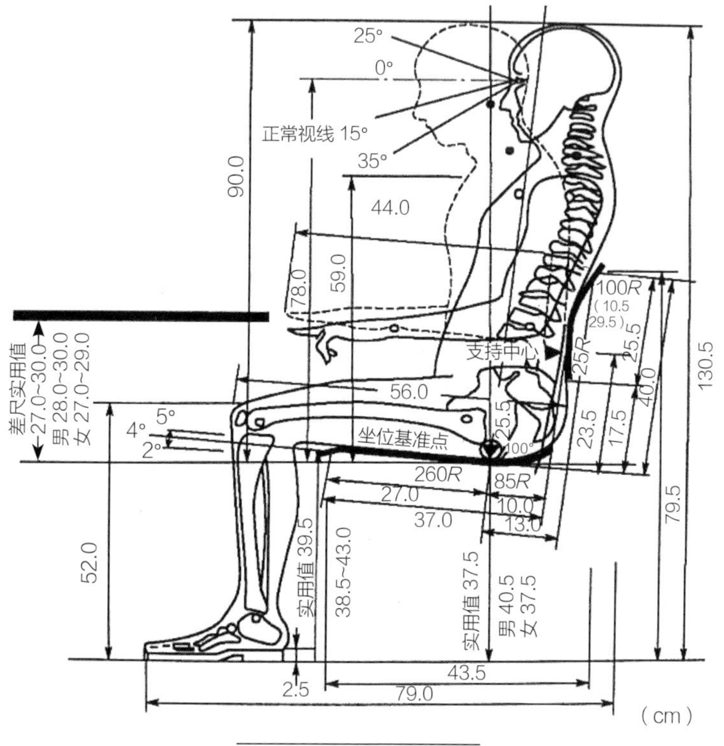

图7-23　座椅的几何尺寸

出，当座面过高、双足悬空时，大腿压力大约为200Pa。如果人持续坐几个小时，脚趾的温度会下降，小腿围每 5 分钟增粗 0.02cm 以上，小腿会因此出现浮肿现象。

②座面深。座面深即座面的前后距离。座面应能支承臀部，其深度一般相当于臀部至大腿全长的 3/4，约为 45cm。座面要光滑平整，前缘不应有棱角，座面可略向后倾斜 6° 左右，最好有与臀部形状相适应的凹陷。

③座面宽。座面宽即座面的左右距离。宽的座椅允许坐者变换姿势，因此在空间允许的条件下，座面以宽为好。座面宽的设定必需适合身材高大的人，其相对应的人体测量尺寸是臀宽。而这一人体尺寸受性别的影响很大，故座面宽通常以女性臀部宽度尺寸的第 95 百分位进行设计，以满足大多数人的需要。

④座靠背。座靠背分为肩靠和腰靠两部分。肩靠高度应达到肩胛下角位置；腰靠的高度应适合脊柱弯曲和腰曲变度，靠背总高度一般为 50cm 左右。操作座椅更多的是依靠腰靠的作用。

⑤座面与靠背夹角。座面与靠背夹角是保证得到合适姿势的必要条件。操作椅的座面与靠背的夹角多为 100° ~110°，这样，人坐上座椅后，靠背和座面与人体背部、臀部、大腿形成的曲线相吻合，能使人感到舒适。

7.3.2　人体与床的设计

床是重要的人体家具，是供人睡眠的卧具。人的一生中，有 1/3 的时间是在床上度过的，就与人体的接触时间而言，在众多家具中，再也没

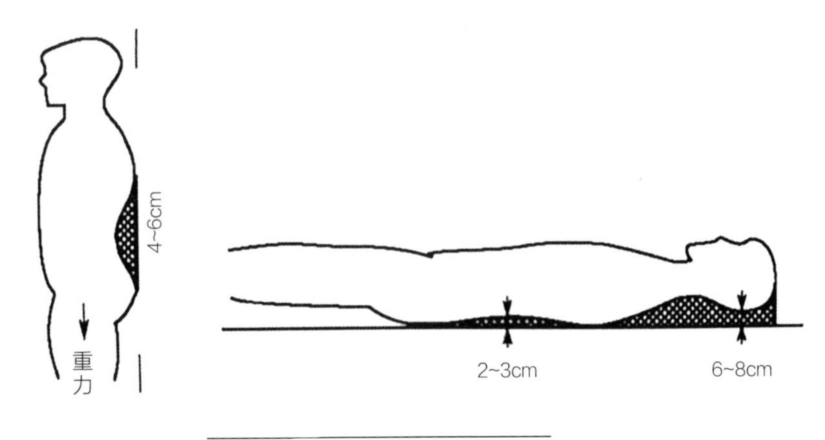

图 7-24　立姿与卧姿背部形状差异

有比床更长的了。

（1）人体的卧姿

按照人类功效学的观点，床是承受人体的家具，其功能是保持人的正确卧姿。因此，设计床和床垫时，必须从人体的结构出发，研究人体处于卧姿时重力作用的变化、垫层的作用及人体相应的变化等。

人类功效学研究垫层结构多用人体的三段模型。处于立姿的人体，各区段重力是沿垂直方向叠加，而卧姿人体各区段的重力是分别向下作用。在立姿和卧姿的比较中，人们往往有一种错觉，即认为卧姿是将立姿旋转 90°，使身体呈水平位。其实，这绝不仅仅是形体的变化，而是人体的重力分布发生了变化。人直立时，人的脊柱处于最自然的状态，背部和臀部凸出于腰椎 4~6cm，呈 S 形；仰卧时，这部分差距减少至 2~3cm，腰椎接近于伸直状态（图 7-24）。因此，在考虑卧姿支撑条件时，不能套用立姿的人体测量结果。

人体使用弹性均匀的床垫仰卧时，重的身体部分下陷深，轻的身体部分则下陷浅，这样腹

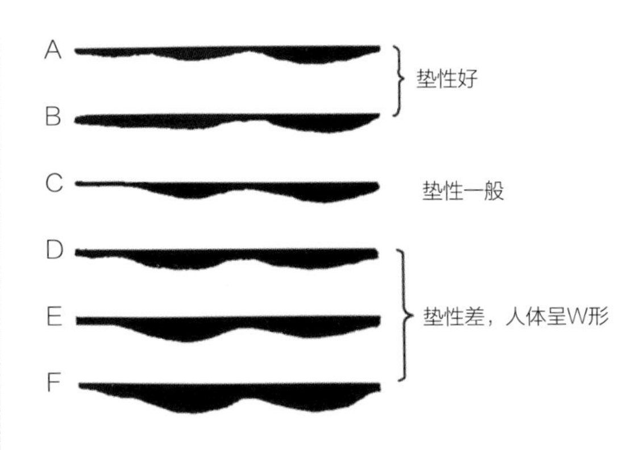

图 7-25　人体在不同垫性床垫上的仰卧下沉曲线

部相对上浮使身体呈 W 形（图 7-25），使脊柱的椎间盘内压力增大，造成难以入睡的情况。因此，通过改变床垫的结构设计来保持人体的正确卧姿是可能的。此外，人体还有颈部生理弯曲度，这也是卧姿中不可忽视的问题。为了保持正确的睡眠体姿，必须有高度适宜的枕头。否则将会使颈曲加大，或向侧方弯曲，致使颈部肌肉紧张，出现“落枕”现象。高度适宜的枕头应使头部略前倾，颈部肌肉放松，呼吸道畅通，脑血流量正常。研究证明，枕高应为 6~8cm。最好有一厚一薄两个枕头，便于调节。但枕头的实际

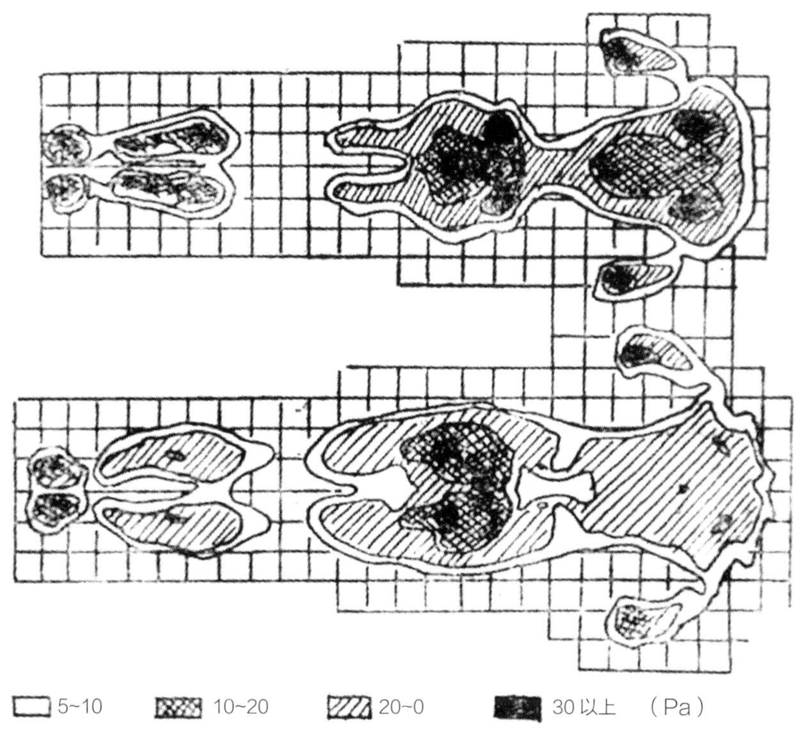

上图床垫垫性好，下图床垫过于柔软

图 7-26　床的体压分布

高度与床垫垫性有关系。同一个枕头，用于硬床垫和软床垫有不同效果。如床软垫，身体下沉明显，相对而言，枕头就要略高些。经研究证明，当人的头部感觉凉爽时易于入睡，睡眠感觉较舒适。为此，制作枕头的材料应有较好的散热性。

（2）人体卧位压力分布

仰卧在软硬适度和过软的床垫上的体压分布如图 7-26 所示。图 7-26 上图的体压分布是感觉迟钝的臀部压力大，其他敏感部位相对压力小，体压分布较合理；而图 7-26 下图则感觉迟钝和敏感部位受到几乎同样的压力，这种现象是不合理的。

过软的床垫之所以不好，还有如下原因：由于对人体支撑不稳定，为保持正确的卧姿，肌肉总是处于活动的紧张状态，整个身体下陷，受到来自四面的挤压，感觉很不舒适；人体翻身困难，不能熟睡，影响正常休息；在睡眠期间，人体汗液较多，由于体表和床垫接触面积大，不易散发，特别是床垫如是用树脂材料制成的，吸潮性能差，室温高时会更觉闷热。

从软床垫的上述缺陷来看，在设计时，不能过于追求床垫的松软。为了纠正体姿和健康需要，设计师应推荐人们睡平板床，用硬枕头。

（3）床垫的垫性及结构

在生活中，我们常把垫性视为柔软程度，以软不软来评价垫子的好与坏。而床垫的好坏与

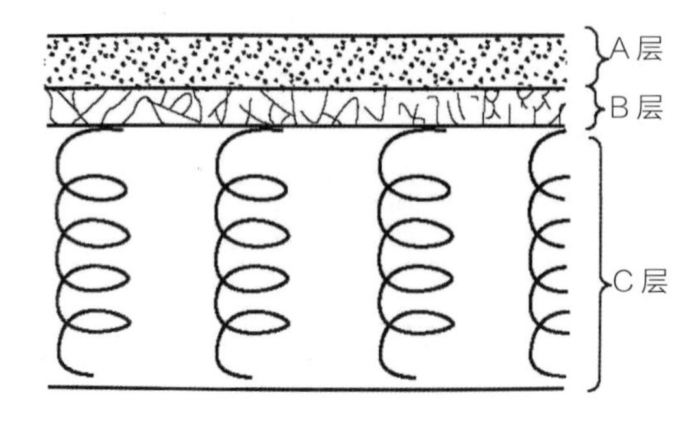

图 7-27　床垫的三层构造

否应从床垫的软硬度、缓冲性大小等结构因素着手。日本人类功效学学者小原二郎提出了理想的三层结构式床垫模式，即把理想的床垫的性能分三层来考虑（图 7-27）。第一层由于和人体接触，需要柔软；而第二层（中间层）主要是用来维持卧姿的正确，应有相当硬度；第三层（底面）起承托第二层的作用，并吸收减缓人体的冲击力，应具有一定的弹性。根据这个观点，能够使人感到舒适的柔软的床垫，应能够使胸、臀两段下沉，腰段上凸，上凸 2~3cm。上凸大于 3cm 时，人就会感觉不舒适，肌肉紧张性增高，睡醒起床后，常常感到腰痛。所以，好的床垫应具备三层结构的功能要素。

（4）床的尺寸

在床的设计中，我们并不能像其他家具一样以人体的外廓尺寸为准：其一是人在睡眠时的身体活动空间大于身体本身，睡觉时人体活动范围形成了不规则的图形；其二是不同尺度的床与人的睡眠深度也密切相关。因此，在床的尺度设计中，我们应严格考虑人体在睡眠时的身体活动范围。

床的合理宽度应为人体仰卧时肩宽的 2. 5~3 倍。即床宽为：

$$B=(2.5\sim3)W$$

式中：W 为成年男子平均最大肩宽（我国成年男子的平均最大肩宽为 431cm）。

《家具　床类主要尺寸》（GB/T 3328—2016）规定：单人床宽度为 720~1200mm；双人床宽度为 1350~2000mm。

在长度上，考虑到人在躺下时肢体的伸展，所以实际比站立的尺寸要长一点，再加上头顶（如放枕头的地方）和脚下要留出部分空间，所以床的长度比人体的最大高度要多一些。

8

人体工程学与环境设计

人和环境的交互作用

人的行为与环境

以人为本的室内环境设计

以人为本的室外环境设计

Ergonomics and Art Design

本章阐述了人和环境的交互作用的概念，通过对人的行为与环境影响的分析，探讨为人创造舒适、安全、卫生的室内外环境的基本理论和方法。

8.1　人和环境的交互作用

8.1.1　环境的概念

（1）自然环境

自然环境从宏观上讲大到整个宇宙，从微观上讲小到基本粒子。由于地球是人类居住的星球，从人类的角度出发，地球就是以人为中心的环境系统。

地球是一个巨大的具有圈层结构的扁球形物质实体，从外向内由地壳、地幔、地核逐层构成。地壳由岩石圈、水圈、大气圈三层构成（图8-1），三个圈层在太阳光的作用下，逐渐形成了维持生命过程相互渗透、相互制约的自然平衡生态圈。地球生态圈所呈现出的不同自然环境，

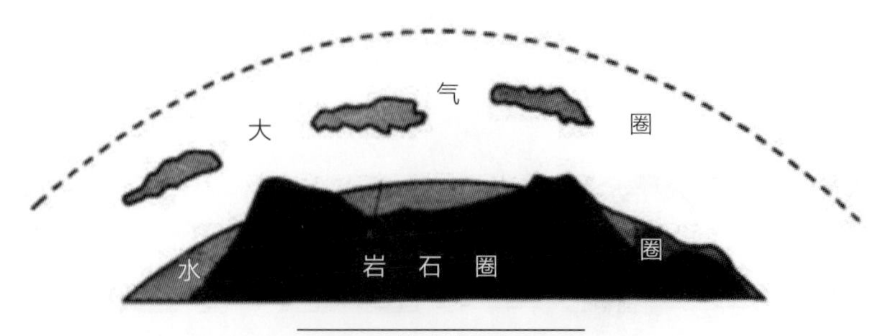

图 8-1　地球外部圈层示意

正是三个圈层运动变化的结果。不同的自然现象促进高山平原、河流湖泊、森林草原、冰川沙漠等各异的自然形态的形成。

太阳光为地球生态圈提供能量，维持所有生物生命活动的能量消耗。作为生产者的植物，依靠摄取太阳的光能，从环境中吸取二氧化碳、水和矿物质，在叶绿素的催化作用下，将太阳能转化为化学能而贮存起来。这种光合作用使绿色植物成为生物能量流动的起点。而动物则只能靠吃植物和其他动物来取得能量，所以是能量消耗者。当人类逐步进化到比任何动物都强大，进而主宰整个世界的时候，也就成了最终的消耗者。

整个生态圈是一个自然循环的平衡系统。生长在同一地区相互供养的动植物群体所形成的食物链循环，称为食物网。每一个小的生态系统都有着自己的循环。地球生态圈正是由许多这样的系统构成的物质大循环。而水、碳、氧的循环又成为自然界中存在的三大重要循环。人类作为最终的消耗者，如果只是一味地向自然界索取，以至彻底打破自然循环系统的平衡，那么自然环境将报复于人类。

（2）人工环境

人类从诞生的那一天起，就开始了对自身生存空间的不懈开拓，如渔猎、耕种、开矿等。在已经过去的漫长岁月中，从传统的农牧业到近现代的大工业，在地球的土地上，人们建造起形形色色、风格迥异的房屋殿堂、堤坝桥梁，组成了大大小小无数个城镇乡村、矿山工厂。所有这些依靠人的力量，在原生的自然环境中建成的物质实体，包括它们之间的虚空和排放物，构成了次生的人工环境。

人工环境发展经历了狩猎采集、农耕、工业化三个时期。

人工环境的主体是建筑。在生产工具极其简陋的狩猎采集时期，生活方式和生产力水平决定了当时的人类不可能建造像样的建筑。因此这个时期的人工环境显得非常原始，基本上处在与自然环境共融的状态。

农耕时期的建筑除建筑本身所消耗的自然资源外，很少向外排放有害物。加之人口数量有限，建筑的规模相对较小，极少的生产性建筑又基本是为农耕服务的水利设施。因此农耕时期的人工环境，在促进人类社会向前发展的同时，基本上做到了与自然环境共融共生。

进入工业化时代，人类的生产方式出现了革命性的变化。建筑的体量和规模都达到了前所未有的程度，如机器轰鸣的巨大厂房、高耸林立的烟囱，居住建筑与公共建筑内部开始大量使用人工采暖通风设备，从而营造出一个个隔绝于自然的封闭人工气候。这样的人工环境造就了现代的物质文明。虽然人类的物质生活水平达到了相当高的程度，但是人类违背自然规律的“自私”行为，很快使我们尝到了苦果。自然灾害频度的加速，臭氧层空洞的出现，预示了人类生存危机的到来。事实证明，工业化时代人工环境的建造，没有能够完全做到与自然环境共融共生。

（3）社会环境

“人是一种政治动物，其天性就是要大家在一起生活。”（亚里士多德）在社会性和政治性两种属性中，社会性具有更广泛的含义，因为社会是以共同的物质生产活动为基础而相互联系的人的总体。人类是以群居的形式生活的，这种生活体现在各种形式的人际交往联系上。家庭是最基本的形式，村镇城市是更高级的形式，国家则是最高的形式。只有在国家形式下，人才具有政治性。

人类社会在漫长的历史进程中，受到不同的自然环境与人工环境影响，形成了不同的生活方式和风俗习惯，造就出不同的民俗文化、宗教信仰、政治派别。人们在生活交往中，组成了不同的群体，每个人都处在各自的社会圈中，从而构成了特定的人文社会环境。人文社会环境受社会发展变化的影响，呈现出完全不同的形态，从而影响了人工环境的发展。

在世界经济高速发展的今天，建筑开始进入一个崭新的阶段。人们片面地认为：人的需要成为衡量一切的标准，物的使用功能被摆放到第一的位置。人工环境由此演变为居住建筑、公共建筑与生产性建筑并存的密集超大城市群落，并引发一系列破坏地球生态环境的问题。

展望未来，人工环境还将继续发展，与自然环境的共融共生将会摆在最重要的位置被人们慎重考虑（图 8-2）。绿色建筑、生态建筑将会成为建筑领域的发展主流。

8.1.2 人与环境的关系

（1）人和环境的交互作用

人和环境的交互作用，表现为刺激与反应。

在我们的各种生活环境中，除了人的形态与空间有关，人的知觉与感觉因素也是非常重要的。知觉和感觉是指人对外界环境的一切刺激信息的接收和反应能力，它们是人的生理活动的重要方面。了解人的知觉和感觉，不但有助于了解人类心理，而且为人的知觉和感觉器官适应能力的确定提供了科学依据。我们可以了解人的感觉器官什么情况下可以感觉到刺激物，什么样的环境是可以接受的，什么是不能接受的。这有助于我们根据人的特点去创造适应于人的生活环境。

影响人类的环境因素可分为以下四种。

①物理环境：声、光、热的因素。

②化学环境：各种化学物质对人的影响。

③生物环境：各种动植物及微生物对人的影响。

④其他环境。

图 8-2 自然环境、人工环境和社会环境

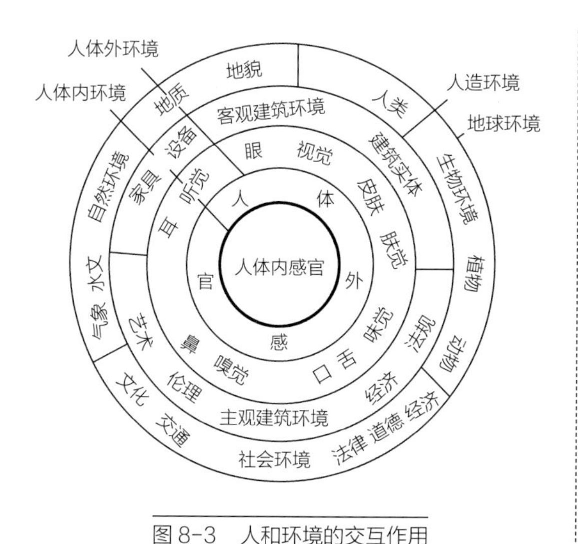

图 8-3　人和环境的交互作用

其中物理环境与环境设计的关系最为密切。人和环境的交互作用见图 8-3。

（2）知觉与感觉器官

人收取外界的信息，将之传到神经中枢，再由中枢神经系统判断并下达命令给运动器官以调整人的行为，这就是人的知觉和感觉过程（表 8-1）。

知觉与感觉器官的特性如下。

①知觉时间：感觉器官达到知觉的一定时间。

②反应时间：感觉器官受到刺激引起反应的时间。

③疲劳：对刺激反应十分迟滞，即感觉和知觉有了疲劳现象。

④感觉叠加：两个刺激叠加时，加大了刺激强度。

（3）视觉与视觉环境设计

视觉环境主要指人们生活工作中带有视觉因素的环境问题。视觉环境的问题又主要分为两个问题：一是视觉陈示问题；二是光环境设计问题。

①视觉陈示。陈示是指各种视觉信息通过一定的形式陈列显示出来，它以视觉为感觉形式来传递各种信息。生活中大量的信息都通过眼睛传递给我们的大脑，然而这大量的信息并不是都对人有用。如何根据眼睛的特征，使人所需要的信息更容易被眼睛接收，并且接收得更准确，这就是视觉陈示研究的问题。如交通标志以何种形式为好，哪种光适合做夜间标志，标志的大小尺寸如何等。

②光环境设计。我们生活和工作中的大量活动，都需要良好的光线。而光线的来源有两种：自然采光和人工照明。利用自然界天然光源解决作

表 8-1　感觉器官的分类及其与环境设计的关系

人的感觉分类	视觉	听觉	触觉	嗅觉	味觉
对应器官	眼	耳	皮肤	鼻	口、舌
作用的大小	大	大	某些	几乎无	无
各种感觉知觉各自接收的信息不同，因此其感觉基础不同	色彩 亮度 远近 大小 位置 形态 符号	声强 音高 音色 节奏 方向 旋律	温度 压力 部位 痛感 触感 摩擦	香 臭	酸 甜 苦 辣

业场所照明要求的叫作自然采光，利用人工制造的光源来解决作业场所照明要求的叫作人工照明。在现代结构越发复杂的建筑设计中，单靠自然采光已无法满足其照明需求，因此，人工照明已成为建筑环境采光的重要设计部分，而照明设计对于人们的工作和生活有着巨大的影响。

照明设计的一般要素有以下五点。

a. 适当的照度。视力是随着照度的变化而变化的（图 8-4），要保持足够的观察能力，必须提供适当的照度。不同的活动、不同的人，对照度有不同的要求。

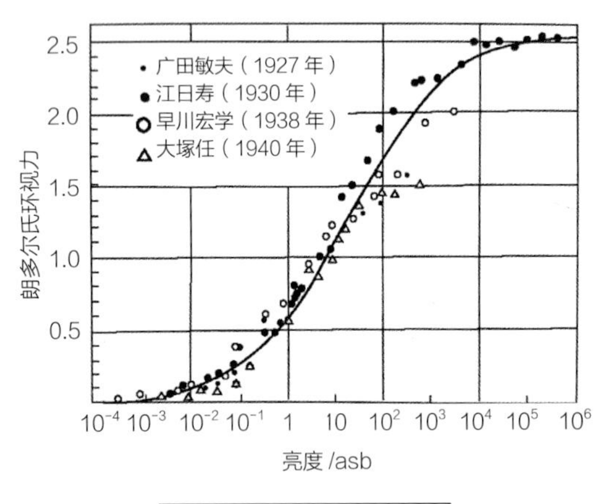

图 8-4 视力与照度的关系

b. 局部与背景的亮度差。局部的照明与环境背景的亮度差别不宜过大，太大容易造成视觉疲劳，因光线变化太大时，眼睛需不断地调节适应。

c. 避免眩光和阴影。眩光是视野内亮度差异悬殊时产生的，如夜间会车时对面车的灯光过亮，夏季在太阳下眺望水面等均会产生眩光。产生眩光的因素主要有直接的发光体和间接的反射面两种。消除眩光的方法有两种。一是将光源移出视野。人的活动尽管是复杂多样的，但视线的活动还是有一定规律的，大部分集中于视平线以下，因而应将灯光安装在正常视野以上。二是间接照明，反射光和漫射光都是良好的间接照明，可消除眩光。阴影也会影响视线的观察，间接照明可消除阴影（图 8-5）。

d. 暗适应问题。在室内环境中，不同空间的照度可能相差很多，但如果相差超过一定的限度，就会产生明暗问题，如从很亮的房间进入相对较暗的房间，眼睛会产生不适。为了避免发生这种情况，设计师在照明设计时就应考虑各个空间之间的亮度差别不应太大，应使整体的照度平衡。

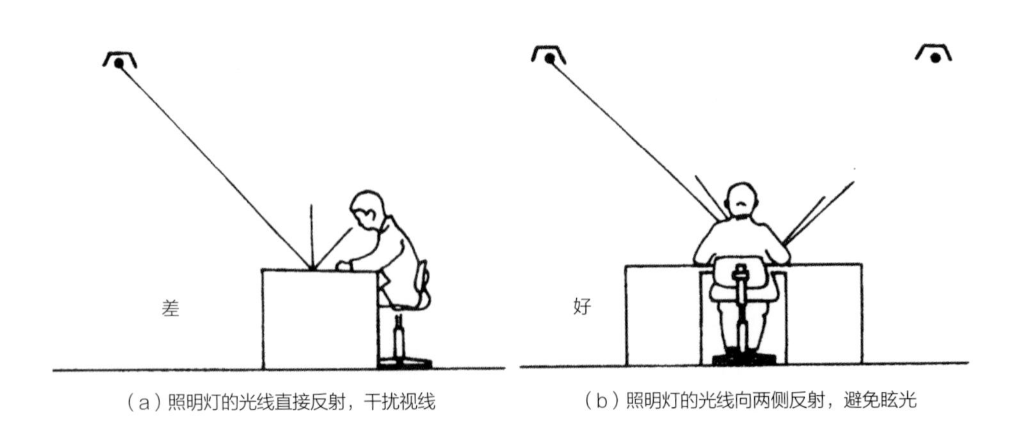

（a）照明灯的光线直接反射，干扰视线　（b）照明灯的光线向两侧反射，避免眩光

图 8-5 眩光和阴影的避免

e.光色。光是有不同颜色的，对照明而言，光和色是不可分的。在光色的协调和处理上必须注意的问题是：一是光色会对整个环境色调产生影响，我们可以利用它去营造气氛；二是光亮对色彩有影响，眼睛的色彩分辨能力是与光的亮度有关的，与亮度成正比。在一般环境下，色彩可正常处理；而在黑暗环境中，我们应提高色彩的纯度或不采用色彩处理，而代之以明暗对比的手法。

（4）听觉与听觉环境设计

①听觉。听觉是除视觉以外人类第二大感觉系统，它由耳和有关神经系统组成。听觉要素主要包括音调（频率）、响度、声强。引起听觉反应的适宜刺激是20~20000Hz的声波，低于20Hz的次声和高于20000Hz的超声人耳都无法听见（图8-6）。

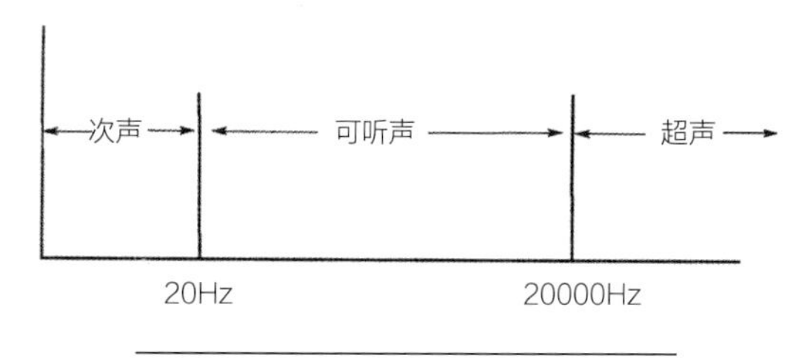

图8-6　声音频率三个主要部分的划分

听觉有两个基本的机能：传递声音信息；引起警觉，即警报作用。

②听觉环境。听觉环境主要包括两大类。第一类是人爱听的声音。如何让人听得更清晰、效果更好，这主要是音响、声学设计的问题。第二类是人不爱听的声音。如何消除人不爱听的声音，这是噪声控制的问题。

凡是干扰人的活动（包括心理活动）的声音都是噪声，这是从噪声的作用来对其下的定义；噪声还能引起人强烈的心理反应，如果一个声音引起了人的烦恼，即使是好听的音乐，也会被人称为噪声。例如某人在专心读书，任何外界的声音对他而言都可能是噪声。因此，也可以从人对声音的反应这个角度来定义噪声：噪声是引起人烦恼的声音。

在室内相距说话者1m进行测量，其说话声要求如下：若某职业需要频繁的语言交流，则在1m距离测量，讲话声不得超过65~70dB。为了保证语言交流的质量，背景噪声不得超过55~60dB。如果所交流的语言比较难懂，则背景噪声不得超过45~50dB。街道两旁的建筑内，尤其在夏季当窗子打开后，受交通噪声的影响，室内噪声可达70~75dB，这对语言交流有极大干扰。

要实行噪声控制，我们可以从以下几个方面入手：噪声防护设计；减少噪声源；阻止噪声传播。

设计噪声防护的重要技术性步骤是选用消声的建筑材料和在建筑内合理地布局房间。在进行设计时，应使噪声大的房间尽量远离要求集中精力的房间，两房间中间用其他房间隔开，作为噪声的缓冲区。如图8-7所示，由于客厅空间中人员相对密集，通常不在电视背景墙正后方安置卧室、书房等需提供安静环境的空间，以免噪声大产生负面影响。如要安置此类空间，可以考虑做墙面软包或在墙体内加入隔音毡等隔音材料，以隔绝公共空间噪声。

设计两个房间的隔层时，应考虑墙、门、窗以及天窗等对噪声的隔音作用。

可以通过加固、加重、弯曲变形材料来对抗产生噪声的振动体，或者改用不共振材料等措施降低噪声源的噪声。运转着的机械和交通工具，不仅会产生噪声，而且能引起周围物体的振动，

图 8-7　客厅空间背景墙设计

甚至引起整个建筑物的振动。因此，重型机械必须被固定在水泥或铸铁地基上，也可安装在带消声隔层的地基上。根据机器的类型，我们可使用橡胶、毛毡等消声材料。

KTV 包间在采取声源吸音措施以后，还要在房间的墙和顶棚上安装吸音材料，进一步消除干扰声。吸音材料的作用是吸收部分声能，减少声音反射和回声影响。

不同材质的吸音系数见表 8-2。

（5）触觉与触觉环境

皮肤的感觉即触觉，皮肤能对机械刺激、化学刺激、温度和压力等产生反应。

①触觉。它包括痛觉、温度觉和触压觉等，这几种感觉紧密相连，但要在感觉上对它们进行严格区分是相当困难的。

a. 痛觉。痛觉的感受器几乎遍布身体的所有组织中。产生痛觉是对机体的一种保护性机能，各种刺激都可以造成痛觉。

b. 温度觉。温度觉包括冷觉和温觉，刺激温度的范围是 -10℃ ~60℃，当温度不在这个范围，人将不产生温度觉，机体将引起痛觉反应。在人与环境交互时，人体温度觉的感受非常重要，例如室内的供暖、送冷、通风等的标准应符合人体温度觉的要求。

c. 触压觉。人体的皮肤与肢体的受力是有限度的，超过限度会造成疼痛的感觉，甚至造成肢体的损伤。人的身体与承托面接触面积的设计问题是家具设计中经常会遇到的问题，如图 8-8 所示，家具的拉手部分设计得过窄会使用户感到操作不适。

表 8-2　不同材质的吸音系数

材料	频率			
	125Hz	500Hz	1000Hz	4000Hz
上釉的砖	0.01	0.01	0.01	0.02
不上釉的砖	0.08	0.03	0.01	0.07
表面粗糙的混凝土块	0.36	0.31	0.29	0.25
表面油漆过的混凝土块	0.10	0.06	0.07	0.08
铺有地毯的室内地板	0.02	0.14	0.37	0.65
铺有毛毡、橡胶或软木的混凝土	0.02	0.03	0.07	0.02
木地板	0.15	0.10	0.97	0.07
装在硬表面上的25mm厚的玻璃纤维表面	0.14	0.67	0.98	0.85
装在硬表面上的76mm厚的玻璃纤维表面	0.43	0.99	0.12	0.93
玻璃窗	0.35	0.18	0.03	0.04
抹在砖或瓦上的灰泥	0.01	0.02	0.04	0.05
抹在板条上的灰泥	0.14	0.06	0.09	0.03
胶合板	0.28	0.17	0.02	0.11
钢	0.02	0.02	—	0.02

图 8-8　家具拉手

②触觉环境。触觉环境的问题主要是环境带给人的痛觉、触压觉和温度觉等产生的问题的处理。痛觉实际上是各种刺激的极限，压力太大、太冷或太热都可产生，因此触觉环境问题也就主要表现为环境带给人的压力和温度不适宜的问题。

③材料质感。当皮肤接触物质材料的时候，人会产生不同的感觉，之所以这样，是因为接触的瞬间皮肤温度迅速变化。其变化的程度，因材料而异，于是就会产生舒服或不舒服的不同感觉。如木地板，表面具有 17℃ ~18℃的温度时，才能使人感到舒适。皮肤的触感也并不单纯由表面温度条件来决定，材料表面的凹凸对其也有影响。例如在卫生间等地面较潮湿的环境中铺材质粗糙的地垫（图 8-9），会让人感觉干燥舒适。

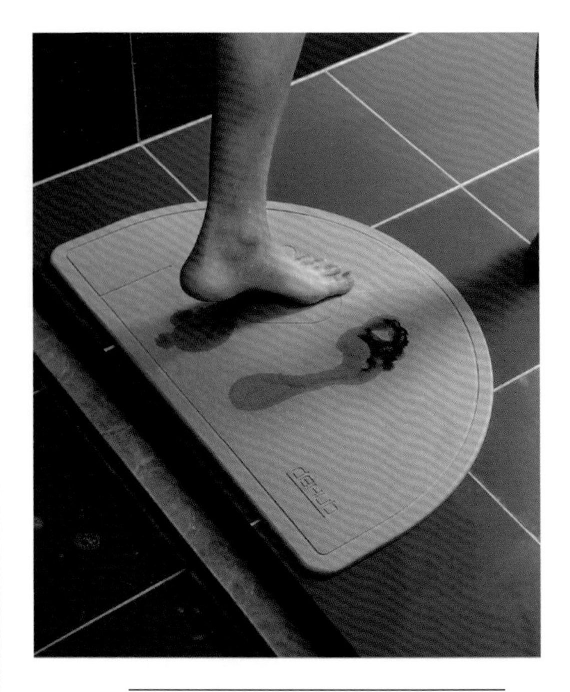

图 8-9　材料质感在室内设计中的体现

8.2　人的行为与环境

8.2.1　人的行为特征

因人类社会的复杂多样，人受到各种因素的影响，如文化、社会制度、民族、地区等的影响，因而表现出复杂多样的行为特征。

人的行为是环境和行为相互作用、相互影响的过程。这个过程包含人对环境的感觉、对环境的认知、对环境的态度这一连续的过程，同时包含空间行为这一外显的活动，即对上述连续过程的反应和动作，也可称环境行为。

环境行为有以下一些特征。

（1）具备客观环境条件

行为的发生，必须具备一个特定的客观环境。客观环境（包括自然环境、生物环境和社会环境）对人（包括群体）的作用，使人产生了各种行为表现，作用的结果是要人类去创造一个适合人自身需要的新的客观环境。

（2）是自我需要的表现

环境行为是人的自我需要的表现。人是环境

中的人，由于个体的差异，人对环境需要呈现出多样性特点，这种需要随着时间和空间的改变而变化，并且不会永远停留在一个水平上。因此人的需要是无限的，这种无限的需要，也就推动了环境的改变、社会的发展和建筑活动的深入及持续。

（3）受客观环境的制约

环境行为是受客观环境制约的。人类的需要不可能也不应该无限地增长或做随意的改变，它受到各方面条件的制约。如人们对居住环境的追求，是希望有一所大而舒适的住宅，然而由于人多、土地少、经济和物质技术条件不能满足，于是就产生社会干预，各种政策和法规也限制了个体的需要。另外，人是理智的，深知客观环境是有限的，不会去无限制地索求。

（4）须与客观环境、人的需要共同作用

环境、行为和需要的共同作用：一是人的行为是为了实现一定的目标、满足一定的需要，行为是人自身动机或需要作出的反应。二是行为受客观环境的影响，是对外在环境刺激作出的反应，客观环境可能支持行为，也可能阻碍行为。此外，人的需要得到满足以后，便构成了新的环境，又将对人产生新的刺激作用。故满足人的需要是相对的、暂时的。环境、行为和需要的共同作用将进一步推动环境的改变，推动建筑活动的发展。这就是人类环境行为的基本模式（图8-10）。

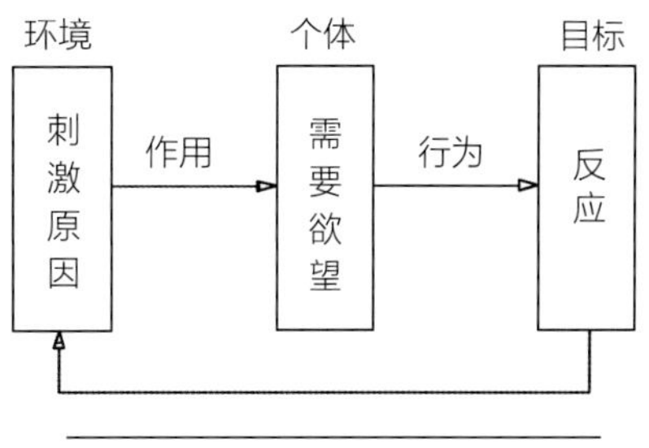

图8-10　人类环境行为的基本模式

8.2.2　人的行为模式

人在环境中的行为是具有一定特性和规律的，人的行为模式从内容上划分，可分为秩序模式、流动模式、分布模式和状态模式四种。

这四种模式是建筑设计和室内设计传统的模式化创作和分析方法。因秩序模式和分布模式是用来预测人在环境中的静态分布状况和规律的，故称静态模式。而流动模式和状态模式是用来描述人在环境中变化的状况和规律的，故称动态模式。

（1）秩序模式

秩序模式是指用图来记述人在环境中的行为秩序，比如人在商店里的购物行为（图8-11）。从室内设计的角度来看，对于秩序模式的研究将为室内空间功能布局提供一定的理论依据，它是室内空间布局合理性的决定因素。

（2）流动模式

流动模式就是将人的流动行为的空间轨迹模式化。这种轨迹不仅表现出人的空间状态的移

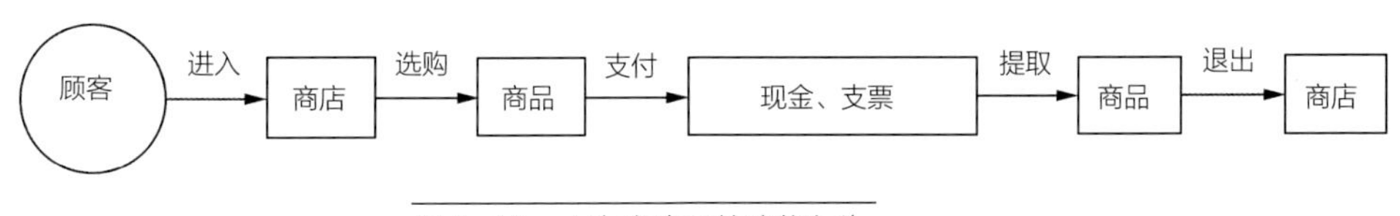

图8-11　人在商店里的购物行为

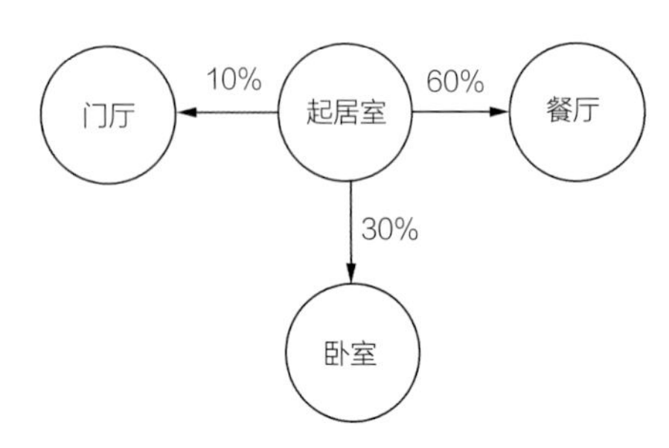

身处起居室的人，向哪个房间移动？对此做 100 次观察，得出图示的结果，它表示了人在两个空间之间的流动模式，也反映了两个空间之间的密切程度

图 8-12　流动模式的研究

动，而且反映了行为过程中的时间变化。这种模式主要用于观展行为、疏散避难行为、通勤行为等，以及与其相关的人流量和经过途径等的研究（图 8-12）。

（3）分布模式

分布模式是指按时间顺序连续观察人在环境中的行为，并画出一个时间断面，将人所在的二维空间位置坐标进行模式化。这种模式主要用来研究人在某一时空中的行为密集度，进而科学地确定空间尺度。

（4）状态模式

与前面几种可观察个体在空间中移动或定位的模式不同，状态模式主要用于研究行为动机和状态变化的因素。比如人们进入餐馆可能是饿了要吃东西，也可能受餐馆食品的诱导或是为了社交活动。这不同的生理和心理作用所引起的行为状态的变化是不同的。饿了去吃东西，行为迅速，时间短，对环境的要求不高；相反，如果是为了美食或是社交需要，则进餐行为表现出时间长、动作缓慢、对环境要求高的特点。这种状态的差别，对室内设计很有指导意义。

由人的环境行为特征及模式我们不难看出，人们在空间中采取什么样的行为并不是随意的，而是有特定的方式。这些方式有些是受环境和人的生理、心理的影响，有些则是人类从生物进化的背景中带来的。了解人的这些行为特征对于空间环境的设计会有很大的帮助。

8.2.3　心理空间

在前一章我们了解了人体尺寸及人体活动空间，这些决定了人们生活的基本空间范围，然而，我们并不仅仅以生理的尺度去衡量空间，对空间的满意程度及使用方式还取决于人的心理尺度，这就是心理空间。空间对人的心理影响很大，其表现形式也有很多种。

（1）个人空间

每个人都有自己的个人空间，通常具有看不见的边界，在边界以内不允许“闯入者”进来。它可以随着人移动，具有灵活的伸缩性。在某些情况下（例如在地铁或球赛中），我们可以比在其他情况下（例如在办公室中）允许他人靠得近些。个人空间的存在有很多的证明。如在图书馆中、在公共汽车上或在公园中找一个座位时，个体总是想找一个与其他人不相关的座位；再如行人在人行道上会与别人保持一定的距离。人们又用各种不同的方法来限定自我的个人空间，例如在公园长凳上会对坐得太近的陌生人怒目而视，或者将手提包或帽子放在自己和陌生人之间作为界线。人与人之间的密切程度就反映在个人空间的交叉和排斥上（图 8-13、图 8-14）。

（2）私密性与尽端趋向

日常生活中空间私密性的设置随处可见，例如在住入集体宿舍时，如果允许自己先挑选床

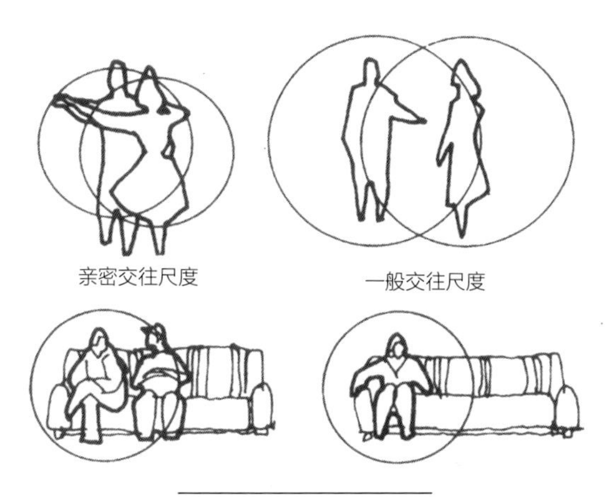

图 8-13　个人空间尺度

位，人们愿意挑选在房间尽端的床铺，其最大的原因是在休息时可以保持相对的私密性。同样的情况也见之于就餐人对餐厅中餐桌座位的挑选，人们在餐厅选择座位时，通常优先选择位于角落处的座位或靠窗的位置，而相对地最不愿意选择近门处及人流频繁通过处的座位，一般不愿选择坐在空间环境的中央。如图 8-15 所示，该餐厅将座椅设置在中央，不太符合人们就餐时的“尽端趋向”心理，导致中央区域落座率普遍降低，因此，设计师运用各类隔断对餐厅进行分隔改造，

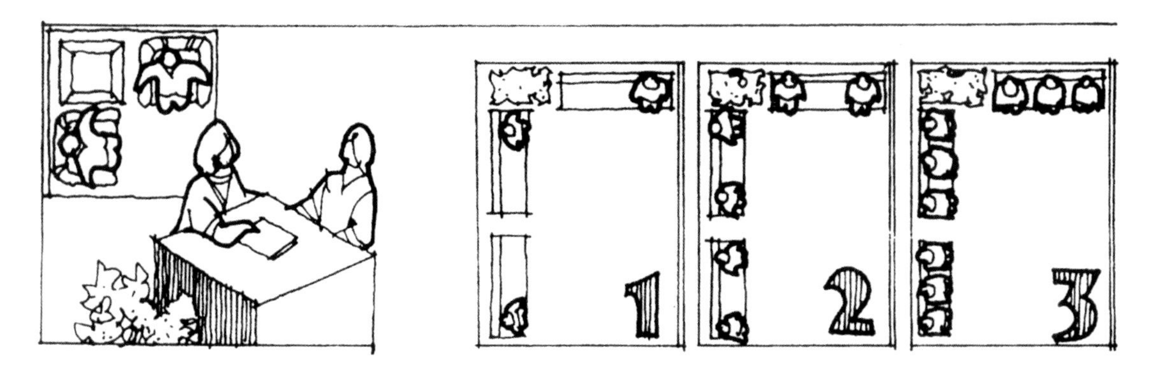

图 8-14　符合人的行为心理的洽谈空间布局

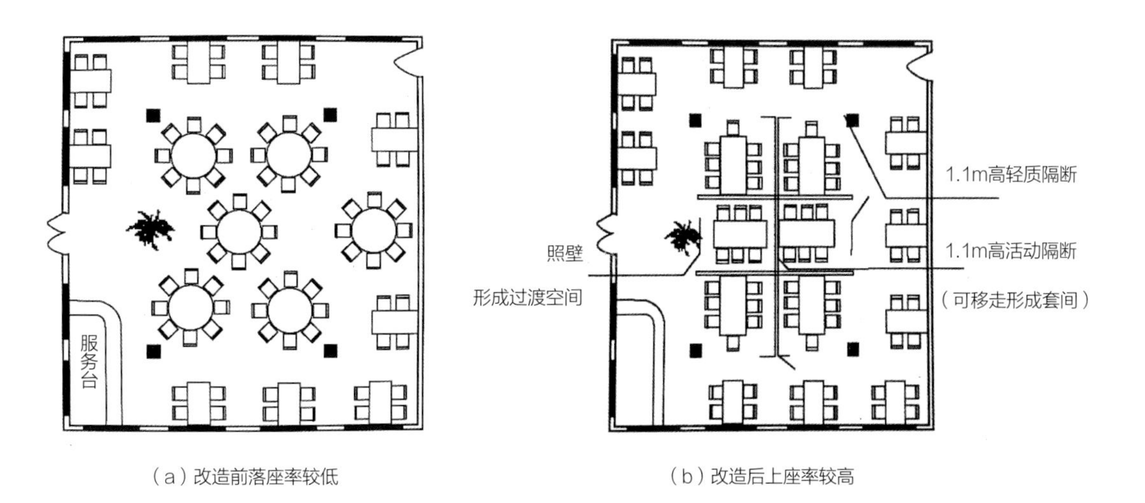

图 8-15　某餐厅改造前后平面图

构建中央区座椅的私密性，使得该空间使用率大幅度提升。

8.2.4 人际距离

人际距离是指在人们交往过程中人与人之间所保持的空间距离。人与人之间距离的大小因人们所在的社会集团（文化背景）和所处情况的不同而相异。人际关系的不同导致了人际距离的差异。身份越相似，距离越近。人类学家爱德华·T. 赫尔（Edward T. Hall）在《隐藏的尺度》一书中将把人际距离分为密切距离、个体距离、社会距离、公众距离四种（图 8-16）。在室内设计中，设计师应将人际距离（图 8-17）的不同尺度要求作为设计依据，例如需提供密切距离的私密性空间和需考虑社会距离的公共空间，其尺度的设计就存在较大差别。

对等车的人进行观察，我们发现男人比女人站得离他人更远，异性之间比同性之间离更远。有学者证实妇女决定坐的位置受到位置附近人的影响。人际距离也会随地点的不同而变化，如在办公室里的人际距离与在街道上的是不同的（图 8-18）。

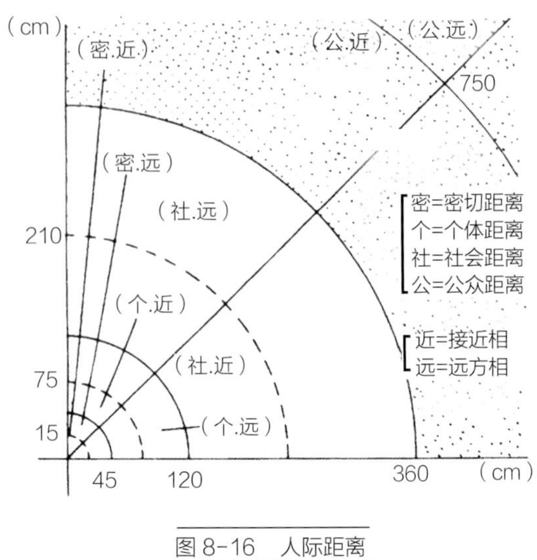

图 8-16　人际距离

8.2.5 人在空间中的定位

人们在空间中选择的位置与和他人的相对位置有关。一项研究表明，在非正式谈话时人们更愿意面对面坐，除非距离大于相邻的时候。研究发现，有些动作对于谈话是否顺利进行有重要的作用。如头部的运动及双方眼睛的对视对于控制谈话的情绪和节奏是很重要的。

即使是偶然地观察在公共场合等待的人们，我们也会发现人们确实在可能占据的整个空间中

图 8-17　室内设计中的人际距离

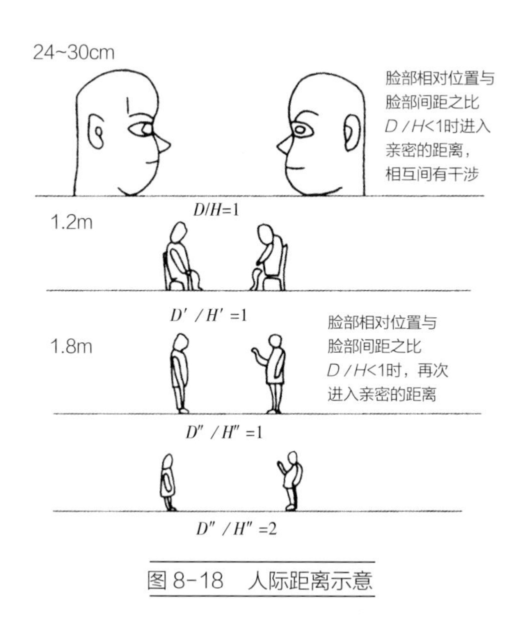

图 8-18　人际距离示意

均匀地散布着，他们不一定在最适合上车或干其他事的地方等待。有学者观察了伦敦地铁各个车站候车的人以及在剧场门厅中的人（图 8-19），发现人们总是愿意站在柱子附近并远离人们行走路线的地方。日本大阪大学学者在铁路车站进行了类似的研究。从这些研究可以看出，人们总是设法站在视野开阔而本身又不引人注意的地方，并且不至于受到他人的干扰；还可以看出，成群的人以十分明显的方式占据空间中心位置。

如果说对视和头部的运动确实影响人的相互交流，那么视线角度也成了研究人际关系的一个重点。有研究表明，如果人们视线相对而无角度，则人际距离的差异就非常明显，人们以空间距离来逃避，如果视线有角度则人际距离就不明显了。有学者的研究证明了视线角度对于人们相互关系的影响。人们之间相互作用的方式是与不同的座位安排相适应的。该学者发现如果用长方桌进行谈话，一般情况下人们最愿意选择桌子任意一角的两侧，当两人竞争时则愿意隔长边相对而坐。在双方合作时他们的最佳选择是相邻而坐，在他们不需要任何交流时则对角而坐，互相

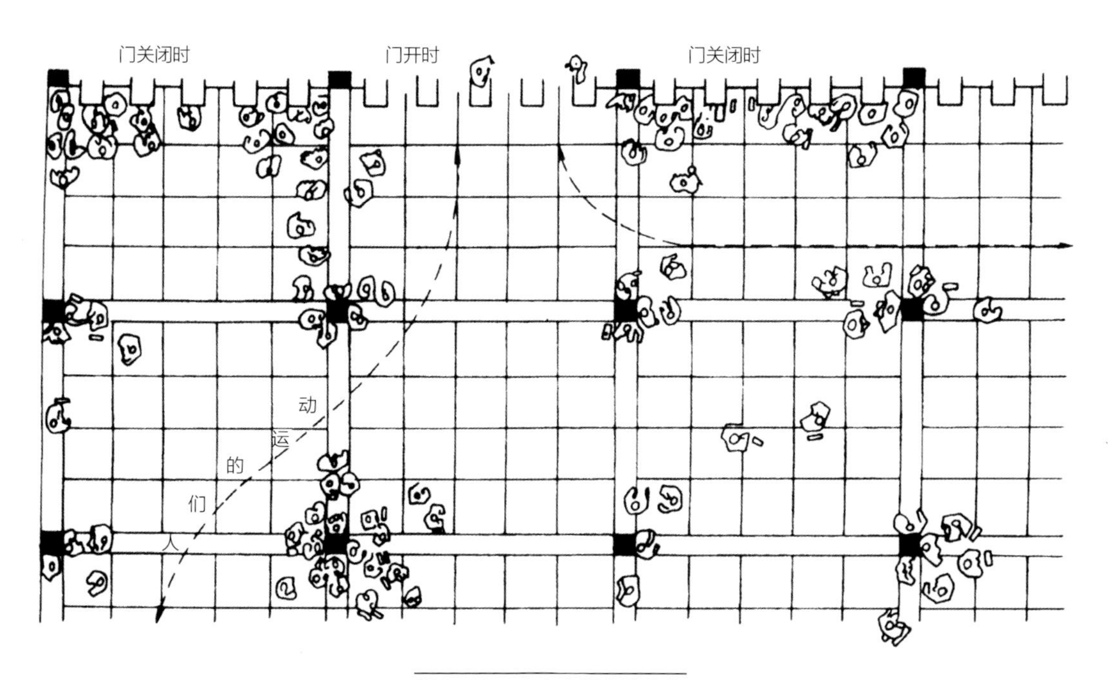

图 8-19　人在空间中的定位

不认识的人总是试图离他人尽可能远，当空间不允许时则采取视线角度的改变，以避免目光的接触。

8.2.6 空间环境与人际交流

人类的行为模式与空间的构成有着密切的关系。一些学者研究了不同的空间布局中发生的人际交流的类型，发现那些位于住宅群体布局中央的人有较多的朋友，类似的研究也在办公室、教室及其他地点进行（图 8-20）。

8.2.7 捷径效应

所谓捷径效应是指人在穿过某一空间时总是尽量采取最便捷的路线，即使有别的因素影响也是如此（图 8-21）。一些学者对穿过矩形展厅的观众所作的观察表明了这一特征。观众在典型的矩形穿过式展厅中的行为模式与其在步行街中的行为模式十分相仿。观众一旦走进展厅，就会停在头几件作品前，然后逐渐减少停顿的次数直到完成观赏活动。由于运动的经济原则（少走路），只有少数人完成了全部的观赏活动。

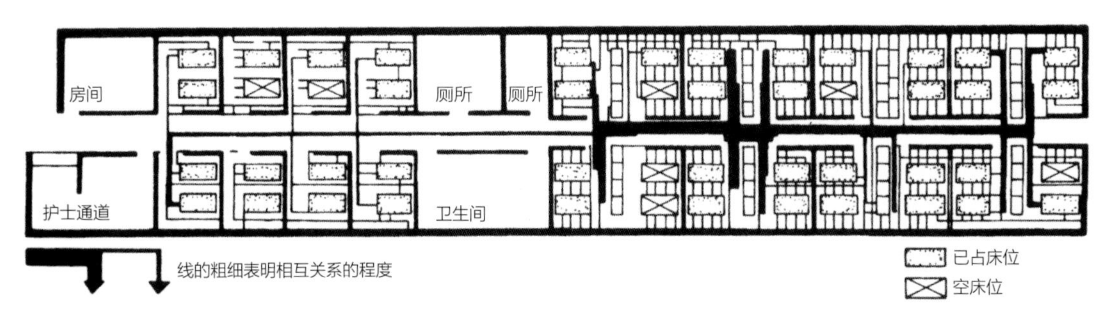

该图表明了在医院中床铺位置不同的人之间的熟识程度，而且清楚地表明了空间对人际交流的影响

图 8-20 空间环境与人际交流

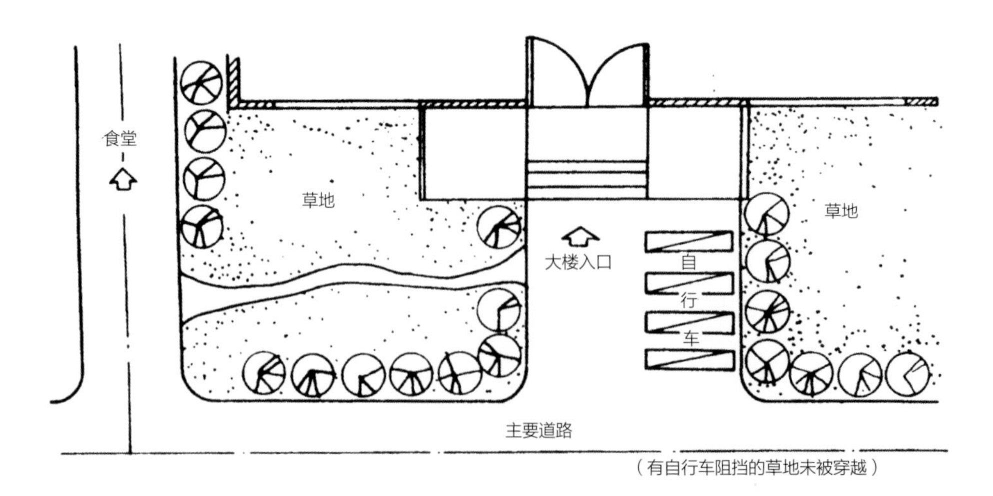

图 8-21 捷径效应展示

8.3 以人为本的室内环境设计

8.3.1 室内空间的基本概念

(1)内空间构成

在空间知觉中，顶界面是关键的一个面，无顶界面的空间是外空间，有顶界面的空间是内空间。建筑空间是满足人们生产、生活需要的人造空间，室内空间又是通过各种建筑部件组成的建筑形式，并界定出空间的边缘，也就形成了内空间（图 8-22）。

根据空间的不同形态，空间构成分为以下三个方面。

一是形体空间构成，包括室内两种不同而又有联系的空间，即总体空间（母空间）和构成室内总体空间的各个虚空间（子空间）。

二是明暗空间构成，即在天然采光与人工照明的不同条件下，明亮空间与暗淡空间的组合关系。它分为明空间、灰空间和暗空间。

三是色彩空间构成，即“母空间”与“子空间”或“明亮空间”与“暗淡空间”的色彩组合关系。

形体空间构成、明暗空间构成与色彩空间构成三位一体，相互制约，使处于室内环境中的人产生生理和心理反应（图 8-23）。不同室内空间尺度使人产生不同的行为和心理反应（图 8-24）。

(2)界面围合

界面围合是空间形象构成的主要方面。空间形象的界面围合样式主要由空间分隔、空间组合与界面处理三个部分组成。

①空间分隔。空间分隔（图 8-25）在界面

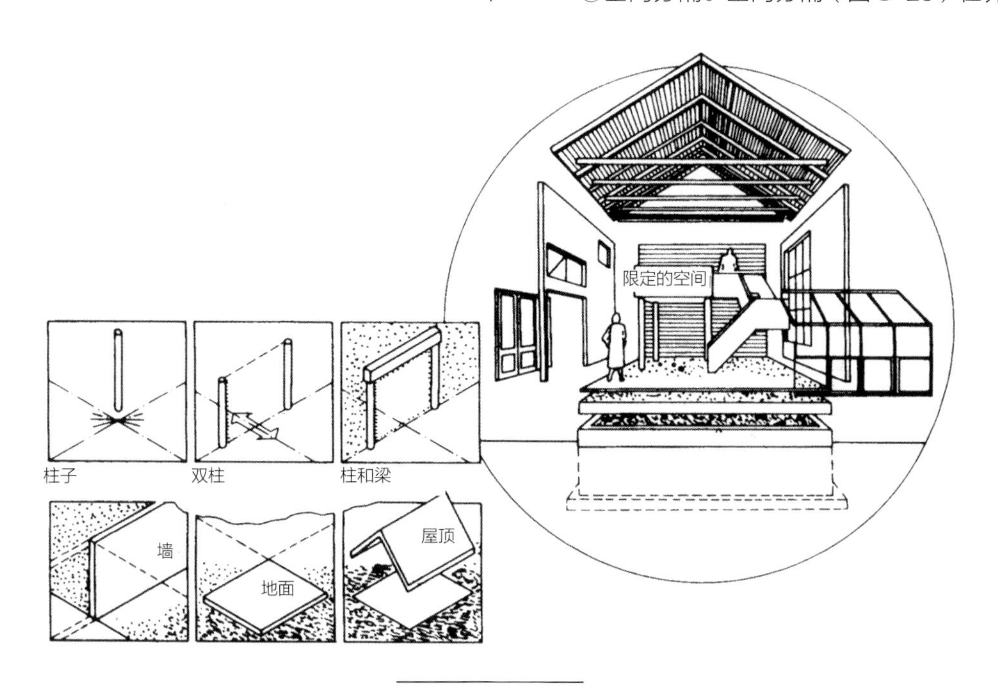

图 8-22 室内空间

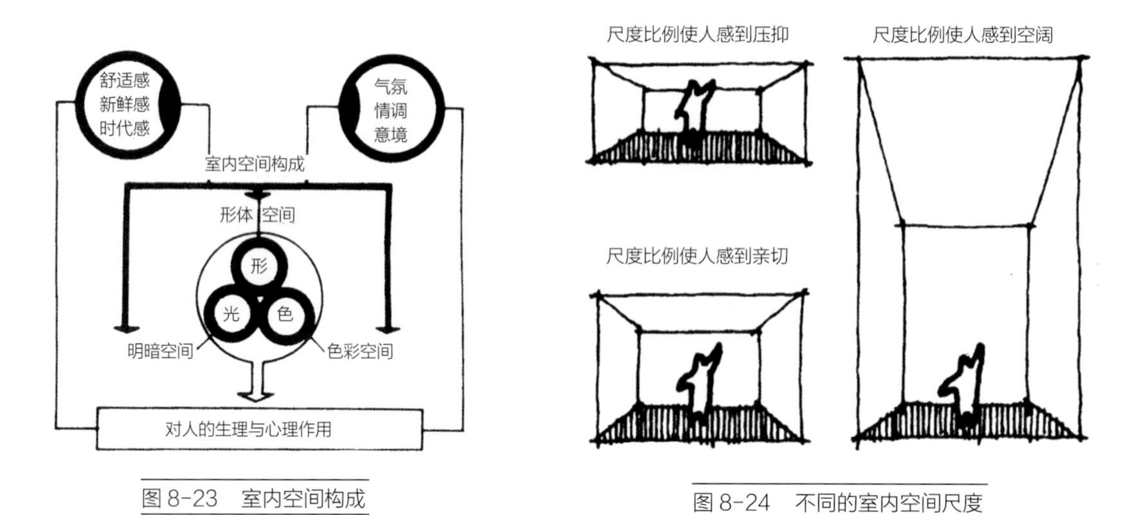

图 8-23　室内空间构成

图 8-24　不同的室内空间尺度

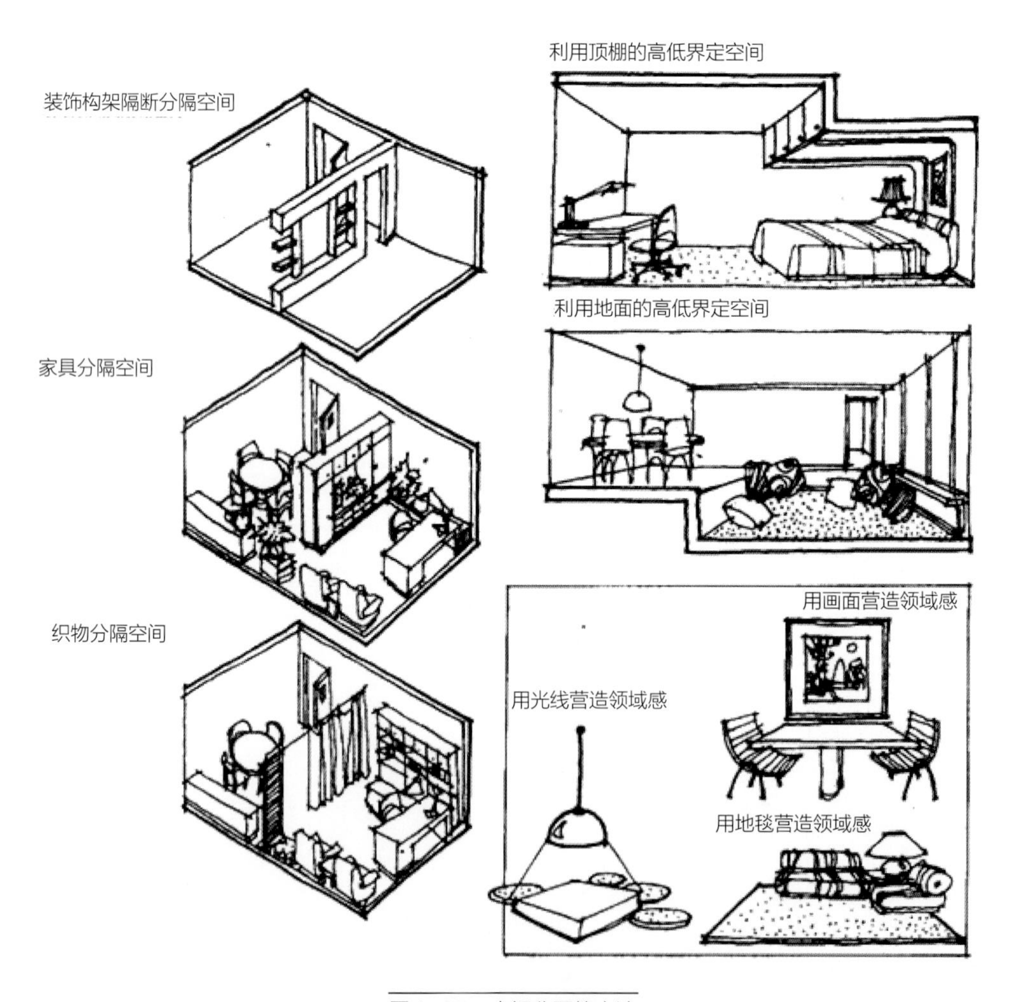

图 8-25　空间分隔的方法

形态上分为绝对分隔、相对分隔、意象分隔三种形式。

a. 绝对分隔：以限定度（指隔离视线、声音、温湿度等的程度）高的实体界面分隔空间，称为绝对分隔。绝对分隔是封闭性的，分隔出的空间界限非常明确，并具有全面抗干扰的能力，保证了空间安静私密的功能需求。例如用承重墙、轻体隔墙等进行的分隔（图 8-26）。

b. 相对分隔：以限定度低的局部界面分隔空间，称为相对分隔。相对分隔具有一定的流动性，其限定度的强弱因界面的大小、材质、形态而异，分隔出的空间界限不太明确。例如隔墙、翼墙、屏风、较高的家具等进行的分隔（图 8-27）。

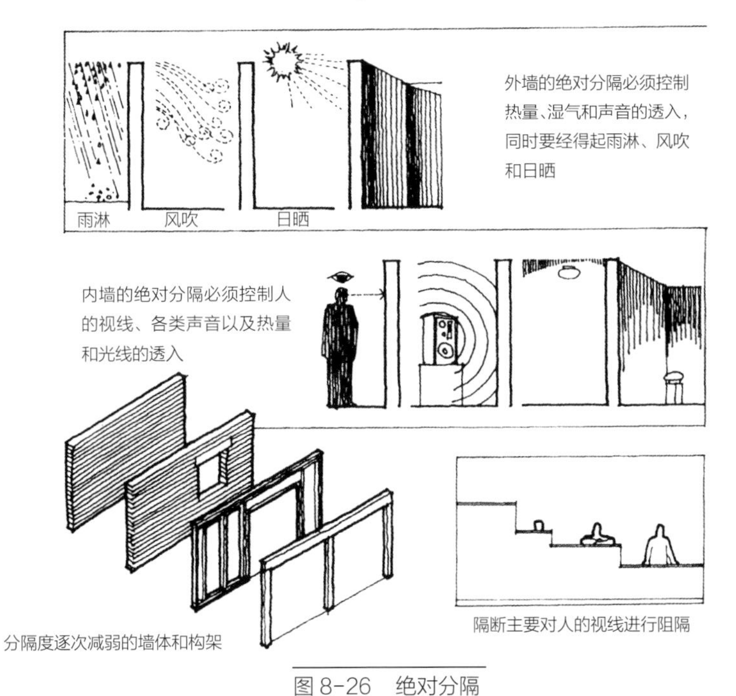

图 8-26 绝对分隔

图 8-27 室内设计中的相对分隔

c. 意象分隔：用非实体界面分隔空间，称为意象分隔。这是一种限定度很低的分隔方式，相对来说这种分隔方式更需要通过人的“视觉完形性”来联想感知。其空间划分隔而不断，通透深邃，层次丰富，流动性极强。例如水体、色彩、材质、光线、高差、音响、气味等进行的分隔。

②空间组合。空间组合的形式多种多样，在室内设计中常以下面几种形式出现。

a. 包容性组合：以二次限定的手法，在一个大空间中包容另一个小空间。

b. 邻接性组合：两个不同形态的空间以对接的方式进行组合。

c. 穿插性组合：以交错嵌入的方式进行组合。

d. 过渡性组合：以空间界面交融渗透的限定方式进行组合。

e. 综合性组合：综合自然及内外空间要素，以灵活通透的流动性空间处理方式进行组合。

③界面处理。

a. 结构与材料：结构与材料是界面处理的基础，材料本身也具备朴素自然的美。

b. 形体与过渡：界面形体的变化是空间造型的根本，两个界面不同的过渡处理造就了空间的个性。

c. 光影与质感：利用采光和照明投射于界面的不同光影突出质感，是空间氛围营造的最主要手段（图 8-28）。

d. 色彩与图案：在界面处理上，色彩和图案是依附于质感与光影变化的，不同的色彩图案赋予界面鲜明的装饰个性，从而影响到整个空间。

e. 变化与层次：界面的变化与层次依靠结构、材料、形体、质感、光影、色彩、图案等要素合理搭配而构成。

f. 在界面围合的空间处理上，一般遵循对比与统一、主从与重点、均衡与稳定、节奏与韵

图 8-28　室内空间的光影与质感

律、比例与尺度等艺术处理法则。

室内使用功能所涉及的内容与建筑的类型和人的日常生活方式有着最直接的联系。每一类空间都有明确的使用功能，这些不同的使用功能所体现的内容构成了空间的基本特征。这些特征决定了室内设计的审美趋向以及设计概念构思的确立。

8.3.2 居住空间环境设计

（1）居住空间

①居住行为空间秩序模式。

人在室内活动的行为是千变万化的，其活动程序也不能被全部模拟。我们只能找出与空间关系比较密切的部分，按照人的生活习性、活动特征、行为规律进行模拟，用图形表达出来，这就是居住行为空间秩序模式。如图 8-29 所示，

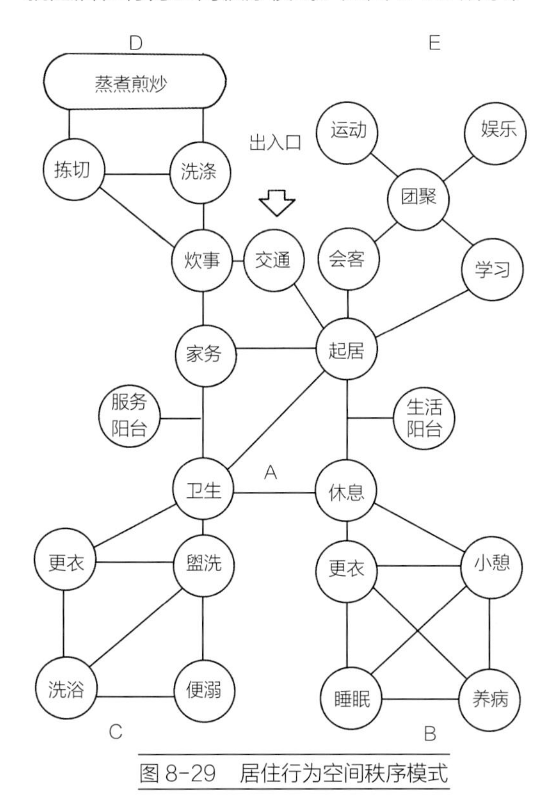

图 8-29 居住行为空间秩序模式

图中 A 为居住行为总体空间秩序，表达了主要功能为起居、休息、卫生、家务四个部分的空间关系。从图中可以看出，休息和卫生为私密性空间，故处于尽端位置；起居和家务为开放性空间，故处于通过式位置。由于由出入口经交通空间才会再进入起居和家务两个空间，故室内空间如有两个出入口则更为方便，一个为主要出入口，一个为辅助出入口。由于居住标准的差异，居住行为的总体功能也有很大的差异。对于一般标准的住宅，交通和起居两部分可合为一体，成为一间小厅，或为一条通道。家务部分只是一间从事炊事的厨房，卫生部分只是一间设有浴缸和便桶的卫生间，休息部分只是一间或两间卧室。这就是我国城市住宅现行的标准。随着生活水平的提高、物质经济条件的改善，休息、卫生、家务、起居四个部分，又扩大为 B、C、D、E 四个部分即休息行为空间秩序模式、卫生行为空间秩序模式、家务行为空间秩序模式、起居行为空间秩序模式。这就扩大了休息空间，增加卧室数量（如主人房、儿童房、老人卧室）；扩大了卫生空间，将盥洗与洗浴及便溺分开，形成独立的盥洗间和卫生间；扩大了家务空间，形成厨房和杂物间；扩大了起居空间，形成客厅、书房、健身房及游艺室；此时的交通空间也将扩大为独立的门厅。这就成了高标准住宅。我国目前所出现的别墅基本属于这种类型。

②居住空间组合。根据家庭生活各自功能要求和空间的性质，室内活动空间基本上分为四个部分，即个人活动空间、公共活动空间、家务活动空间、辅助活动空间。它们在空间环境中具有一定的独立性和相关性。

我们根据生活空间分布所显示的空间位置，

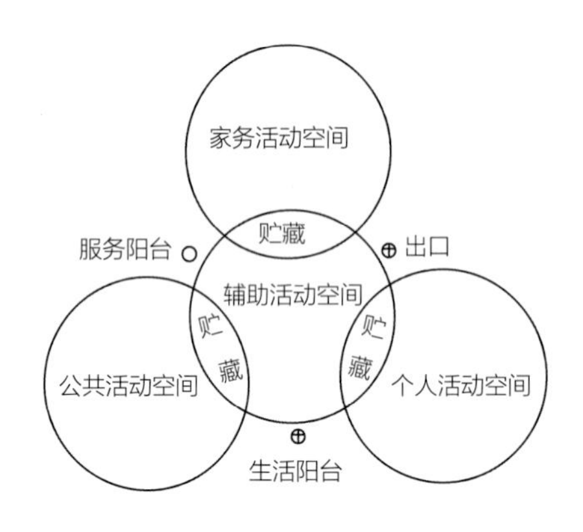

图 8-30　居住空间组合

参照图 8-30 所示的各个功能空间的相互联系、空间的排列组合，建立室内空间组合关系，如图 8-31 所示。

我们根据居住标准，确立各个功能空间的数量和大小，考虑居住者的行为要求和邻里关系等因素，参照图 8-30 所示空间组合关系进行室内空间组合，即形成符合一般需求的居住单元。这种方法也称室内空间设计。

（2）居室环境设计

居室空间的大小、位置及其组合的合理性，会直接影响居住质量，但居住者往往关心更多的是居室空间环境。居室空间环境包括物质环境、视觉环境、物理环境和居住文化氛围四种，这里主要介绍前两种。

①物质环境。居室空间物质环境主要是指居室空间装饰材料质量及家具、设备等条件。

a. 装饰材料质量：指装饰材料的安全性和耐久性，围护结构、隔声和保温性能以及门窗质量等。

b. 家具：在居室空间设计时，对于固定家具如大衣橱、书橱等，尽可能同围护结构及室内高度统一考虑，分别留出贮藏空间，而对于橱门的设计，则根据室内空间效果统一处理。对于移动家具，尽可能考虑多功能和折叠式的家具，使其少占室内空间（图 8-32）。

c. 设备：居室空间设备主要指厨房设备、卫生间设备、采暖设备、通风设备、空调设备、家用音响设备、健身设备等。

②视觉环境。居室空间视觉环境包括室内空间形态、环境光影和色彩、空间界面质感、空间的旷度等因素。

a. 室内空间形态：居室室内空间形态多为长方形。这种形状很适合家具、设备布置和人的室内活动，比较经济，更符合围护结构和建筑技术要求。但公共活动空间（如起居室）就显得有些呆板。这就要求设计者在进行家具和灯具布置、空间界面装修、环境色彩处理时，使其空间形态

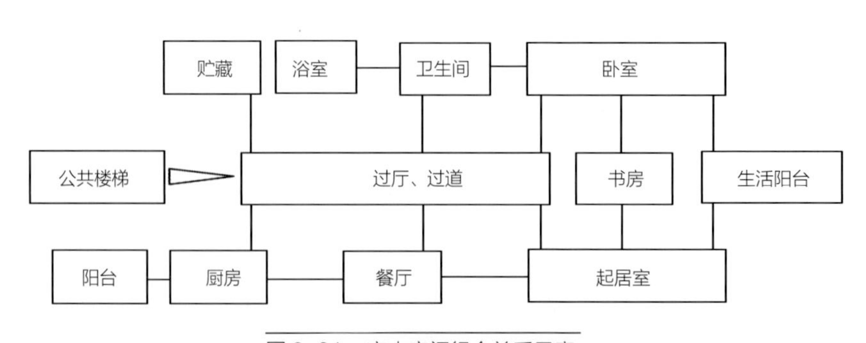

图 8-31　室内空间组合关系示意

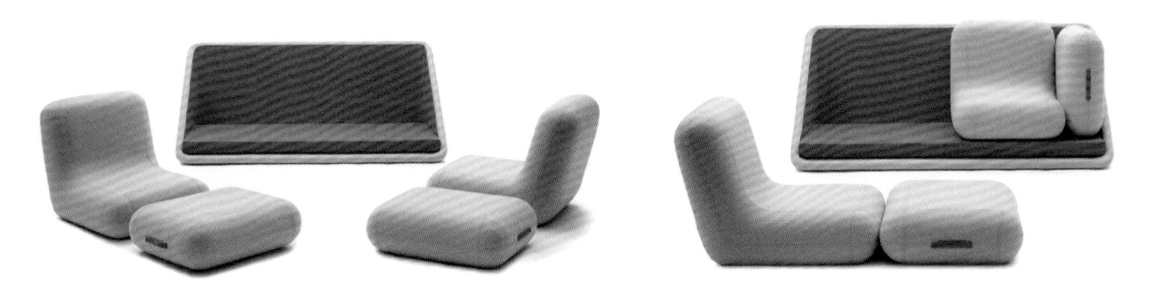

图 8-32　多功能模块家具设计

图 8-33　运用软装进行空间形态的处理

有所变化，呈现出活跃气氛（图 8-33）。

b. 环境光影和色彩。

· 光影。室内光影是通过采光和照明系统产生的。室内空间中的照明对人体的健康十分重要，同时，光照投影对室内环境的氛围渲染也起着显著的效果。因此，在照明设计中，设计师应充分利用各种照明装置，结合空间功能性，营造空间内涵。处理光影的手法多种多样，突出其一或光和影二者同时表现均可。光影的造型千变万化，重点是结合空间功能和环境氛围，突出主题思想，方能获得良好的光影效果（图 8-34）。

· 色彩。在视觉环境中，色彩能唤起人的第一视觉反应，因此室内设计要尽可能利用色彩的感觉特性（色彩对人的生理和心理方面均有一定的作用，可引起人相应的联想和情感反应），扩大室内空间感，增强舒适感。设计师应根据居住

图 8-34　室内设计中的光影表现

行为要求，结合采光、照明、空间界面处理、家具陈设等因素进行室内环境色彩设计。

色彩设计要先确定一个基调。成人卧室的色彩基调应是宁静柔和的；儿童卧室的色彩基调应是丰富绚丽的；起居室的色彩基调应是明朗活跃的；厨房的色彩基调应是整洁明亮的。设计师要根据环境气氛的基调进行配色，从色彩环境总体出发，协调确定色彩的色相、明度和纯度。经调查我国现有公房的室内顶棚多数采用白色涂料或米黄色塑料墙纸，墙面采用白色、天蓝色、米黄色、浅棕色、淡紫色等涂料，少数起居室采用浅棕色护墙板，地面用本色、棕红色木地板，厨房和卫生间几乎均为白色，室内家具色彩协调的不多。由于个人的爱好和材料的差异，色彩的调配差别也很大。以下配色原则可供参考：室内色彩的色相以调和为主，局部对比；大面积明度值高，局部明度值低；纯度一般以灰调为主，少数房间（如儿童卧室）可用比较鲜艳的色彩。

c. 空间界面质感。空间界面的质感同装修材料有关。多数情况下，卫生间光洁；起居室和卧室以柔和为主，局部整洁、明亮。有条件的家庭也可以用粗和细、光滑和毛糙对比的方法，营造出特定的环境气氛。

d. 空间的旷度。卧室空间为确保一定的私密性，只局部开放，特别要注意窗的位置不得影响床的布置；起居室以开放为好，有条件时应同生活阳台连在一起，以利观景；厨房空间以开放为好，有条件时应同服务阳台连在一起；卫生间需封闭，但要注意通风。

通过以上对室内环境的分析，我们明确了室内设计应以人为主体的必要性，空间设计要符合人的居住行为要求，环境设计要考虑人的知觉特性，尤其是视觉要求。厨房、卫生间等的尺寸，要符合人体的功能尺度，以减少人的耗能。这就是居住行为与居室空间设计的原则。

③居室空间调整实例。空间的再造，一定要跳出所有空间框架的束缚并基于人的根本需求。比如业主对设计师提出要求：在原有空间中再增加储物间、大的卫生间及小餐厅。这就需要设计师在亲自感受原有空间后，得到精确的尺度，然后将这些尺度基于“功能”“人性化”等出发点反复琢磨推敲，对这一空间进行新的审视与设计。例如在扩出小餐厅的同时，考虑到厨房的面积会因之而缩小，所以，餐厅与厨房的隔断材料

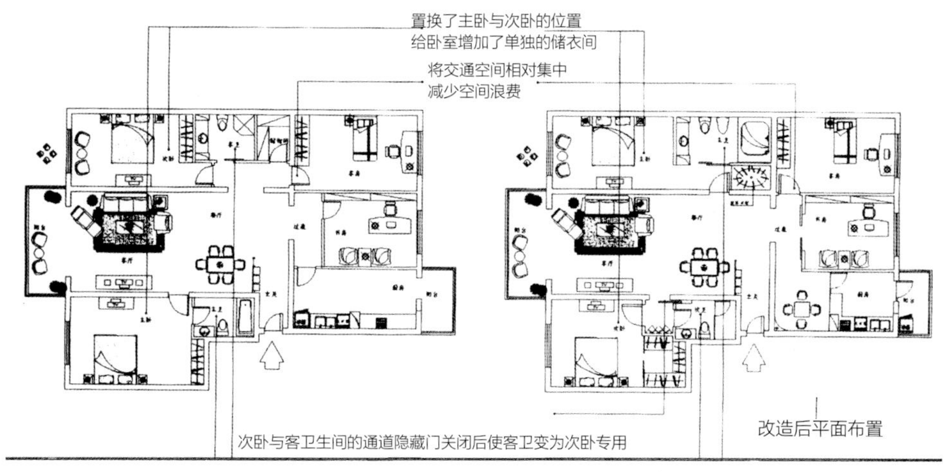

图 8-35　居室空间调整实例

定为通透的玻璃材质。这样既可以在视觉上让餐厅与厨房融为一体，又在功能上达到了封闭空间的客观要求，加之小餐厅旁边的弧形小餐架，使“烹饪”与“进餐”的行为更加连贯，更人性化（图 8-35）。

8.3.3　餐饮空间环境设计

（1）餐饮行为与环境

随着社会经济条件的改善，人们对饮食和餐饮环境提出了不同要求，从而有了中餐厅、西餐厅以及其他各类饭店。人们对餐饮环境的要求不再停留在能吃饭的水平上，而是要吃的地方也让人感到很舒适。于是出现了餐厅的室内装修，形成环境氛围各异的餐厅。我国是餐饮文化历史悠久的国家，中餐已是世界公认的一种风味餐，随之而兴起的中餐厅，也已遍及世界各国。

餐饮行为的最终目的是满足人的生理和心理需要。这一目的同时也说明了在餐饮方面人和环境的交互作用。

①酒吧与咖啡厅。

a. 酒吧。酒吧是一个公众性休闲娱乐场所。其特点是轻松、随意，而部分酒吧里有助兴演出，为使顾客能居高远观，于是出现了较高的吧凳和吧台（图 8-36）。为使顾客有一定的独立性和私密性，吧台处的灯光较暗；为使顾客“精神焕发”，酒吧的光环境和色彩环境都采用低照度的暖色体系，形成一种昏暗的休闲娱乐环境。因以休闲娱乐为主，酒吧对饮食要求较为简单，一杯酒、一些随意的点心即可，故不需要设计大厨房，仅设酒库和小厨房。为了适应一定的社交需要，酒吧也经常设置一些小的座席（2~4 人），其空间尺度较小，使人感到亲密。

酒吧的功能关系见图 8-37。

酒吧平面布置实例见图 8-38。

b. 咖啡厅。咖啡厅也是一种公众性的娱乐场所，其平面布置应多样化，尽可能创造一些独立的空间。其光环境和色彩环境应比酒吧明快一些，但仍采用暖色体系（图 8-39）。

咖啡厅的功能关系见图 8-40。

咖啡厅平面布置实例见图 8-41。

图 8-36 酒吧空间设计

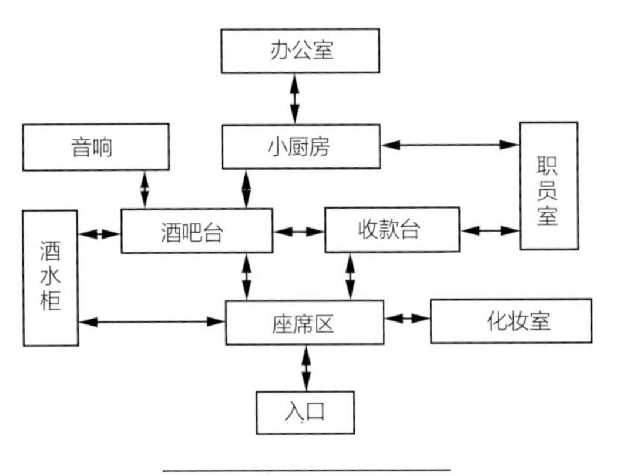

图 8-37 酒吧的功能关系

②风味餐馆或餐厅。所谓风味就是有特色。我国的菜系很多，有川菜、湘菜、粤菜等，还有从国外传入的日本菜、韩国菜等。这些菜系在口味上各有特色，而且其餐饮环境多数也有其相应的氛围，故称为风味餐馆，小一点的则称为风味餐厅。

这种餐馆的饮食行为及环境的特点是：用餐时间长；环境幽雅，具有私密性；光色环境温暖而昏暗；餐具多，服务员多，占地大；通

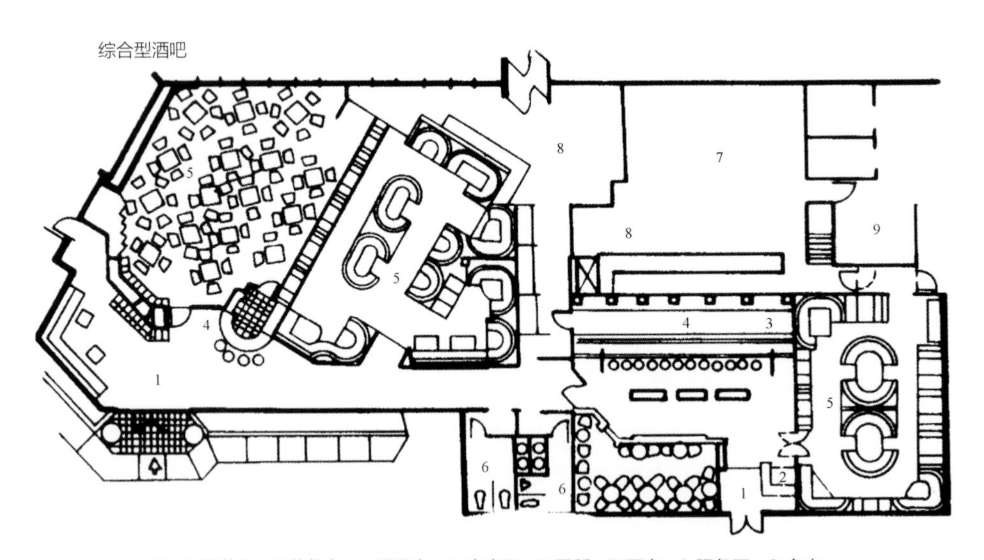

1.入口；2.接待台；3.收款台；4.酒吧台；5.座席区；6.厕所；7.厨房；8.服务区；9.仓库

图 8-38 酒吧平面布置实例

图 8-39　咖啡厅空间设计

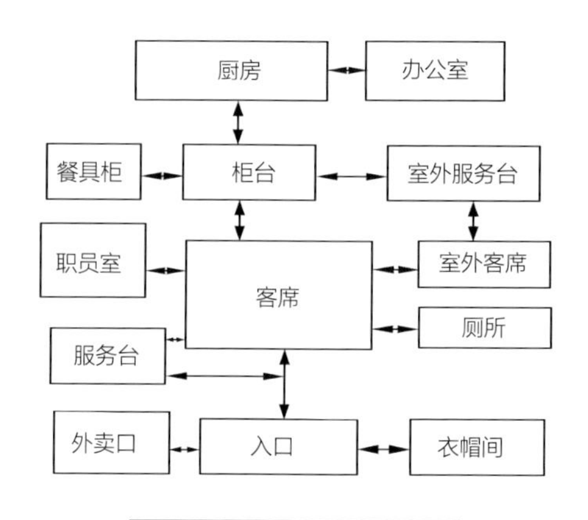

图 8-40　咖啡厅的功能关系

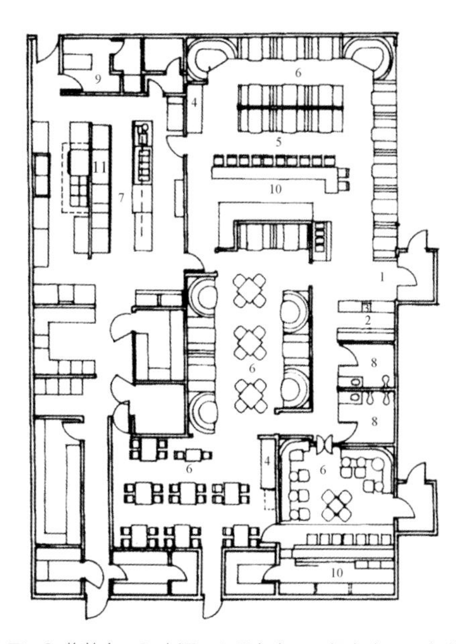

1. 入口；2. 收款台；3. 电话；4. 服务台；5. 柜台席；6. 座席区；7. 厨房；8. 厕所；9. 职员室；10. 柜台；11. 餐具柜

图 8-41　咖啡厅平面布置实例

风好，多数有空调设备；有电视等娱乐设备（图 8-42）。

风味餐馆或餐厅的功能关系见图 8-43。

风味餐馆或餐厅平面布置实例见图 8-44、图 8-45。

③饮食店与快餐厅。

图 8-42　风味餐厅空间设计

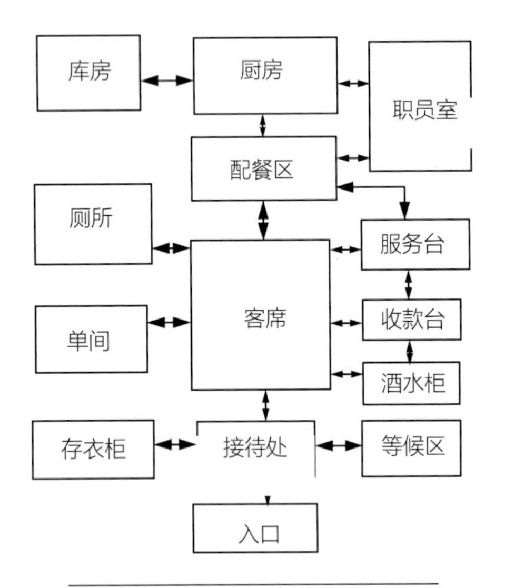

图 8-43　风味餐馆或餐厅的功能关系

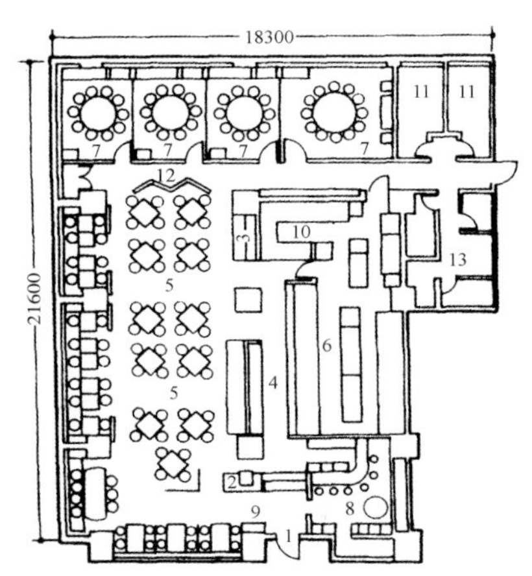

1. 入口；2. 收款台；3. 服务台；4. 柜台席；5. 座席区；6. 厨房；7. 包间区；8. 休息区；9. 玄关区；10. 收纳区；11. 储物间；12. 屏风隔断；13. 厕所

图 8-44　中餐馆平面布置实例

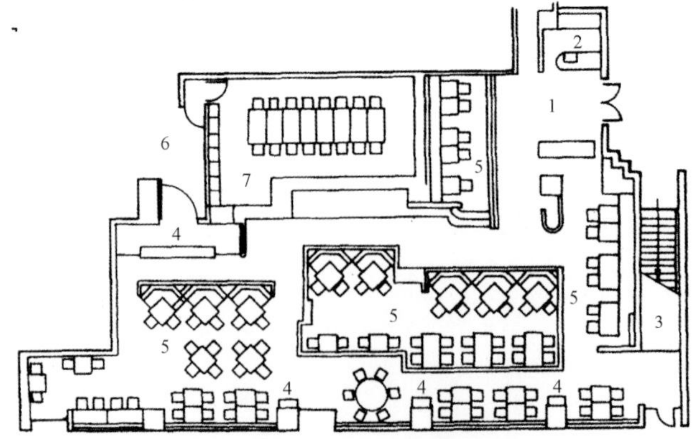

1. 入口；2. 收款台；3. 楼梯；4. 柜台；5. 座席区；6. 景观区；7. 聚餐区

图 8-45　西餐馆平面布置实例

图 8-46　饮食店空间设计

a. 饮食店。饮食店在功能和空间布局方面与风味餐馆是一致的，只是在环境氛围的营造上更简洁、经济一些。这种店面一般规模不大，以四人坐的餐桌为主，满足易清洁、快进快出的行为需要，经常在入口或安静之处附设室外餐座，以招揽顾客。室内装修风格简洁，光色环境明亮，有的厨房则向餐厅敞开，增强生活气息，方便送菜（图 8-46）。

饮食店平面布置实例见图 8-47、图 8-48。

b. 快餐厅。快餐厅多以经营者或其特色食品为名，如“麦当劳”“肯德基”等。其规模大小不等，小的只有一个厅，大的像一个“庄园”。快

1. 入口；2. 收款台；3. 酒水柜台；4. 服务台；5. 客人座席；6. 厨房；7. 景观区；8. 等候区；9. 电话；10. 配餐间；11. 厕所；12. 柜台席；13. 职员室；14. 餐具柜；15. 仓库

图 8-47　以便餐为主的餐厅平面布置实例

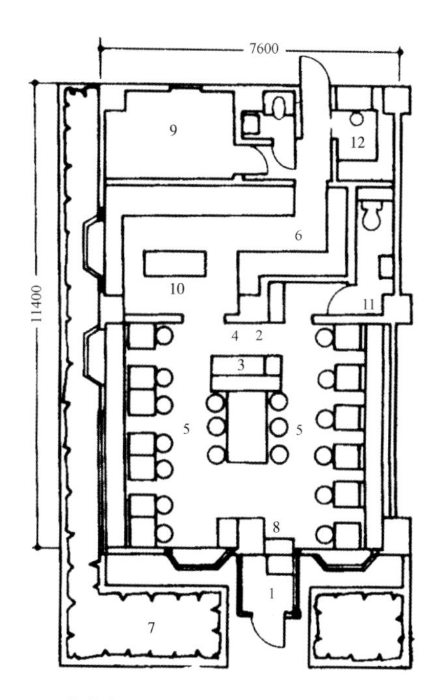

1. 入口；2. 收款台；3. 酒水柜台；4. 服务台；5. 客人座席；6. 厨房；7. 景观区；8. 等候；9. 仓库；10. 餐具柜；11. 厕所；12. 职员室

图 8-48　饮食店平面布置实例

餐厅的特点，顾名思义是“快”，因此在内部空间处理和环境设计上应简洁明快，去除过多的层次。其座位简单，多数只设站席，以加快流动。柜台式席位是目前国内外最流行的，很适合赶时间就餐的客人。在有条件的繁华地段，还可在店面设置外卖窗口，以满足更多顾客的需求。快餐厅多采用食品半成品加工，故厨房可以对外敞开。其室内外装修十分简洁明快，便于清洁。

快餐厅的功能关系见图 8-49。

快餐厅平面布置实例见图 8-50。

（2）餐厅环境设计原则

餐厅环境设计的基本原则就是遵循人的餐饮行为，布置座席、组织空间；根据进餐时的人际距离和私密要求，选择隔断方式和隔离设计；按照人的坐姿功能尺寸，选择家具和排列座席；按照客人进餐时的精神面貌要求，营造餐厅的光环境和色彩环境氛围；按照人的视觉舒适性的要求，进行室内空间形态设计、空间界面装修、景观和陈设设计；按照不同的环境氛围，选择合适的背景音乐；按照人的嗅觉要求，组织通风设备或空调设备设计。

①家具选择和设计。餐厅家具中的重点是椅子和柜台（酒柜、菜柜、收银柜），其次是餐桌。

a. 椅子要根据餐厅环境氛围设计，特别是风味餐馆或餐厅的椅子，其造型和色彩一定要有特色，并符合特定的文化氛围。

b. 柜台要结合室内空间尺度和所在位置进行设计，并配以灯光。整洁是其设计的要点。

c. 餐桌的大小依照座席数而定。酒吧、咖啡厅、大众饮食店和快餐厅的餐桌不宜过大，应结合椅子统一设计。

②座席排列。座席包括餐桌和椅子，排列原则是错落有致，避免互扰，并结合柱子、隔断、吊顶和地面等空间限定因素进行布置。

③光环境设计。酒吧、风味餐厅的光线宜暖暗舒适，一般不用自然光，多采用暖色的白炽吊灯或壁灯，有时在餐桌上辅以烛光，可以渲染环境气氛。

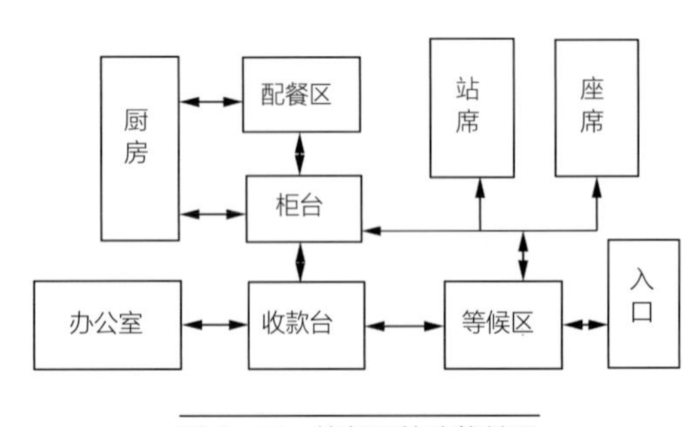

图 8-49　快餐厅的功能关系

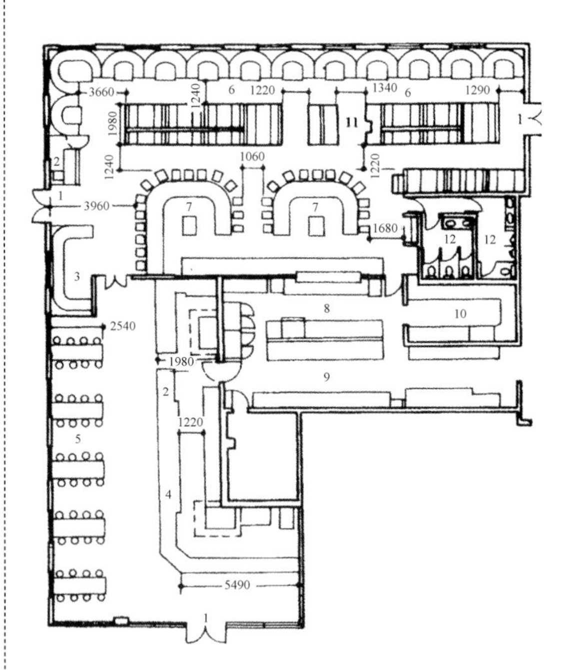

1. 入口；2. 收款台；3. 等候休息区；4. 自助餐服务台；5. 快餐桌；6. 座席区；7. 快餐柜台席；8. 厨房；9. 备餐间；10. 洗涤室；11. 服务台；12. 厕所

图 8-50　快餐厅平面布置实例

④色彩环境设计。风味餐厅、咖啡厅和宴会厅，宜采用典雅的暖色调，即中色相、中明度、高纯度的色彩，如砖红、驼红、杏色、驼黄、金色和银色等。

⑤绿化布置。室内绿化宜采用真假结合的布置方式，近真远假，即靠近人体的绿化是真的，远离人体的绿化是假的（一般离视点13m以上的绿化，人们基本上无法区分真假）。这样布置既经济又便于管理。餐厅环境设计常用攀藤、悬挂加盆景的布置方法。绿化应以耐阴的绿叶为主，少用会产生花粉的盆景。

⑥空间界面质地设计。

a. 墙面设计。餐厅墙面质地不宜太光洁，否则缺少亲近感，特别是在远离人体的部位，其质感宜粗犷一些，以利声音漫反射，或直接贴吸音材料。在接近人体部位宜光洁一些，可设置护墙板或护墙栏杆。重点部位可设置一些字画。对于小餐厅，特别是风味餐厅，可根据室内环境氛围布置一些挂件，如挂毯、动植物标本、挂画等。墙面的色彩要结合光环境确定。

b. 地面设计。餐厅的地面，宜选用耐磨防滑的材料，酒吧、咖啡厅特别是风味餐厅的地面，多数采用柔软的材料，如地毯、木地板等，以增强人的舒适感。色彩应与整体环境相结合，但面积大时，一般采用浅色调，面积小时，可选用中性色调。

c. 顶棚设计。顶棚是餐厅环境设计的重点，它起着限定空间、渲染室内环境气氛的重要作用。其形态要结合室内空间大小、灯具和风口布置、座席排列进行设计。在很多情况下，设计师利用人的向光性特点，结合灯具布置只做局部吊顶。顶棚的形式和材料可以是多种多样的，色彩结合由光环境来确定。

⑦细部设计。室内的隔断布置、陈设、窗帘、台布、插花、餐巾纸、餐具的选择及其造型、色彩设计，均会影响室内环境氛围。设计或选择时，要注意总体和谐、典雅，局部鲜艳，并注意其与顾客和服务员的服饰色彩的相互关系。

⑧音质设计。室内背景音乐的选择，要符合顾客的心理，注意隔声和吸音，特别要注意扬声器的位置和方向。

⑨通风、空调设计。要保证室内空气清新、少异味，尽可能采用自然通风。对于通风要求高的宴会厅和风味餐厅等，可采用中央或局部空调，但要注意噪声控制。

⑩消防安全设计。大宴会厅要特别注意疏散口的布置，要有利消防，并装有应急照明和疏散指向标志。顶棚材料的选择要符合消防要求，喷淋和烟感器的布置要结合顶棚的灯光设计。

Q&A:

8.4 以人为本的室外环境设计

8.4.1 室外环境的基本概念

室外景观环境的创造是指自然与人工相结合，通过人工取舍、组织、加工而成的环境创造，这种环境常高于自然，精于自然。它能让人们在观赏时触景生情，并产生无限遐想。因此，环境的创造，必须为人提供功能上或是情感上的意义。这种意义也是一种关系，它强调了实体或空间的本质。

围合是空间形成的基础。建筑空间是由墙体、地面、顶棚等围合而成的空间。城市空间则是在更大尺度上的围合体，其构成元素和组织方式更加复杂。无论是西方还是中国传统城市，城市空间的围合性都非常突出（图 8-51），而现代城市则因为忽略了城市空间作为提供庇护与认同的场所的本质，过分强调单体和城市的机械功能，造成了零乱而缺乏意义的畸形城市空间。

围合的构成元素是多种多样的，可以是一般人们常见的建筑物或植物。各种不同强度的边界形式也有助于空间的灵活划分，并使空间具有不同的围合程度，如水面高差，植物、地面材质的变化均可产生不同的围合。硬质和软质的两类景观元素均可以产生围合。

讨论空间的围合感，同时应当考虑到空间实体的高度与人体的尺度关系。以普通的墙壁为例：在 30cm 高度时，只能勉强区别空间区域，几乎没有封闭性，它暗示所划分的两个区域是有区别的，即不对穿越行为进行硬性限定。同时，这个高度作为坐和搁脚的高度，可以提供临时的休息设施。60cm 的高度与 30cm 的情况接近，但空间的限定度稍高一些。达到 1.2m 高度时，人身体的大部分都被墙壁遮住了，有助于人建立一种安全感，在其后设置座椅时，可以保证

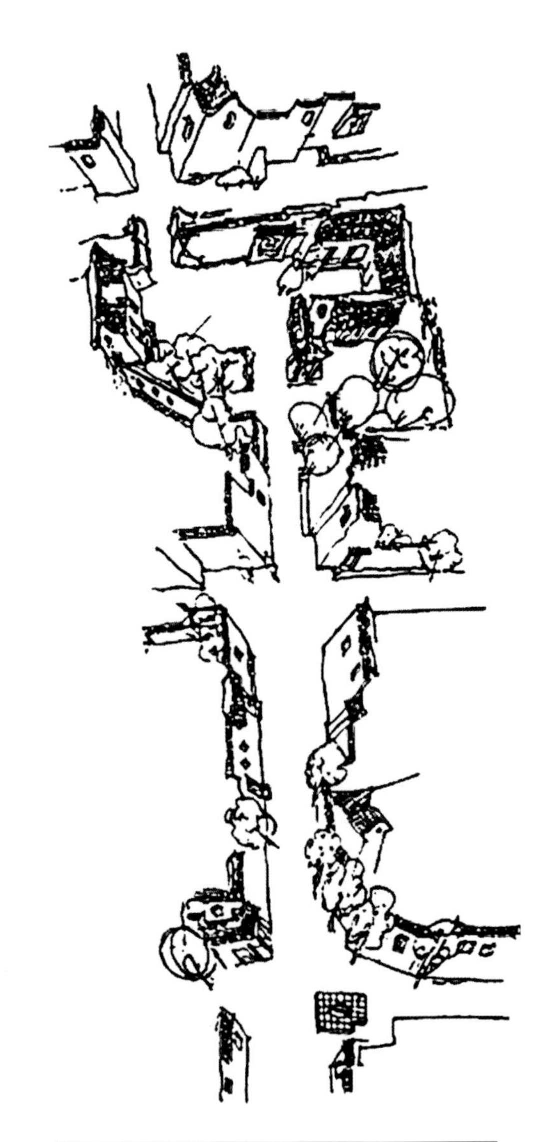

图 8-51 中国传统城市空间中具有良好围合感的街道空间

图 8-52　墙体的空间围合感

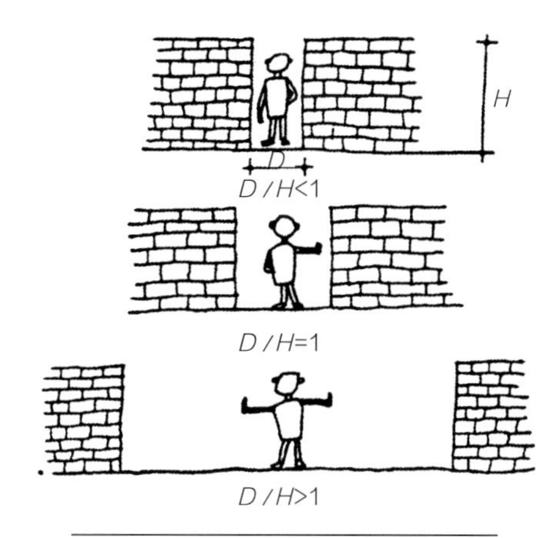

图 8-53　实体开口宽度与高度的比值对空间围合程度的影响

人的背后不受监视。在城市外部环境中，人们经常采用这个高度的绿篱来区分空间和作为独立区域的围合体。在 1.5m 以上的高度时，人除头部以外的身体各部分均被遮挡，封闭感已经相当强了。当达到 1.8m 以上时，空间的封闭感急剧加强，人的水平视线完全被阻挡，区域的划分完全确定下来。这种尺度关系不仅限于砌筑的墙体，在环境设计中运用植物这类偏柔性的元素作为分隔实体时的情况，也可以参照这些基本关系（图 8-52）。

另外，实体的开口宽度（D）和实体的高度（H）的比值也在很大程度上影响到空间围合的程度。当 $D/H<1$ 时，开口作为出入口的意象较强，带来了想通过它进入另一个空间的期待感；当 $D/H=1$ 时，可以取得不同的意象，关键在于开口宽度延伸的长度；当 $D/H>1$ 时，尤其 D 超出 H 较多时，开口的纵向引导能力减弱，反而成了横向延展的开口，空间的封闭性也就大大减弱了（图 8-53）。

我们可以利用以上所提到的这些关系，综合运用环境设计中的各种要素来形成各种不同围合程度的空间（图 8-54、图 8-55）。

8.4.2　人的行为与广场环境设计

（1）城市广场

城市广场作为一种生活场景而存在，它为人们提供了一处综合的活动场所。可以说，广场是现代城市空间环境中最具公共性、最富艺术魅力，也是最能反映现代都市文明和气氛的开放空间，它在城市中具有“都市客厅”的美誉。

①广场功能。广场是一个特定的环境，公共性强，人流量大，拥有大量信息，它具备满足人的“目的性活动”和“非目的性活动”两种功能。尽管广场的交往活动具有短暂性、有限介入性等特征，但这类相互交往活动因面对面的真实性而使广场产生了巨大的吸引力。广场是城市空间中不可缺少的，也是城市其他地段无法替代的一种特殊场所。所以，广场的建立既要考虑广大市民的日常生活、休闲活动，满足他们对城市空间环境日益增长的艺术审美要求，又要重视现代

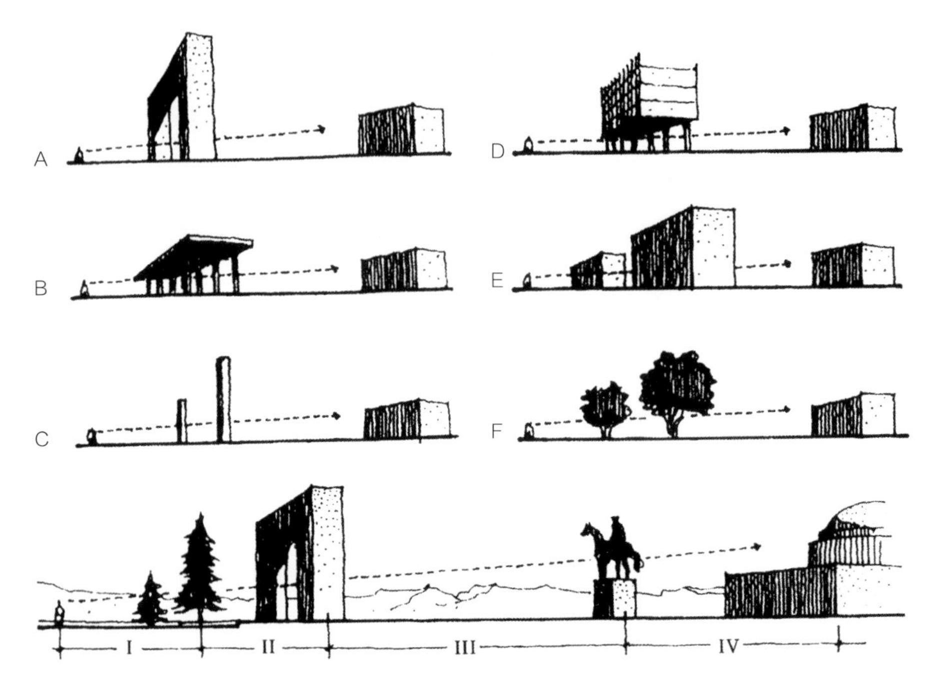

当利用建筑物对空间进行围合时，不要使之完全隔断，而是有意通过处理，使各部分空间保持适当的连通，这样可使空间之间相互交错，彼此渗透，极大地丰富了空间的层次感

图 8-54　利用建筑物围合空间

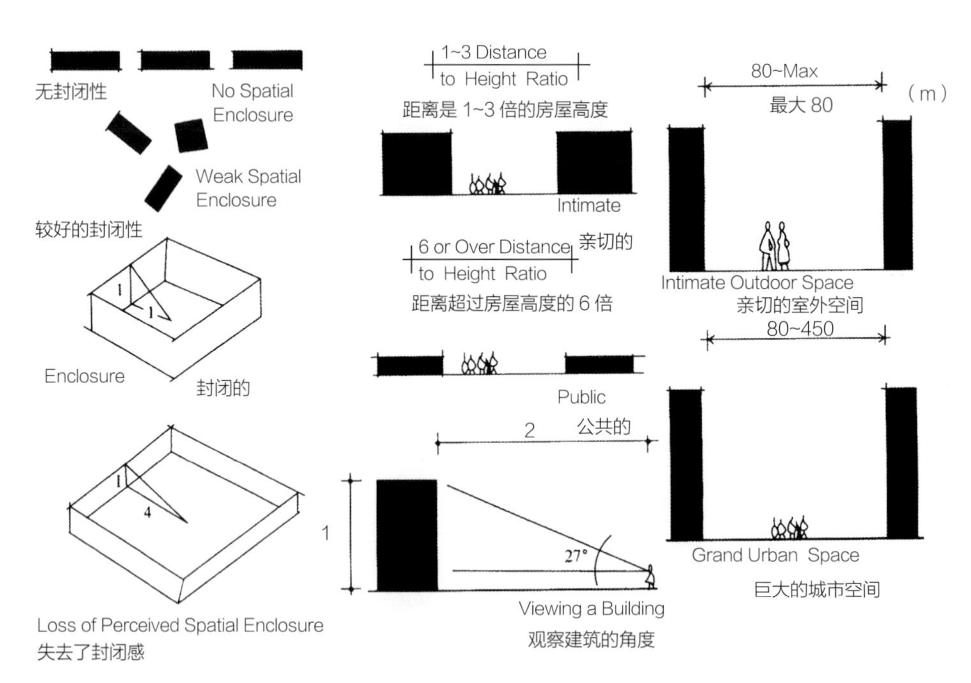

环境设计是为人类服务的，所以在具体的设计中，要充分考虑人体工程学和人的活动

图 8-55　环境设计与空间围合

图 8-56　满足人们休闲活动需求的广场设计

图 8-57　西安钟鼓楼广场

城市广场愈来愈多地呈现出的一种体现综合性功能的发展趋势（图 8-56）。

②广场主题。广场作为城市空间艺术处理的精华，总是要体现一个城市的风貌、文化内涵和景观特色。因此，广场的主题和个性塑造是一个重要的设计要点。例如，北京天安门广场作为首都城市空间的中心，在公众印象中已经成了一种神圣的领域，它的主题并不是休闲活动的场所，而是定位于“目的性活动”的政治性广场。然而，西安钟鼓楼广场则是以浓郁的历史背景为依托，以钟楼为第一主题，辅以鼓楼和传统的街市片段，并且结合现代的城市广场设计手法，为游人创造了一种亲和而深厚的历史感，使人们在休闲徜徉中获得知识，了解城市过去的辉煌（图 8-57）。

③广场形态。现代城市广场设计有平面型和空间型两种空间形态，其中平面型是最为常见的，如上述北京天安门广场就属于平面型广场，而西安钟鼓楼广场则是空间型广场。然而，在现代城市规划设计中，城市空间和道路系统趋于复杂化和多样化，因此，空间型的广场形式越来越受到人们的关注。

所谓空间型广场是指上升式和下沉式广场。上升式广场一般将车行放在较低的层面上，而把人行和非机动车交通放在地下，实现人车分流；下沉式广场不仅能够解决不同交通工具的分流问题，而且在现代城市喧嚣的外部环境中，更容易取得一个安静、安全、围合有致且具备较强归属感的广场空间（图 8-58）。

④广场尺度。尺度是人们进行各种测量的标准，广场尺度重要的一点是尺度的相对性问题，也就是广场与周边围合体的尺度匹配关系、与人的行为活动和视觉观赏的尺度协调关系，所以在环境中形成了物体尺度和人体尺度。卡米洛· 西特（Camillo Sitte）曾指出，广场最小尺寸应等于它周边主要建筑的高度，而最大尺寸不应超过主要建筑高度的两倍。当然，如果建筑处理较厚重，且宽度较大，亦可以配合一个较大的广场，这里强调了物体尺度。而人体尺度在广场中也具有同样重要的地位。日本建筑家芦原义信提出的以 20~25 m 作为模数来对外部空间设计的控制，反映了人的“面对面”的尺度范围和易于被人们所感知的空间环境。广场长宽比也是一个重要的尺度控制要素，一般矩形广场长宽比不大于 3 ∶ 1。

（2）街道景观

城市街道是一种基本的城市线性开放空间，它承担着交通运输的任务，同时又要满足市民之间的交流和沟通，并将市民引向某一目标的功能需求，它是城市中的绝对主导元素。街道由天空、周边建筑和路面构成。天空作为实体建筑的背景存在，变化多端；而路面则起着分割或联系建筑群的作用，同时也起着表达建筑之间空间的作用。

①水平意象。街道作为城市的视觉形态必然反映出动态的发展特征。在城市轮廓线中影响力最大的是建筑物，它和城市特定的地形、绿化带组成丰富的空间轮廓线。城市作为一个整体以水平方向的远景方式被观赏着，它的天际轮廓线将会给人留下强烈的印象，引起人们更多的想象和感受。如北京舒展而平缓的故宫建筑群，水平横向展开，给人以强烈的视觉感受，对城市特征的表达起到了极为重要的作用（图 8-59）。

图 8-58　加拿大 James 广场下沉式设计

图 8-59　故宫建筑群

在城市主干道中，人们可以获得良好的视野，道路两边的建筑物将呈现出连绵的“画卷”，并且随着人们不断行进的节奏变化，而全方位地展现景观轮廓线。城市开阔地带具有广阔的视野，是水平展开度最大的观赏地点，连续而广阔地产生令人兴奋的“巨幅长卷”。

②垂直意象。从空间角度看，街道两旁一般沿街界面组成比较连续的建筑围合，这些建筑与其所在的街区及人行空间形成一个不可分割的整体。特定的街景可以形成意象特征，并且具有强烈的影响力，如北京的王府井大街，上海的南京路、淮海路等，都会给人们留下极为深刻的印象。人们总是把一连串的店铺联系在一起，构成线形的区域，特别是在熙熙攘攘的人群中，狭窄的街道总是突出其垂直方向的对比和色彩的强烈刺激，高大的商业招牌和拥挤的人流汇成了独特的街道景观。

然而，景观意义的构建是必须依靠人的眼睛来完成的。根据人眼的构造特点和视觉习惯，人们观看景物会有一些一般规律。当观赏距离与被看实体的高度相等时，人们大多倾向于注视建筑物的细部；而当观赏距离大于被看实体的高度时，其景观效果就发生了变化，这时，人们更多地注视建筑的整体形象，或者使视觉涣散而扩展到周围的景物。所以，芦原义信认为，建筑师为展示建筑物的魅力，应该合理地利用“观赏距离”的规律，通过布置停留点、行走路、草地、水池，“安排”人们以最佳的距离进行观赏（图 8-60）。

（3）区域空间

所谓区域是指某一个体或群体所占的空间范围。它在城市空间中可以有明显的边界，如围墙、绿化带等，也可以是一种象征性的限定，如

图 8-60　昆明佳兆业城市广场俯视图

一个标志物、界碑、牌楼等，通过肌理、标高、建筑形式、轮廓线、功能等变化来暗示空间的界限。

①城市中心区。城市活动可分为公共性和私密性两大类：公共性活动是聚集式的交往行为，它主要表现为人们的购物、娱乐、聚会等公开的行为；而私密性活动则表现为个人及家人的活动，它保持着个人的隐秘性和个性化的行为特征。对于任何一个城市人来说，城市公共活动是其生活中必不可少的一个重要组成部分。为此，城市中心区就成为人们公共性活动的主体区域，它是城市的核心部分，其功能构成主要是行政办公、商业服务、文化娱乐等。

城市中心区的结构组成和形态实体，表达了人们不同的生活方式、社会组织形式和价值观，它在人们心目中有极高的地位，并且是人们积极参与的、最有活力的区域，同样的购物、娱乐等活动在中心区内具备极高的“心理”附加值。所以，城市中心区的功能组合存在着多种可能性，从城市运行机制来分析，它具有公共活动性强、建筑密度高、交通指向性集中等特征，这些特征在以商业、金融为主要功能的城市中心区更为明显。

②城市居住区。住宅是家园的核心，是为人们提供舒适、安宁、充实生活的构筑物，它总是以一定的方式来体现其领域的存在价值，并保持自身的独立性。例如，人们采用围墙、绿篱、大门、牌楼等方式来体现中国传统居住中“院”的概念。特别是在现代城市居住区中，这种领域

的占有意识愈加明显，主要表现在对特定空间范围实施占有与控制。其行为方式具有较强的规律性，任何一个陌生人进入某一个体或群体领域范围时必然会引起人们警觉，并采取相应的防卫措施。所以，领域在人的心理上产生了进入“内部”的感受（图 8-61）。

③城市公园。一个城市的特征和可居性大多取决于其开放空间的本质及安排方式。城市公园在城市中作为一种开放性空间，体现了为人创造的理想空间——突出的领域属性，其满足人们娱乐需求的能力远超过邻里或社区。它包括系统的公共集聚空间和设施，例如市场、广场、水池、动物园、历史遗迹、室外剧场、运动场等。这些魅力无穷的场所，蕴含着显著的、不可言喻的、奋发向上的、追求生活乐趣的精神。

界定开放空间可以在形态上与自然环境有效地区分开。“公园在城市中”正在逐渐向“城市在公园中”转化，这种转化表现在构成城市公园的重要元素，如绿地、树木、水体等逐渐增多，而且公园在获取阳光、阴凉、空气和美丽的浮云方面有着明显的优势（图 8-62）。同时，在如同艺术品一般的城市公园中，人们能够领略一种充满人性的“人的世界”的美好。

（4）建筑小品

建筑小品作为城市外部空间设施，其作用是给人们提供休息、交往的方便，并避免不良气候给人们带来的不便。

①实用设施。

a. 休息设施：如条凳、座椅、桌子、廊架、亭子等，都是为居民提供良好的休息与交往的场所，使空间成为一个“活”的环境。人在其中能够进行休闲、娱乐，使该空间形成一种可停留的场所（图 8-63）。

图 8-61　城市住宅院落设计

图 8-62　美国维利公园

图 8-63　休息设施设计

b. 方便设施：像电话亭、书报亭、垃圾箱、自行车棚等，都是为人们提供方便的公共服务设施，因此这些设施的建设是城市社会公益事业中不可缺少的部分，同时，也体现了城市环境的文明程度和人情意味。

此外，建筑中的无障碍设计也很重要（图 8-64）。

②标志设施。在城市环境中，标志广告牌和地名牌等外部环境图示具有视觉识别的作用和活跃环境氛围的效能。一些标志性设施作为一种符

图 8-64 无障碍设计

号存在，其意义有直接和间接两个层面：说明商业信息、地点和禁忌是其直接的用途；而其特定的造型、形式和引申的意象则是人们获取的间接信息。因此，在现代城市中，有许多信息都必须通过专门设计的标志来传达（图 8-65）。

③环境雕塑。环境中的雕塑是纯粹为了视觉的象征性目的而设置的。例如：为纪念一位杰出的人物或一个重要的事件而设置纪念性雕塑，或者为某种环境艺术构成的需要和美化城市空间而设置抽象雕塑（图 8-66）。

图 8-65　城市导视系统设计

图 8-66　西安《Hello！》雕塑

参考文献

[1] 朱祖祥 . 工程心理学教程 . 北京：人民教育出版社，2003.

[2] 朱祖祥 . 工业心理学 . 杭州：浙江教育出版社，2001.

[3] 朱祖祥，葛列众，张智君 . 工程心理学 . 北京：人民教育出版社，2000.

[4] 朱祖祥 . 人类工效学 . 杭州：浙江教育出版社，1994.

[5] 朱序璋 . 人机工程学 . 西安：西安电子科技大学出版社，1999.

[6] 刘志坚 . 工效学及其在管理中的应用 . 北京：科学出版社，2002.

[7] 郭伏，杨学涵 . 人因工程学 . 沈阳：东北大学出版社，2001.

[8] 严扬，王国胜 . 产品设计中的人机工程学 . 哈尔滨：黑龙江科学技术出版社，1997.

[9] 周美玉 . 工业设计应用人类工程学 . 北京：中国轻工业出版社，2001.

[10] 郭青山，汪元辉 . 人机工程设计 . 天津：天津大学出版社，1994.

[11] 丁玉兰 . 人机工程学 .2 版 . 北京：北京理工大学出版社，2000.

[12] 陈毅然 . 人机工程学 . 北京：航空工业出版社，1990.

[13] 彭聃龄 . 普通心理学 .4 版 . 北京：北京师范大学出版社，2012.

[14] 赵铁生，王恒毅，李崇斌，等 . 工效学 . 天津：天津科技翻译出版公司，1989.

[15] 马秉衡，戎诚兴 . 人机学 . 北京：冶金工业出版社，1990.

[16] 曹琦 . 人机工程 . 成都：四川科学技术出版社，1991.

[17] 袁修干，庄达民 . 人机工程 . 北京：北京航空航天大学出版社，2002.

[18] 马江彬 . 人机工程学及其应用 . 北京：机械工业出版社，1993.

[19] 陈信，袁修干 . 人—机—环境系统工程总论 .2 版 . 北京：北京航空航天大学出版社，2000.

[20] 浅居喜代治 . 现代人机工程学概论 . 刘高送，译 . 北京：科学出版社，1992.

[21] 何杏清，朱勇国 . 工效学 . 北京：中国劳动出版社，1995.

[22] 李文彬，朱守林 . 建筑室内与家具设计人体工程学 .2 版 . 北京：中国林业出版社，2002.

[23] 徐军，陶开山 . 人体工程学概论 . 北京：中国纺织出版社，2002.

[24] 日本建筑学会 . 新版简明建筑设计资料集成 . 腾家禄，王岚，滕雪，等译 . 北京：中国建筑工业出版社，2003.

[25] 刘志坚 . 工效学及其在管理中的应用 . 北京：科学出版社，2002.

[26] 张道一 . 工业设计全书 . 南京：江苏科学技术出版社，1994.

[27] 林华 . 设计艺术形态学 . 石家庄：河北美术出版社，1997.

[28] 丛惠珠 . 色彩 · 标志 · 信号 . 北京：化学工业出版社，1996.

[29] 王邦雄，王耀仁 . 室内环境设计 . 上海：同济大学出版社，1991.

[30] 来增祥，陆震纬 . 室内设计原理：上册 . 北京：中国建筑工业出版社，1996.

[31] 朱淳，周昕涛 . 现代室内设计教程 . 杭州：中国美术学院出版社，2003.

[32] 陈易 . 建筑室内设计 . 上海：同济大学出版社，2001.

[33] 傅凯 . 室内环境设计 . 北京：中国轻工业出版社，2004.

[34] 张福昌，张彬渊 . 室内家具设计 . 北京：中国轻工业出版社，2001.

[35] 刘盛璜 . 人体工程学与室内设计 . 北京：中国建筑工业出版社，1997.

[36] 邹伟民 . 室内环境设计 . 重庆：西南师范大学出版社，1998.

[37] 雷达 . 家具设计 . 杭州：中国美术学院出版社，1995.

[38] 成涛 . 现代室内设计与实务 . 广州：广东科技出版社，1998.

[39] 王明旨 . 产品设计 . 杭州：中国美术学院出版社，1999.

[40] 张展，王虹 . 产品设计 . 上海：上海人民美术出版社，2002.

[41] 颜声远，许彧青 . 人机工程与产品设计 . 哈尔滨：哈尔滨工程大学出版社，2003.

[42] 拜厄斯 . 世界经典工业设计：50 款产品 . 邓欣楠，谢大康，译 . 北京：中国轻工业出版社，2000.

[43] 古大治，傅师申，杨仁鸣 . 色彩与图形视觉原理：关于看的艺术与科学 . 北京：科学出版社，2000.

[44] 黄国松 . 色彩设计学 . 北京：中国纺织出版社，2001.

[45] 张宪荣，张萱 . 设计色彩学 . 北京：中国纺织出版社，2003.

[46] 曹方 . 视觉传达设计 . 南京：江苏美术出版社，2002.

[47] 何洁，等 . 广告与视觉传达 . 北京：中国轻工业出版社，2003.

[48] 张继渝 . 设计色彩 . 重庆：重庆大学出版社，2002.

[49] 胡文杰，胡文娟，何流 . 工业产品设计 . 南宁：广西美术出版社，2003.

[50] 蒂利，亨利 · 德赖弗斯事务所 . 人体工程学图解：设计中的人体因素 . 朱涛，译 . 北京：中国建筑工业出版社，1998.

后记

人体工程学（ergonomics）作为一门学科，自20世纪40年代在欧美诞生起，已历经几十年的发展。在我国，自20世纪70代末后期开始，在中国科学院心理研究所、航天医学工程研究所、空军医学研究所、杭州大学（现已被并入浙江大学）、同济大学等科研院所及高校的共同努力下，人体工程学得到了迅猛发展。迄今，人体工程学已经发展成一门融心理学、生理学、生物力学、设计学、计算机科学等多门学科的交叉学科。在设计学领域，人体工程学得到了极为广泛的应用，涉及产品设计、视觉传达设计、环境设计、服装与服饰设计等多个研究领域。

本教材是高等院校设计专业教材，经过几次再版重印，反响不错。但随着时代的进步，人体工程学也发生了很大的变化。经过十多年的发展，原教材中的一些相关定义以及案例已经无法跟上时代的变化和社会的变革。在此基础上，在保持原教材篇章结构大致不变的情况下，编者对教材进行第二次修订，修订的主要内容是，更新部分定义和概念，同时替换旧有案例，补充新的案例，以适应当今社会的发展形势。

本次教材修订，有河海大学工业设计系陈润楚老师加盟。陈润楚老师作为河海大学工业设计系青年教师，一直致力于专业基础课的教学工作，近几年在教学方面取得了突出的成绩。在本次修订工作中，何灿群老师负责第一章、第二章、第三章和第五章的修订工作，陈润楚老师负责第四章、第六章、第七章和第八章的修订工作。同时，河海大学2019级工业设计工程硕士研究生谭晓磊同学在案例搜集整理以及课件制作方面付出了辛勤劳动。特别感谢湖南大学出版社编辑贾志萍女士对本书修订工作的指导和督促，贾编辑的敬业精神以及专业素养对于修订教材的顺利出版起到了积极的推动作用！

本教材在修订过程中还留有一点小小的遗憾，就是教材第三章中所引用的人体测量数据还源于20世纪80年代的国家标准。众所周知，经过30多年的发展，中国人的体型已经发生了很大的变化，原有的国家标准已经无法适应新的发展形势。可喜的是，中国标准化研究院2014年开始了全国人体测量现场数据采集工作，目前数据已经出炉，新的国家标准也将于近期面世。到时，编者再对本教材的人体测量数据部分进行修订，以弥补此次的遗憾。

何灿群

2020年6月